Mathematik +

Berlin / Brandenburg

10

Autoren:

Bernd Liebau
Uwe Scheele
Wilhelm Wilke

westermann

Das Buch enthält Seiten aus Mathematik 9 und 10, erarbeitet von:
Jochen Herling, Karl-Heinz Kuhlmann, Uwe Scheele, Wilhelm Wilke

Zum Schülerband erscheint:
Arbeitsheft Vorbereitung auf die Abschlussprüfung 10, Bestell-Nr. 121952
Lösungen 10, Bestell-Nr. 121976

BiBox Digitale Lehrermaterialien

Lehrer-Einzellizenz, Bestell-Nr. 121953
Lehrer-Kollegiumslizenz, Bestell-Nr. 121965
Schüler-Einzellizenz, Bestell-Nr. 101811
Nähere Informationen unter www.bibox.schule

**Fördert individuell –
passt zum Schulbuch**

Optimal für den Einsatz
im Unterricht mit **Mathematik**:

Stärken erkennen, Defizite beheben. Online-
Lernstandsdiagnose und Auswertung auf Basis
der aktuellen Bildungsstandards. Individuell
zusammengestellte Fördermaterialien.

www.onlinediagnose.de

westermann GRUPPE

© 2018 Bildungshaus Schulbuchverlage
Westermann Schroedel Diesterweg
Schöningh Winklers GmbH, Braunschweig
www.westermann.de

Druck A[1] / Jahr 2018
Alle Drucke der Serie A sind inhaltlich unverändert.

Redaktion: Gerhard Strümpler
Typografie, Layout und Umschlaggestaltung:
piou kunst + grafik, Jennifer Kirchhof
Satz: SAZ-Zeichen, Algermissen
Repro, Druck und Bindung: westermann druck GmbH, Braunschweig

ISBN 978-3-14-**121950**-0

Zur Konzeption des neuen Unterrichtswerks Mathematik

Das neue Buch **Mathematik** lädt ein zum Entdecken, Lernen, Üben und Handeln.

Jedes Kapitel ist in fünf Abschnitte eingeteilt:

1. Das Kapitel beginnt mit einer **Lernumgebung** als Einstieg. Nach der offen gestalteten Doppelseite, die sich als Denkanstoß zum projektorientierten Arbeiten eignet, können die Schülerinnen und Schüler realitätsnahe Anwendungssituationen erkunden.

Zu jedem Kapitel wird ein kurzer **Eingangstest** angeboten. Hier können die Schülerinnen und Schüler überprüfen, ob sie über die vorausgesetzten Kompetenzen verfügen. Bei Bedarf werden sie in der Tabelle zur Selbsteinschätzung auf entsprechende Hilfen und Aufgaben verwiesen. Die Lösungen sind am Ende des Buches angegeben.

2. Anschließend werden die **grundlegenden Inhalte** erarbeitet und so anhand von strukturierten Übungsaufgaben die Grundvorstellungen bei den Schülerinnen und Schülern gefestigt.

Besonderer Wert wird auf eine klare **Aufgabendifferenzierung** gelegt.

1 **Grüne** Kennzeichnung: Inhalte und Übungen, die sich auf grundlegende Kompetenzen für den E-Kurs beziehen

2 **Blaue** Kennzeichnung: Übungen auf gehobenem Niveau und Inhalte, die sich auf zusätzliche Kompetenzen beziehen

3 **Rote** Kennzeichnung: Übungen auf höherem Niveau und Inhalte, die sich auf zusätzliche Kompetenzen beziehen

Wichtige **Definitionen** und **Merksätze** stehen auf einem farbigen Fond, **Musteraufgaben** auf Karopapier, **Beispiele** sind hellgrün unterlegt.

3. Das **Wissen kompakt** enthält wichtige Ergebnisse und nützliche Verfahren des Kapitels, die passend zum Anforderungsniveau gekennzeichnet sind.

4. **Üben und Vertiefen** unterstützt nachhaltiges Lernen. Es werden Lernangebote auf drei Niveaustufen angeboten. Das erworbene Wissen wird auf einfache, anspruchsvolle und problemhaltige Aufgaben angewendet, die bisweilen auch andere Sozialformen und Unterrichtsmethoden verlangen.

5. Mit den **Ausgangstests können die Schülerinnen und Schüler** überprüfen, ob sie die in den Kapiteln vermittelten Kompetenzen erworben haben. In der Tabelle zur Selbsteinschätzung werden weitere Hilfen und Aufgaben angeboten.
Die Lösungen sind zur Selbstkontrolle am Ende des Buches angegeben.

Der Abschnitt **Wiederholung** enthält Grundwissen und Übungsaufgaben der vergangenen Schuljahre. Nach der Wiederholung grundlegender Inhalte werden auch Seiten zum Erwerb prozessbezogener Kompetenzen angeboten.

In der **mathematischen Reise** können die Schülerinnen und Schüler Gesetzmäßigkeiten spielerisch entdecken.

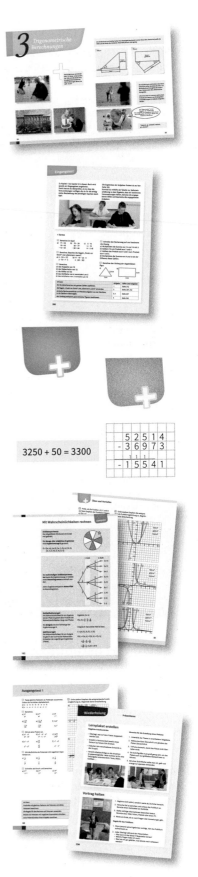

Inhalt

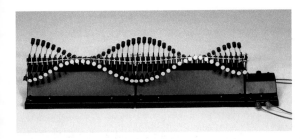

Wiederholung

Mathematische Zeichen und Gesetze

Mengen

$M = \{4, 5, 6, 7\}$ Menge aus den Elementen 4, 5, 6 und 7 in aufzählender Form

$\mathbb{N} = \{0, 1, 2, 3, \ldots\}$ Menge der natürlichen Zahlen

$\mathbb{Z}$ Menge der ganzen Zahlen

$\mathbb{Q}$ Menge der rationalen Zahlen

$\mathbb{R}$ Menge der reellen Zahlen

L   Lösungsmenge für eine Gleichung bzw. Ungleichung

$\{\ \ \}$ leere Menge

Beziehungen zwischen Zahlen

                         $\approx$ nahezu gleich

$a = b$ a gleich b $a > b$ a größer als b

$a \neq b$ a ungleich b $a < b$ a kleiner als b

Verknüpfungen von Zahlen

$a + b$ Summe *(lies: a plus b)* $a \cdot b$ Produkt *(lies: a mal b)*

$a - b$ Differenz *(lies: a minus b)* $a : b$ Quotient *(lies: a geteilt durch b)*

Rechengesetze

Vertauschungsgesetz (Kommutativgesetz)

$3 + 7 = 7 + 3$ $3 \cdot 7 = 7 \cdot 3$

Verbindungsgesetz (Assoziativgesetz)

$3 + (7 + 5) = (3 + 7) + 5$ $3 \cdot (7 \cdot 5) = (3 \cdot 7) \cdot 5$

Verteilungsgesetz (Distributivgesetz)

$6 \cdot (8 + 5) = 6 \cdot 8 + 6 \cdot 5$ $6 \cdot (8 - 5) = 6 \cdot 8 - 6 \cdot 5$

Geometrie

A, B, C, …   Punkte

$\overline{AB}$ Strecke mit den Endpunkten A und B

AB   Gerade durch die Punkte A und B

$\overrightarrow{AB}$ Strahl

g, h, k, …   Geraden

$g \parallel k$ g ist parallel zu h

$g \perp h$ g ist senkrecht zu k

$P(3 \mid 4)$ Punkt im Koordinatensystem mit den Koordinaten

                   3 (x-Wert) und 4 (y-Wert)

$\alpha, \beta, \gamma, \delta$

$\sphericalangle\, ASB$ Winkel

$\sphericalangle\, (a, b)$

1 Potenzen und Potenzfunktionen

Von den acht Planeten unseres Sonnensystems waren Merkur, Venus, Mars, Jupiter und Saturn bereits im Altertum bekannt, denn diese Planeten kann man mit bloßem Auge sehen. Uranus und Neptun wurden erst 1781 bzw. 1846 entdeckt, als die Wissenschaftler über leistungsfähige Fernrohre verfügten.

Galileo Galilei (*1564; †1642) war italienischer Philosoph, Mathematiker, Physiker und Astronom und erforschte das Sternensystem.

Teleskop einer heutigen Sternwarte

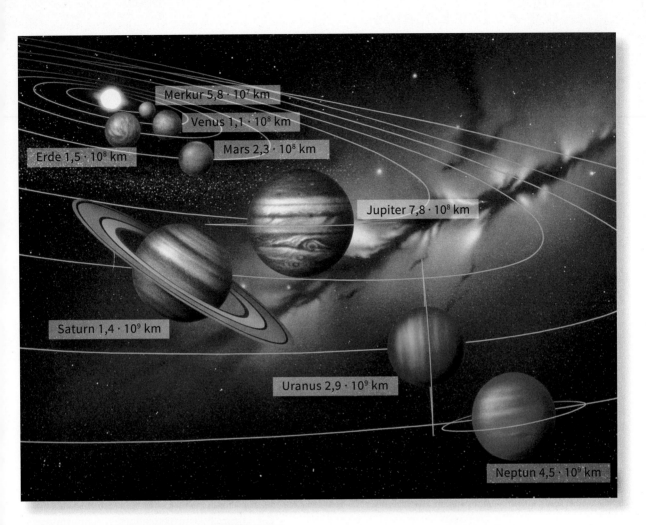

Merkur $5{,}8 \cdot 10^7$ km

Venus $1{,}1 \cdot 10^8$ km

Erde $1{,}5 \cdot 10^8$ km

Mars $2{,}3 \cdot 10^8$ km

Jupiter $7{,}8 \cdot 10^8$ km

Saturn $1{,}4 \cdot 10^9$ km

Uranus $2{,}9 \cdot 10^9$ km

Neptun $4{,}5 \cdot 10^9$ km

Planet	Symbol	Anzahl der Monde
Merkur	☿	–
Venus	♀	–
Erde	♁	1
Mars	♂	2
Jupiter	♃	63
Saturn	♄	61
Uranus	♅	27
Neptun	♆	13

Die Entfernung der einzelnen Planeten ist mithilfe von Zehnerpotenzen angegeben.

Welche Planeten haben viele Monde, welche gar keine?
Welcher Planet hat die größte (kleinste) Entfernung zur Sonne?
Warum ist die Entfernung der einzelnen Planeten von der Sonne mithilfe von Zehnerpotenzen angegeben?
Informiere dich über unser Sonnensystem.

Der Kosmos

1 In der Tabelle findest du einige Daten zu den Planeten unseres Sonnensystems. Die Angaben sind gerundet.

Planet	mittlere Entfernung von der Sonne (km)	Durchmesser (m)	Masse (kg)
Merkur	$5,8 \cdot 10^7$	4 900 000	$3,3 \cdot 10^{23}$
Venus	$1,1 \cdot 10^8$	12 000 000	$4,9 \cdot 10^{24}$
Erde	$1,5 \cdot 10^8$	13 000 000	$6 \cdot 10^{24}$
Mars	$2,3 \cdot 10^8$	6 800 000	$6,4 \cdot 10^{23}$
Jupiter	$7,8 \cdot 10^8$	140 000 000	$1,9 \cdot 10^{27}$
Saturn	$1,4 \cdot 10^9$	120 000 000	$5,7 \cdot 10^{26}$
Uranus	$2,9 \cdot 10^9$	51 000 000	$8,7 \cdot 10^{25}$
Neptun	$4,5 \cdot 10^9$	50 000 000	10^{26}

Gib die Entfernungen der einzelnen Planeten von der Sonne wie im Beispiel an.

Entfernung der Erde von der Sonne:

$1,5 \cdot 10^8$ km
$= 1,5 \cdot 10 \cdot 10 \cdot 10 \cdot 10 \cdot 10 \cdot 10 \cdot 10 \cdot 10$ km
$= 1,5 \cdot 100\,000\,000$ km
$= 150\,000\,000$ km

lies: hundertfünfzig Millionen Kilometer

2 Schreibe die Durchmesser der einzelnen Planeten wie im Beispiel mithilfe von Zehnerpotenzen.

Durchmesser des Merkurs:

$4\,900\,000$ m $= 49 \cdot 100\,000$ m
$= 4,9 \cdot 1\,000\,000$ m
$= 4,9 \cdot 10^6$ m

lies: vier Komma neun mal zehn hoch sechs Meter

Der Faktor vor der Zehnerpotenz ist immer größer als 1 und kleiner als 10.

3

Ordne die Planeten nach ihrer Masse.

4 Am 5. 9.1977 startete die Raumsonde Voyager 1, erkundete Jupiter und Saturn und erreichte dann den Rand des Sonnensystems. Heute hat die Sonde das Sonnensystem verlassen. Aus einer Entfernung von 136 astronomischen Einheiten sendet sie immer noch Signale zur Erde.
Eine astronomische Einheit ist die mittlere Entfernung von Erde und Sonne.
$(1 \text{ AE} = 1,5 \cdot 10^8 \text{ km})$
Gib die Entfernung der Raumsonde von der Erde mithilfe von Zehnerpotenzen in Kilometern an.

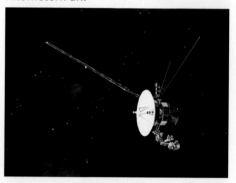

Der Durchmesser der Sonne ist 109-mal so groß wie der der Erde, ihre Masse entspricht dem 333 000fachen der Erdmasse. Die Sonne besteht vor allem aus Wasserstoff und Helium. An ihrer Oberfläche herrscht eine Temperatur von 5500 °C, in ihrem Kern sind es 15 000 000 °C.
Durch die hohe Temperatur und den großen Druck im Inneren der Sonne werden Wasserstoffatome zu Heliumatomen verschmolzen. Dabei wird Energie in Form elektromagnetischer Strahlung frei.
Wissenschaftler schätzen das Alter der Sonne auf $4,5 \cdot 10^9$ Jahre. Ihre gegenwärtige Gestalt behält sie voraussichtlich noch $5,5 \cdot 10^9$ Jahre, dann bläht sie sich zu einem roten Riesenstern auf. Eine halbe Milliarde Jahre später fällt die Sonne wieder in sich zusammen und leuchtet nur noch schwach.

5 a) Berechne den Durchmesser (die Masse) der Sonne.
b) Berechne das Lebensalter der Sonne und gib es in Worten an.
c) Gib die Temperatur an der Oberfläche (im Inneren) der Sonne mithilfe von Zehnerpotenzen an.

Der Kosmos

6 Die großen Entfernungen im Weltraum werden in Lichtjahren (Lj) gemessen. Ein Lichtjahr ist die **Entfernung,** die das Licht in einem Jahr (a) zurücklegt. Für eine Strecke von 300 000 km benötigt das Licht eine Sekunde.

Zeit	Strecke
1 s	300 000 km
1 min	$300\,000 \cdot 60$ km
1 h	$300\,000 \cdot 60 \cdot 60$ km
1 d	$300\,000 \cdot 60 \cdot 60 \cdot 24$ km
1 a	$300\,000 \cdot 60 \cdot 60 \cdot 24 \cdot 365$ km
	$= 9\,460\,800\,000\,000$ km
	$\approx 9,5 \cdot 10^{12}$ km

$$1 \text{ Lj} = 9,5 \cdot 10^{12} \text{ km}$$

Die Strecke von der Sonne zur Erde legt das Licht in acht Minuten zurück.

Die Tabelle gibt die Entfernung einiger Sterne von der Erde an.

Stern	Sternbild	Entfernung
Altair	Adler	16 Lj
Wega	Leier	26 Lj
Pollux	Zwillinge	36 Lj
Antares	Skorpion	500 Lj
Polarstern	Kleiner Wagen	800 Lj
Rigel	Orion	880 Lj

Gib die Entfernung der anderen Sterne wie im Beispiel an.

Entfernung Erde – Altair

$$16 \text{ Lj} = 16 \cdot 9,5 \cdot 10^{12} \text{ km}$$
$$= 152 \cdot 10^{12} \text{ km}$$
$$= 1,52 \cdot 10^{14} \text{ km}$$

7 Eine Ansammlung von Sternen und Planetensystemen bezeichnen die Wissenschaftler als Galaxie. Der Weltraum besteht aus zahlreichen Galaxien. Die Galaxie, zu der unser Sonnensystem gehört, heißt **Milchstraße.**

Die Erde und Mond vor Sonne und Milchstraße

Die Galaxie, die der Milchstraße am nächsten liegt, nennt man Andromedanebel. Ihr Abstand von der Erde beträgt etwa $2 \cdot 10^6$ Lj.

Entfernung Erde – Andromedanebel

$$2 \cdot 10^6 \text{ Lj} = 2 \cdot 10^6 \cdot 9,5 \cdot 10^{12} \text{ km}$$
$$= 2 \cdot 9,5 \cdot 10^6 \cdot 10^{12} \text{ km}$$
$$= 19 \cdot \underbrace{10 \cdot \ldots \cdot 10}_{6 \text{ Faktoren}} \cdot \underbrace{10 \cdot \ldots \cdot 10}_{12 \text{ Faktoren}} \text{ km}$$
$$= 19 \cdot 10^{18} \text{ km}$$
$$= 1,9 \cdot 10^{19} \text{ km}$$

Centaurus A ist eine andere spiralförmige, besonders energiegeladene Galaxie. Sie ist von der Erde $8 \cdot 10^6$ Lj entfernt. Wie viele Kilometer sind das?

Der Mikrokosmos

1 Das Blut der Wirbeltiere besteht aus dem flüssigen Blutplasma und den darin schwimmenden festen Bestandteilen, den Blutkörperchen. Man unterscheidet rote und weiße Blutkörperchen sowie Blutplättchen.

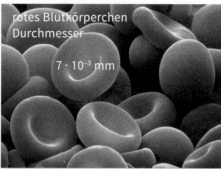

rotes Blutkörperchen Durchmesser

$7 \cdot 10^{-3}$ mm

weißes Blutkörperchen

$2 \cdot 10^{-2}$ mm

Blutplättchen
$2 \cdot 10^{-3}$ mm

Zahlreiche Krankheiten beim Menschen werden durch Virusinfektionen hervorgerufen.
Viren sind sehr kleine Krankheitserreger. Sie heften sich an die Hülle einer menschlichen Zelle, geben ihr Erbgut hinein und zwingen die Zelle, neue Viren in großer Zahl herzustellen. Danach platzt die Zelle auf und lässt Hunderte von Viren frei.
Von Mensch zu Mensch werden Viren meistens in einer Flüssigkeit, z.B. beim Niesen übertragen.

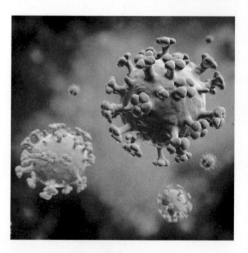

Die Durchmesser sind mithilfe von Zehnerpotenzen mit negativen Exponenten angegeben.

10^{-3} bedeutet $\frac{1}{10^3}$

Durchmesser der roten Blutkörperchen:

$$7 \cdot 10^{-3} \text{ mm} = 7 \cdot \frac{1}{10^3} \text{ mm}$$
$$= 7 \cdot \frac{1}{1000} \text{ mm}$$
$$= 7 \cdot 0,001 \text{ mm}$$
$$= 0,007 \text{ mm}$$

Gib den Durchmesser der weißen Blutkörperchen (der Blutplättchen) als Dezimalzahl an.

2 In der Tabelle sind die Größen einiger Viren angegeben.

Krankheit	Größe des Virus
Masern	0,00013 mm
Grippe	0,0001 mm
Röteln	0,00007 mm
Mumps	0,00015 mm
Herpes	0,00011 mm

Gib die Größe der anderen Krankheitserreger wie im Beispiel mithilfe von Zehnerpotenzen an. Dabei soll der Faktor vor der Zehnerpotenz größer als 1 und kleiner als 10 sein.

Größe des Masernvirus

$$0,00013 \text{ mm} = 13 \cdot 0,00001 \text{ mm}$$
$$= 13 \cdot 10^{-5} \text{ mm}$$
$$= 1,3 \cdot 10^{-4} \text{ mm}$$

Der Mikrokosmos

Atome sind die Grundbausteine der Materie. Die Bezeichnung Atom kommt aus dem Griechischen und bedeutet *unteilbar*. Im Jahr 1911 entwickelte der Physiker Ernest Rutherford die Vorstellung, dass Atome aus einem Atomkern und einer Atomhülle bestehen. Der Atomkern macht fast die gesamte Masse des Atoms aus, in der Atomhülle bewegen sich die Elektronen.

0,00000000369 m
= $36,9 \cdot 10^{-10}$ m

Das Rastertunnelmikroskop macht Atome auf einer Metalloberfläche sichtbar.

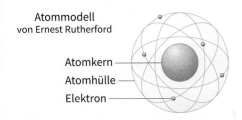

Atommodell
von Ernest Rutherford

Atomkern ———
Atomhülle ———
Elektron ———

Die Masse von Atomen wird in der Einheit u (abgeleitet vom englischen Wort *unit*) gemessen. Ein u ist der zwölfte Teil der Masse des Kohlenstoffatoms $^{12}_{6}$C. Das entspricht ungefähr der Masse eines Wasserstoffatoms.

$$1 \text{ u} = 1,66043 \cdot 10^{-27} \text{ kg}$$

3 In der Tabelle sind die Radien der Atome von fünf chemischen Elementen angegeben.

Element	Zeichen	Radius (mm)
Eisen	Fe	$1,24 \cdot 10^{-7}$
Kohlenstoff	C	$7,7 \cdot 10^{-8}$
Kupfer	Cu	$1,28 \cdot 10^{-7}$
Sauerstoff	O	$6,6 \cdot 10^{-8}$
Wasserstoff	H	$5 \cdot 10^{-7}$

a) Schreibe den Radius jeweils als Dezimalzahl.

Radius des Eisenatoms:

$1,24 \cdot 10^{-7}$ mm $= 1,24 \cdot 0,0000001$ mm
$= 0,000000124$ mm

b) Der Radius des Atomkerns beträgt ungefähr ein Hunderttausendstel des Atomradius.

Radius des Kerns eines Eisenatoms:

$0,000000124$ mm : $100\,000$
$= 0,00000000000124$ mm
$= 1,24 \cdot 10^{-12}$ mm

Gib ebenso einen Näherungswert für den Radius des Kerns eines Wasserstoffatoms (Sauerstoffatoms) an.

4 Die Tabelle gibt die Masse der Atome von vier chemischen Elementen an.

Element	Zeichen	Masse (u)
Kohlenstoff	C	12
Sauerstoff	O	16
Schwefel	S	32
Wasserstoff	H	1

Ein Wassermolekül besteht aus zwei Wasserstoffatomen und einem Sauerstoffatom. Seine chemische Formel lautet H_2O.

Masse eines Wassermoleküls

$2 \cdot 1$ u $+ 1 \cdot 16$ u
$= 18$ u
$= 18 \cdot 1,66043 \cdot 10^{-27}$ kg
$= 29,88774 \cdot 10^{-27}$ kg
$= 2,988774 \cdot 10^{-26}$ kg

Gib die Masse des Moleküls in Kilogramm an.
a) Schwefelwasserstoff H_2S
b) Kohlenstoffdioxid CO_2
c) Schwefelsäure H_2SO_4

Zehnerpotenzen

Ein Produkt aus gleichen Faktoren kann als **Potenz** geschrieben werden.

Für alle $a \in \mathbb{R}$ und $n \in \mathbb{N}$ ($n > 0$) gilt:

$$\underbrace{a \cdot a \cdot a \cdot \ldots \cdot a}_{n \text{ Faktoren}} = a^n$$

a heißt Basis, n heißt Exponent, a^n heißt Potenz.

Potenzen mit der Basis 10 heißen **Zehnerpotenzen.**

$10 \cdot 10 \cdot 10 \cdot 10 = 10\,000 = 10^4$
$10 \cdot 10 \cdot 10 \cdot 10 \cdot 10 = 100\,000 = 10^5$

1 Gib als Potenz an.
a) $10 \cdot 10 \cdot 10 \cdot 10 \cdot 10 \cdot 10$
b) $10 \cdot 10 \cdot 10 \cdot 10 \cdot 10 \cdot 10 \cdot 10$
c) $10 \cdot 10 \cdot 10 \cdot 10$
d) $10 \cdot 10 \cdot 10 \cdot 10 \cdot 10 \cdot 10 \cdot 10 \cdot 10 \cdot 10$
e) $10 \cdot 10 \cdot 10 \cdot 10 \cdot 10$

2 Berechne.

$10^9 = \underbrace{1\,000\,000\,000}_{9 \text{ Nullen}}$

a) 10^3 b) 10^6 c) 10^2 d) 10^{10}
   10^4 10^8 10^1 10^{11}

3 Gib als Zehnerpotenz an.
a) das Zehnfache von Tausend
b) das Hundertfache von Hundert
c) das Zehnfache von Hunderttausend
d) das Tausendfache von Hundert
e) das Tausendfache von Tausend

4 In den Beispielen werden Potenzen mit der Basis – 10 berechnet.

$(-10)^1 = (-10) = -10$
$(-10)^2 = (-10) \cdot (-10) = +100$
$(-10)^3 = (-10) \cdot (-10) \cdot (-10) = -1000$
$(-10)^4 = (-10) \cdot (-10) \cdot (-10) \cdot (-10)$
$ = +10\,000$

a) Bei welchen Exponenten ist der Wert der Potenz positiv, bei welchen negativ? Formuliere eine Regel.
b) Gib jeweils den Wert der Potenz an.
$(-10)^5, (-10)^6, (-10)^9, (-10)^{10}$

5 Berechne wie in den Beispielen.

$5 \quad \cdot 10^6 = 5 \cdot 1\,000\,000 = 5\,000\,000$
$2,5 \quad \cdot 10^4 = 2,5 \cdot 10\,000 = 25\,000$
$1,78 \cdot 10^3 = 1,78 \cdot 1\,000 = 1\,780$

a) $3 \cdot 10^3$ b) $6,5 \cdot 10^2$ c) $3,6 \cdot 10^4$
   $4 \cdot 10^2$ $4,3 \cdot 10^3$ $4,8 \cdot 10^3$

d) $1,7 \cdot 10^5$ e) $1,6 \cdot 10^3$ f) $1,32 \cdot 10^5$
   $6,3 \cdot 10^4$ $2,4 \cdot 10^6$ $3,25 \cdot 10^6$

6 Schreibe mithilfe von Zehnerpotenzen. Dabei soll der Faktor vor der Zehnerpotenz größer als 1 und kleiner als 10 sein.

$200\,000\,000 = 2 \cdot 100\,000\,000 = 2 \cdot 10^8$
$51\,000\,000 = 5,1 \cdot 10\,000\,000 = 5,1 \cdot 10^7$
$2\,570\,000 = 2,57 \cdot 1\,000\,000 = 2,57 \cdot 10^6$

a) $20\,000$ b) $17\,000$ c) $51\,000\,000$
   $300\,000$ $230\,000$ $87\,000\,000$

d) $123\,000\,000$ e) $43\,100\,000\,000$
   $4\,310\,000\,000$ $6\,110\,000\,000$

Große Zahlen können mithilfe von Zehnerpotenzen übersichtlich ausgedrückt werden.
Wenn dabei der Faktor vor der Zehnerpotenz größer als 1 und kleiner als 10 ist, heißt die Darstellung **wissenschaftliche Notation** (scientific notation).

$3 \cdot 10^6 = 3\,000\,000$ $500\,000 = 5 \cdot 10^5$
$2,7 \cdot 10^5 = 270\,000$ $31\,000 = 3,1 \cdot 10^4$

7 In den Beispielen werden zwei Zehnerpotenzen multipliziert (dividiert). Erkläre, wie du den Exponenten des Produkts (Quotienten) bestimmen kannst.

$10^3 \cdot 10^2 = \underbrace{10 \cdot 10 \cdot 10} \cdot \underbrace{10 \cdot 10}$
$ = 10^{3+2}$
$ = 10^5$

$\dfrac{10^5}{10^3} = \dfrac{10 \cdot 10 \cdot \cancel{10} \cdot \cancel{10} \cdot \cancel{10}}{\cancel{10} \cdot \cancel{10} \cdot \cancel{10}}$
$\phantom{\dfrac{10^5}{10^3}} = 10^{5-3}$
$\phantom{\dfrac{10^5}{10^3}} = 10^2$

Zehnerpotenzen

Für alle m, n ∈ ℕ (m > n > 0) gilt:

$10^m \cdot 10^n = 10^{m+n}$

$\frac{10^m}{10^n} = 10^{m-n}$

Zehnerpotenzen werden multipliziert, indem die Exponenten addiert werden.
Zehnerpotenzen werden dividiert, indem die Exponenten subtrahiert werden.

8 Schreibe mit einem Exponenten.

$10^3 \cdot 10^4 = 10^7$ $\frac{10^7}{10^5} = 10^2$

$10^9 : 10^5 = 10^4$ $\frac{10^6 \cdot 10^5}{10^3 \cdot 10^4} = \frac{10^{11}}{10^7} = 10^4$

a) $10^3 \cdot 10^4$ b) $10^5 \cdot 10^7$ c) $10^7 : 10^4$
$10^2 \cdot 10^6$ $10^8 \cdot 10^2$ $10^9 : 10^3$

d) $10^2 \cdot 10^3 \cdot 10^5$ e) $\frac{10^5}{10^3}$ f) $\frac{10^9}{10^2}$

$10^8 \cdot 10^7 \cdot 10^3$ $\frac{10^6}{10^2}$ $\frac{10^8}{10^7}$

g) $\frac{10^5 \cdot 10^3}{10^4}$ h) $\frac{10^{12}}{10^5 \cdot 10^4}$ i) $\frac{10^6 \cdot 10^2}{10^3 \cdot 10^4}$

$\frac{10^7 \cdot 10^2}{10^6}$ $\frac{10^{13}}{10^7 \cdot 10^2}$ $\frac{10^9 \cdot 10^5}{10^6 \cdot 10^3}$

9 Potenzen können auch sinnvoll definiert werden, wenn der Exponent eine negative Zahl oder Null ist. Im Beispiel werden die Terme $\frac{10^5}{10^7}$ und $\frac{10^4}{10^4}$ auf zwei verschiedene Arten vereinfacht.

Durch Kürzen

$\frac{10^5}{10^7} = \frac{1\!\!\!0 \cdot 1\!\!\!0 \cdot 1\!\!\!0 \cdot 1\!\!\!0 \cdot 1\!\!\!0}{10 \cdot 10 \cdot 1\!\!\!0 \cdot 1\!\!\!0 \cdot 1\!\!\!0 \cdot 1\!\!\!0 \cdot 1\!\!\!0} = \frac{1}{10^2}$

$\frac{10^4}{10^4} = \frac{1\!\!\!0 \cdot 1\!\!\!0 \cdot 1\!\!\!0 \cdot 1\!\!\!0}{1\!\!\!0 \cdot 1\!\!\!0 \cdot 1\!\!\!0 \cdot 1\!\!\!0} = \frac{1}{1} = 1$

Durch Subtraktion der Exponenten

$\frac{10^5}{10^7} = 10^{5-7} = 10^{-2}$

$\frac{10^4}{10^4} = 10^{4-4} = 10^0$

Erläutere anhand des Beispiels, warum es sinnvoll ist, Folgendes zu vereinbaren:

$10^{-2} = \frac{1}{10^2}$ und $10^0 = 1$

10 Schreibe als Bruch und als Dezimalzahl.

$10^{-6} = \frac{1}{10^6} = \frac{1}{1\,000\,000} = 0,\underbrace{000001}$
6 Stellen nach dem Komma

a) 10^{-3} b) 10^{-7} c) 10^{-8}
10^{-4} 10^{-5} 10^{-2}

11 Schreibe die Brüche als Potenzen mit negativem Exponenten.

$\frac{1}{100\,000} = \frac{1}{10^5} = 10^{-5}$

a) $\frac{1}{1000}$ b) $\frac{1}{100}$ c) $\frac{1}{1\,000\,000}$

$\frac{1}{10\,000}$ $\frac{1}{10}$ $\frac{1}{10\,000\,000}$

12 Schreibe die Dezimalzahlen als Potenzen.

$0,001 = 10^{-3}$

a) 0,0001   b) 0,000001   c) 0,1
0,00001   0,0000001   1

Für alle n ∈ ℕ (n > 0) gilt:

$10^{-n} = \frac{1}{10^n}$ $10^0 = 1$

13 Schreibe als Dezimalzahl.

$4 \cdot 10^{-3} = 4 \cdot \frac{1}{1000} = 0,004$

$2,4 \cdot 10^{-4} = 2,4 \cdot \frac{1}{10\,000} = 0,00024$

$6,92 \cdot 10^{-5} = 6,92 \cdot \frac{1}{100\,000} = 0,0000692$

a) $5 \cdot 10^{-4}$ b) $2 \cdot 10^{-3}$ c) $5,5 \cdot 10^{-4}$
$8 \cdot 10^{-6}$ $7 \cdot 10^{-8}$ $3,1 \cdot 10^{-4}$
$2 \cdot 10^{-2}$ $9 \cdot 10^{-4}$ $6,2 \cdot 10^{-7}$

d) $2,2 \cdot 10^{-4}$ e) $1,44 \cdot 10^{-4}$ f) $1,02 \cdot 10^{-6}$
$9,5 \cdot 10^{-3}$ $1,55 \cdot 10^{-7}$ $2,41 \cdot 10^{-8}$
$5,3 \cdot 10^{-2}$ $3,88 \cdot 10^{-5}$ $7,18 \cdot 10^{-9}$

14 Schreibe mithilfe von Zehnerpotenzen in wissenschaftlicher Notation.

a) 0,004   b) 0,0037   c) 0,0056
0,0002   0,084   0,000021
0,00007   0,00096   0,089

d) 0,0000057   e) 0,00000322
0,00000083   0,0000000147
0,000000025   0,000000481

Kleine und große Einheiten

1 Um sehr kleine Längen auszudrücken, verwenden die Naturwissenschaftler Einheiten, die kleiner als ein Millimeter sind. Die Wellenlängen des farbigen Lichts zum Beispiel werden in Nanometern (nm) angegeben. 1 nm entspricht 10^{-9} m.
Gib die Wellenlänge des roten (gelben, blauen) Lichts in Metern an.

2 Einheiten für sehr kleine Größen werden mithilfe bestimmter Vorsilben gebildet. Dabei gibt jede dieser Vorsilben eine bestimmte Zehnerpotenz an.

Vorsilbe	Potenz		Beispiele
Milli	10^{-3}	Millimeter	$1\,mm = 10^{-3}\,m$
		Milligramm	$1\,mg = 10^{-3}\,g$
Mikro	10^{-6}	Mikrometer	$1\,\mu m = 10^{-6}\,m$
		Mikrogramm	$1\,\mu g = 10^{-6}\,g$
Nano	10^{-9}	Nanometer	$1\,nm = 10^{-9}\,m$
		Nanogramm	$1\,ng = 10^{-9}\,g$
Pico	10^{-12}	Picometer	$1\,pm = 10^{-12}\,m$
		Picogramm	$1\,pg = 10^{-12}\,g$

a) Gib in Metern an.

$$12\,\mu m = 12 \cdot 10^{-6}\,m = 0{,}000012\,m$$

57 mm	3 µm	230 nm
6,2 mm	69 µm	640 nm
2,71 mm	4,5 µm	15 pm

b) Gib in Gramm an.

34 mg	83 µg	1100 ng
4 mg	5,7 µg	750 ng
0,4 mg	0,34 µg	300 pg

3 Elektrische Energie wird in Zukunft vor allem auf dem Meer gewonnen. Im Jahr 2015 ging der Windpark Nordsee Süd-Ost nördlich der Insel Helgoland in Betrieb. Er besteht aus 80 Windkraftanlagen mit einer maximalen Gesamtleistung von 288 Megawatt. Ein Megawatt entspricht einer Million Watt.
Gib die Gesamtleistung des Windparks mithilfe von Zehnerpotenzen in Watt an.

4 Auch zur Bezeichnung besonders großer Einheiten werden bestimmte Vorsilben verwendet. Dabei entspricht jeder Vorsilbe eine bestimmte Zehnerpotenz.

Vorsilbe	Potenz		Beispiele
Kilo	10^3	Kilotonne	$1\,kt = 10^3\,t$
		Kilowatt	$1\,kW = 10^3\,W$
Mega	10^6	Megatonne	$1\,Mt = 10^6\,t$
		Megawatt	$1\,MW = 10^6\,W$
Giga	10^9	Gigatonne	$1\,Gt = 10^9\,t$
		Gigawatt	$1\,GW = 10^9\,W$
Tera	10^{12}	Teratonne	$1\,Tt = 10^{12}\,t$
		Terawatt	$1\,TW = 10^{12}\,W$

Gib in der Einheit an, die in Klammern steht.

a) 56 kW (W)   b) 236 Mt (t)
   345 MW (W)   27,5 kt (t)
   1,7 GW (W)   0,5 Gt (t)

c) 23,8 GW (W)   d) 21 800 kt (Mt)
   2,1 TW (W)   1200 Mt (Gt)
   0,003 GW (W)   500 Gt (Tt)

Sachaufgaben

1 Die Tabelle gibt den Bestand an Kraftfahrzeugen in Deutschland an.

Personenkraftwagen	$4,65 \cdot 10^7$
Krafträder	$4,37 \cdot 10^6$
Lastkraftwagen	$3,03 \cdot 10^6$
Omnibusse	$7,94 \cdot 10^4$
Zugmaschinen	$2,20 \cdot 10^6$
sonstige Fahrzeuge	$2,96 \cdot 10^5$

Stand: 1.1.2018

Wie viele Kraftfahrzeuge waren am 1.1.2018 insgesamt in Deutschland zugelassen?

2 Das Erdreich lebt. In einem Kubikmeter Erdboden befinden sich durchschnittlich 150 Tausendfüßler, 200 Regenwürmer, 100 000 Springschwänze, eine Milliarde Pilze und $6 \cdot 10^{13}$ Bakterien.
Gib die Anzahl der Tausendfüßler (Regenwürmer, Springschwänze, Pilze, Bakterien) in 1 000 m³ Erdboden mithilfe von Zehnerpotenzen an.

3 Die Tabelle gibt die Wasservorräte der Erde an.

Weltmeere	$1,322 \cdot 10^{21}$ l
Polareis, Gletscher	$2,919 \cdot 10^{19}$ l
Grundwasser	$8,595 \cdot 10^{18}$ l
Seen und Flüsse	$2,3 \cdot 10^{17}$ l
Atmosphäre	$1,3 \cdot 10^{16}$ l

a) Bestimme die Gesamtmenge aller Wasservorräte der Erde.
b) Wie viel Prozent der gesamten Wasservorräte befindet sich in den Weltmeeren?
c) Trinkwasser kann nur aus dem Grundwasser und aus Seen und Flüssen gewonnen werden.
Wie viel Prozent der gesamten Wasservorräte der Erde stehen für die Trinkwassergewinnung zur Verfügung?

4 Gib die Länge als Dezimalzahl an.
a) Milzbranderreger $\quad 10^{-5}$ m
b) Nukleinsäurefaden $\quad 5,6 \cdot 10^{-5}$ m
c) Colibakterien $\quad 10^{-6}$ m
d) Pockenvirus $\quad 2,4 \cdot 10^{-7}$ m

5 Sauberes Trinkwasser ist für die Gesundheit der Menschen unentbehrlich. Die Trinkwasserverordnung legt für zahlreiche Substanzen fest, wie viel davon höchstens in einem Liter Trinkwasser enthalten sein darf.

Substanz	Höchstwert (mg/l)
Arsen	0,01 mg/l
Nickel	0,02 mg/l
Quecksilber	0,001 mg/l
Cadmium	0,005 mg/l
Pestizide	0,0005 mg/l

Gib die Höchstwerte mithilfe von Zehnerpotenzen an.

6 Der Radius der Erde beträgt ungefähr $6,378 \cdot 10^6$ m.
a) Gib die Größe der Erdoberfläche in Quadratmetern an.
b) Bestimme das Volumen der Erde in Kubikmetern.

7 Die Tabelle gibt jeweils die Masse und das Volumen von Erde und Mond an.

	Masse (t)	Volumen (m³)
Erde	$6 \cdot 10^{21}$	$1,1 \cdot 10^{21}$
Mond	$7,35 \cdot 10^{19}$	$2,2 \cdot 10^{19}$

a) Für die Dichte ρ eines Körpers gilt:
$$\rho = \frac{\text{Masse (t)}}{\text{Volumen (m}^3)}$$
Bestimme jeweils die durchschnittliche Dichte von Erde und Mond.
b) Die Dichte des Mondes beträgt etwa drei Fünftel der Dichte der Erde. Überprüfe diese Behauptung.

Die Aufgaben auf dieser Seite kannst du in Gruppenarbeit oder als Ich-du-wir-Aufgaben bearbeiten.

Potenzgesetze

Ein Produkt aus gleichen Faktoren kann als Potenz geschrieben werden.

Für alle $a \in \mathbb{R}$ und $n \in \mathbb{N}$ ($n > 0$) gilt:

$$\underbrace{a \cdot a \cdot a \cdot \ldots \cdot a}_{n \text{ Faktoren}} = a^n$$

a heißt **Basis**, n heißt **Exponent**, a^n heißt **Potenz**.

$5 \cdot 5 \cdot 5 \cdot 5 = 5^4$ (Lies: 5 hoch 4)

$\left(\frac{2}{7}\right) \cdot \left(\frac{2}{7}\right) \cdot \left(\frac{2}{7}\right) = \left(\frac{2}{7}\right)^3$

$p \cdot p \cdot p \cdot p \cdot p = p^5$

1 Fasse gleiche Faktoren zu Potenzen zusammen. Ordne die Variablen alphabetisch.

$a \cdot b \cdot b \cdot a \cdot a \cdot a \cdot b = a^4 \, b^3$
$3 \cdot x \cdot x \cdot 3 \cdot x \cdot x \cdot x = 3^2 \cdot x^5 = 9x^5$

a) $x \cdot y \cdot x \cdot x \cdot y \cdot y \cdot y$
  $u \cdot u \cdot u \cdot v \cdot v \cdot u \cdot u$
  $q \cdot p \cdot q \cdot q \cdot p \cdot p \cdot p \cdot q \cdot q$

b) $3 \cdot 3 \cdot x \cdot x \cdot x \cdot 3 \cdot x \cdot x \cdot x$
  $r \cdot r \cdot s \cdot 2 \cdot s \cdot 2 \cdot r \cdot s \cdot r \cdot 2$
  $2 \cdot 2 \cdot u \cdot u \cdot u \cdot u \cdot 2 \cdot u$

2 Berechne.

a) 3^4 b) 2^8 c) 6^3 d) 1^{23}
  2^5 4^3 9^3 23^1
  10^3 3^5 5^4 0^{23}

e) $\left(\frac{1}{4}\right)^3$ f) $\left(\frac{1}{10}\right)^6$ g) $\left(\frac{3}{4}\right)^3$ h) $0{,}2^3$

  $\left(\frac{1}{5}\right)^3$ $\left(\frac{1}{2}\right)^5$ $\left(\frac{2}{5}\right)^4$ $0{,}3^4$

  $\left(\frac{1}{3}\right)^4$ $\left(\frac{1}{7}\right)^2$ $\left(\frac{3}{10}\right)^5$ $0{,}1^5$

3 Berechne. Achte auf das Vorzeichen.

$(-3)^1 = -3$
$(-3)^2 = (-3) \cdot (-3) = +9$
$(-3)^3 = (-3) \cdot (-3) \cdot (-3) = -27$
$(-3)^4 = (-3) \cdot (-3) \cdot (-3) \cdot (-3) = +81$

a) $(-4)^3$ b) $(-5)^4$ c) $(-9)^2$ d) $(-1)^{12}$
  $(-6)^3$ $(-4)^4$ $(-8)^3$ $(-1)^{11}$

4 In den Beispielen werden zwei Potenzen mit gleicher Basis multipliziert (dividiert).

$$a^3 \cdot a^4 = a \cdot a \cdot a \cdot a \cdot a \cdot a \cdot a = a^{3+4} = a^7$$

$$\frac{b^5}{b^2} = \frac{b \cdot b \cdot b \cdot \cancel{b} \cdot \cancel{b}}{\cancel{b} \cdot \cancel{b}} = b^{5-2} = b^3$$

a) Erkläre, wie du den Exponenten des Produkts (des Quotienten) bestimmen kannst.
b) Berechne ebenso: $x^4 \cdot x^2$ und $\frac{y^6}{y^2}$.

Multiplikation und Division von Potenzen

Für alle $a \in \mathbb{R}$ ($a \neq 0$) und alle $m, n \in \mathbb{N}$ ($m > n > 0$) gilt:

$$a^m \cdot a^n = a^{m+n}$$

$$\frac{a^m}{a^n} = a^{m-n}$$

Potenzen mit gleicher Basis werden multipliziert, indem die Exponenten addiert werden.

Potenzen mit gleicher Basis werden dividiert, indem die Exponenten subtrahiert werden.

Die Basis wird beibehalten.

5 Gib als eine Potenz an.

$$x^5 \cdot x^3 = x^{5+3} = x^8 \qquad \frac{x^5}{x^3} = x^{5-3} = x^2$$

a) $x^2 \cdot x^5$ b) $a^2 \cdot a^5 \cdot a^3$ c) $u^7 : u^3$
  $y^5 \cdot y^4$ $b^4 \cdot b^3 \cdot b^7$ $v^4 : v^2$
  $z^6 \cdot z^3$ $c^6 \cdot c^8 \cdot c^2$ $w^9 : w^6$

d) $\frac{x^6}{x^2}$ e) $\frac{u^{11}}{u^2}$ f) $\frac{a^5 \cdot a^4}{a^3}$

  $\frac{a^8}{a^5}$ $\frac{v^7}{v^4}$ $\frac{b^8 \cdot b^6}{b^5}$

  $\frac{t^7}{t^3}$ $\frac{w^{10}}{w^8}$ $\frac{c^{11} \cdot c^4}{c^9}$

g) $\frac{a^7}{a^3 \cdot a^2}$ h) $\frac{x^3 \cdot x^9}{x^2 \cdot x^4}$ i) $\frac{u^{15} \cdot u^2}{u^8 \cdot u^7}$

  $\frac{b^{12}}{b^5 \cdot b^3}$ $\frac{y^{10} \cdot y^2}{y^3 \cdot y^4}$ $\frac{v^9 \cdot v^{12}}{v^5 \cdot v}$

  $\frac{c^{10}}{c^7 \cdot c}$ $\frac{z^8 \cdot z^{11}}{z^7 \cdot z^{12}}$ $\frac{v^{20} \cdot v}{v^{10} \cdot v^{11}}$

Potenzgesetze

6 In den Beispielen wird ein Produkt (ein Bruch) potenziert.

$$(a \cdot b)^4 = (a \cdot b) \cdot (a \cdot b) \cdot (a \cdot b) \cdot (a \cdot b)$$
$$= a \cdot b \cdot a \cdot b \cdot a \cdot b \cdot a \cdot b$$
$$= a \cdot a \cdot a \cdot a \cdot b \cdot b \cdot b \cdot b$$
$$= a^4 \cdot b^4$$

$$\left(\frac{a}{b}\right)^6 = \frac{a}{b} \cdot \frac{a}{b} \cdot \frac{a}{b} \cdot \frac{a}{b} \cdot \frac{a}{b} \cdot \frac{a}{b}$$
$$= \frac{a \cdot a \cdot a \cdot a \cdot a \cdot a}{b \cdot b \cdot b \cdot b \cdot b \cdot b}$$
$$= \frac{a^6}{b^6}$$

a) Erkläre jeweils die Umformung.
b) Forme ebenso um: $(x \cdot y)^4$ und $\left(\frac{x}{y}\right)^5$

Potenzieren von Produkten und Quotienten

Für alle $a, b \in \mathbb{R}$ ($b \neq 0$) und alle $n \in \mathbb{N}$ ($n > 0$) gilt:

$$(a \cdot b)^n = a^n \cdot b^n$$
$$\left(\frac{a}{b}\right)^n = \frac{a^n}{b^n}$$

Ein Produkt wird mit einer natürlichen Zahl potenziert, indem jeder Faktor mit der natürlichen Zahl potenziert wird.

Ein Bruch wird mit einer natürlichen Zahl potenziert, indem Zähler und Nenner mit der natürlichen Zahl potenziert werden.

7 Gib ohne Klammern an.

$$(xy)^4 = x^4 \cdot y^4 \qquad \left(\frac{x}{y}\right)^5 = \frac{x^5}{y^5}$$

$$(2a)^3 = 2^3 \cdot a^3 = 8a^3 \qquad \left(\frac{a}{2}\right)^4 = \frac{a^4}{2^4} = \frac{a^4}{16}$$

a) $(xy)^4$ b) $(abc)^3$ c) $(3a)^3$
   $(uv)^6$ $(rst)^8$ $(2b)^5$
   $(pq)^9$ $(xyz)^5$ $(5t)^7$

d) $\left(\frac{x}{y}\right)^9$ e) $\left(\frac{x}{2}\right)^4$ f) $\left(\frac{a \cdot b}{c}\right)^7$
   $\left(\frac{r}{s}\right)^{11}$ $\left(\frac{z}{3}\right)^3$ $\left(\frac{2v}{w}\right)^3$
   $\left(\frac{d}{e}\right)^4$ $\left(\frac{5}{t}\right)^2$ $\left(\frac{p}{2q}\right)^4$

8 In dem Beispiel wird die Potenz a^5 mit dem Exponenten 3 potenziert.

$$(a^5)^3 \qquad\qquad (a^5)^3$$
$$= (a^5) \cdot (a^5) \cdot (a^5) \qquad = (a \cdot a \cdot a \cdot a \cdot a)^3$$
$$= a^5 \cdot a^5 \cdot a^5 \qquad = a^3 \cdot a^3 \cdot a^3 \cdot a^3 \cdot a^3$$
$$= a^{5+5+5} \qquad\qquad = a^{3+3+3+3+3}$$
$$= a^{15} \qquad\qquad\quad = a^{15}$$

a) Erkläre die beiden Umformungen. Welches Potenzgesetz wird jeweils benutzt?
b) Berechne $(x^4)^3$.
c) Wie kannst du den Exponenten im Ergebnis ohne Umformung bestimmen?

Potenzieren von Potenzen

Für alle $a \in \mathbb{R}$ und alle $m, n \in \mathbb{N}$ ($m, n > 0$) gilt:

$$(a^m)^n = a^{m \cdot n}$$

Eine Potenz wird potenziert, indem die Exponenten multipliziert werden. Die Basis wird beibehalten.

9 Gib ohne Klammern an.

$$(a^5)^4 = a^{5 \cdot 4} = a^{20} \qquad \left(\frac{a^4}{b^2}\right)^3 = \frac{a^{4 \cdot 3}}{b^{2 \cdot 3}} = \frac{a^{12}}{b^6}$$

a) $(x^3)^4$ b) $(r^m)^n$ c) $(a^5)^k$
   $(y^2)^5$ $(s^u)^v$ $(b^3)^m$
   $(z^7)^9$ $(t^r)^s$ $(c^n)^2$

d) $\left(\frac{a^4}{b^3}\right)^2$ e) $\left(\frac{u^7}{v^3}\right)^8$ f) $\left(\frac{a^n}{b^m}\right)^k$
   $\left(\frac{c^5}{d^2}\right)^6$ $\left(\frac{r^9}{s^4}\right)^3$ $\left(\frac{u^p}{v^q}\right)^n$
   $\left(\frac{p^4}{q^2}\right)^2$ $\left(\frac{x^4}{y^3}\right)^7$ $\left(\frac{s^k}{t^r}\right)^m$

10 Forme wie im Beispiel um.

$$(5a^4)^3 = 5^3 \cdot a^{12} = 125a^{12}$$

a) $(3x^2)^3$ b) $(11y^3)^2$ c) $(10a^4)^5$
   $(2z^3)^5$ $(4u^5)^3$ $(6b^2)^3$

d) $(7w^4)^2$ e) $(2v^8)^6$ f) $(7c^5)^2$
   $(5p^4)^4$ $(3u^5)^4$ $(2r^7)^5$

Potenzen mit ganzzahligen Exponenten

1 Im Beispiel wird der Term $\frac{a^5}{a^7}$ auf zwei verschiedene Arten vereinfacht.

$$\frac{a^5}{a^7} = \frac{\cancel{a} \cdot \cancel{a} \cdot \cancel{a} \cdot \cancel{a} \cdot \cancel{a}}{\cancel{a} \cdot \cancel{a} \cdot \cancel{a} \cdot \cancel{a} \cdot \cancel{a} \cdot a \cdot a} = \frac{1}{a \cdot a} = \frac{1}{a^2}$$

$$\frac{a^5}{a^7} = a^{5-7} = a^{-2}$$

a) Erläutere anhand des Beispiels, warum es sinnvoll ist zu vereinbaren:

$$a^{-2} = \frac{1}{a^2}$$

b) Forme den Term $\frac{b^3}{b^5}$ auf zwei verschiedene Arten um.

2 Im Beispiel wird der Term $\frac{a^4}{a^4}$ auf zwei verschiedene Arten vereinfacht.

$$\frac{a^4}{a^4} = \frac{\cancel{a} \cdot \cancel{a} \cdot \cancel{a} \cdot \cancel{a}}{\cancel{a} \cdot \cancel{a} \cdot \cancel{a} \cdot \cancel{a}} = \frac{1}{1} = 1$$

$$\frac{a^4}{a^4} = a^{4-4} = a^0$$

a) Erläutere anhand des Beispiels, warum es sinnvoll ist zu vereinbaren:

$$a^0 = 1$$

b) Forme den Term $\frac{b^5}{b^5}$ auf zwei verschiedene Arten um.

> Für alle $a \in \mathbb{R}$ $(a \neq 0)$ und alle $n \in \mathbb{N}$ gilt:
>
> $a^{-n} = \dfrac{1}{a^n}$ $\qquad$ $a^0 = 1$

3 Gib die Brüche als Potenzen mit negativen Exponenten an.

$$\frac{1}{a^5} = a^{-5} \qquad\qquad \frac{1}{25} = \frac{1}{5^2} = 5^{-2}$$

a) $\frac{1}{b^3}$ $\qquad$ b) $\frac{1}{c^9}$ $\qquad$ c) $\frac{1}{7^2}$ $\qquad$ d) $\frac{1}{5^4}$

$\frac{1}{y^7}$ $\qquad\qquad$ $\frac{1}{d^{11}}$ $\qquad\qquad$ $\frac{1}{6^3}$ $\qquad\qquad$ $\frac{1}{10^7}$

e) $\frac{1}{x}$ $\qquad$ f) $\frac{1}{11}$ $\qquad$ g) $\frac{1}{100}$ $\qquad$ h) $\frac{1}{25}$

$\frac{1}{z}$ $\qquad\qquad$ $\frac{1}{41}$ $\qquad\qquad$ $\frac{1}{1000}$ $\qquad\qquad$ $\frac{1}{36}$

4 Schreibe als Bruch und berechne.

$$6^{-2} = \frac{1}{6^2} = \frac{1}{36}$$

a) 7^{-2} $\qquad$ b) 4^{-3} $\qquad$ c) 2^{-8} $\qquad$ d) 19^{-1}

12^{-2} $\qquad\qquad$ 2^{-3} $\qquad\qquad$ 4^{-5} $\qquad\qquad$ 71^{-1}

4^{-3} $\qquad\qquad$ 6^{-3} $\qquad\qquad$ 10^{-6} $\qquad\qquad$ 1^{-11}

8^{-3} $\qquad\qquad$ 5^{-4} $\qquad\qquad$ 3^{-6} $\qquad\qquad$ 1^{-20}

Für Potenzen mit negativen Zahlen als Exponenten ... ... gelten dieselben Gesetze ... wie für Potenzen mit natürlichen Zahlen als Exponenten.

5 Gib als Potenz an. Beachte die Rechenregeln für negative Zahlen.

$$a^{-4} \cdot a^{-5} = a^{(-4)+(-5)} = a^{-4-5} = a^{-9}$$

$$b^{-5} : b^{-7} = b^{(-5)-(-7)} = b^{-5+7} = b^2$$

$$(c^{-6})^{-2} = c^{(-6) \cdot (-2)} = c^{12}$$

a) $x^{-7} \cdot x^{-3}$ $\quad$ b) $u^4 \cdot u^{-8}$ $\quad$ c) $a^{-11} \cdot a^9$

$y^{-8} \cdot y^{-19}$ $\qquad\quad$ $v^9 \cdot v^{-5}$ $\qquad\quad$ $b^{-4} \cdot b^{-7}$

$z^9 \cdot z^{-4}$ $\qquad\qquad$ $w^{-8} \cdot w^3$ $\qquad\quad$ $c^{-1} \cdot c^{-9}$

d) $r^5 : r^{-3}$ $\quad$ e) $p^{-4} : p^{-8}$ $\quad$ f) $a^{-7} \cdot a^9$

$s^{-3} : s^{-8}$ $\qquad\quad$ $q^{-6} : q^{-6}$ $\qquad\quad$ $k^{-11} : k^2$

$t^{-2} : t^7$ $\qquad\qquad$ $z^4 : z^{-11}$ $\qquad\quad$ $e^{-1} : e^{-3}$

g) $(x^5)^{-3}$ $\quad$ h) $(a^{-4})^{-5}$ $\quad$ i) $(u^{-7})^9$

$(y^{-3})^{-9}$ $\qquad\quad$ $(b^{-4})^{-4}$ $\qquad\quad$ $(v^{-10})^2$

$(z^{-2})^4$ $\qquad\qquad$ $(c^3)^{-11}$ $\qquad\quad$ $(w^{-1})^{-1}$

6 Vereinfache den Term.

$$\frac{x^3 \cdot x^{-5}}{x^{-4}} = \frac{x^{3-5}}{x^{-4}} = \frac{x^{-2}}{x^{-4}} = x^{-2-(-4)} = x^{-2+4} = x^2$$

a) $\frac{x^{-5}}{x^{-2}}$ $\qquad\quad$ b) $\frac{a^7 \cdot a^{-2}}{a^{-6}}$ $\qquad\quad$ c) $\frac{u^{-9}}{u^4 \cdot u^{-1}}$

$\frac{y^6}{y^{-5}}$ $\qquad\qquad\quad$ $\frac{b^{-1} \cdot b^{-3}}{b^{-2}}$ $\qquad\qquad$ $\frac{v^5}{v^{-7} \cdot v^{-5}}$

$\frac{z^4}{z^{-8}}$ $\qquad\qquad\quad$ $\frac{c^{11} \cdot c^{-4}}{c^{-7}}$ $\qquad\qquad$ $\frac{w^3}{w^2 \cdot w^{-2}}$

1 Bestimme die Kantenlänge des abgebildeten Würfels. Erläutere, wie du die Maßzahl bestimmt hast.

$V = 125\,\text{cm}^3$

Die dritte Wurzel aus 64 ist die positive Zahl, die als dritte Potenz 64 ergibt.

$\sqrt[3]{64} = 4$, denn $4^3 = 4 \cdot 4 \cdot 4 = 64$

Lies: Dritte Wurzel aus 64 ist gleich 4.

Die vierte Wurzel aus 625 ist die positive Zahl, die als vierte Potenz 625 ergibt.

$\sqrt[4]{625} = 5$, denn $5^4 = 5 \cdot 5 \cdot 5 \cdot 5 = 625$

Lies: Vierte Wurzel aus 625 ist gleich 5.

Das Wurzelziehen heißt auch Radizieren.

2 Berechne die Wurzeln.

a) $\sqrt[3]{27}$ b) $\sqrt[3]{512}$ c) $\sqrt[4]{16}$ d) $\sqrt[5]{32}$

$\sqrt[3]{125}$ $\sqrt[3]{1000}$ $\sqrt[4]{81}$ $\sqrt[5]{1024}$

$\sqrt[3]{343}$ $\sqrt[3]{8000}$ $\sqrt[4]{256}$ $\sqrt[6]{729}$

e) $\sqrt[4]{10\,000}$ f) $\sqrt[7]{1}$ g) $\sqrt[3]{0{,}125}$ h) $\sqrt{64}$

$\sqrt[5]{100\,000}$ $\sqrt[9]{1}$ $\sqrt[4]{0{,}0625}$ $\sqrt[3]{64}$

$\sqrt[6]{1\,000\,000}$ $\sqrt[11]{1}$ $\sqrt[5]{0{,}00001}$ $\sqrt[6]{64}$

3 a) Potenziere 2 (3, 10) mit 4 und ziehe aus dem Ergebnis die vierte Wurzel.
b) Ziehe die vierte Wurzel aus 16 (81, 10 000) und potenziere das Ergebnis mit 4.

$\sqrt[n]{a}$ ist die nichtnegative Zahl, die mit n potenziert a ergibt.

a heißt **Radikand,** n heißt **Wurzelexponent.** ($a \in \mathbb{R}$, $a \geq 0$, $n \in \mathbb{N}$ $n > 1$)

Aus negativen Zahlen ziehen wir keine Wurzel.

Das Wurzelziehen ist die Umkehrung des Potenzierens.

$\sqrt[n]{a^n} = a$ $(\sqrt[n]{a})^n = a$

4 a) In den Beispielen wird das Potenzgesetz $a^m \cdot a^n = a^{m+n}$ auf Potenzen angewendet, deren Exponenten Brüche sind.

$(9^{\frac{1}{2}})^2 = 9^{\frac{1}{2}} \cdot 9^{\frac{1}{2}} = 9^{\frac{1}{2}+\frac{1}{2}} = 9^1 = 9$

$(\sqrt{9})^2 = \sqrt{9} \cdot \sqrt{9} = 3 \cdot 3 = 9$

$(8^{\frac{1}{3}})^3 = 8^{\frac{1}{3}} \cdot 8^{\frac{1}{3}} \cdot 8^{\frac{1}{3}} = 8^{\frac{1}{3}+\frac{1}{3}+\frac{1}{3}} = 8^1 = 8$

$(\sqrt[3]{8})^3 = \sqrt[3]{8} \cdot \sqrt[3]{8} \cdot \sqrt[3]{8} = 2 \cdot 2 \cdot 2 = 8$

Die Beispiele zeigen, dass es sinnvoll ist zu vereinbaren:

$9^{\frac{1}{2}} = \sqrt{9}$ und $8^{\frac{1}{3}} = \sqrt[3]{8}$

Zeige ebenso: $16^{\frac{1}{4}} = \sqrt[4]{16}$

b) Im Beispiel wird das Potenzgesetz $(a^m)^n = a^{m \cdot n}$ auf die Potenz $64^{\frac{1}{3}}$ angewendet.

$(64^{\frac{1}{3}})^3 = 64^{\frac{1}{3} \cdot 3} = 64^1 = 64$

$(\sqrt[3]{64})^3 = \sqrt[3]{64} \cdot \sqrt[3]{64} \cdot \sqrt[3]{64} = 4 \cdot 4 \cdot 4 = 64$

Begründe mithilfe des Beispiels, dass die Vereinbarung

$64^{\frac{1}{3}} = \sqrt[3]{64}$ sinnvoll ist.

Zeige ebenso: $125^{\frac{1}{3}} = \sqrt[3]{125}$

Für alle $a \in \mathbb{R}$ ($a \geq 0$) und alle $n \in \mathbb{N}$ ($n > 1$) gilt: $a^{\frac{1}{n}} = \sqrt[n]{a}$

5 Gib als Potenz mit einem Bruch als Exponenten an.

$\sqrt[3]{a} = a^{\frac{1}{3}}$ $\sqrt[k]{p} = p^{\frac{1}{k}}$

a) $\sqrt[4]{b}$ b) $\sqrt[7]{u}$ c) $\sqrt[v]{r}$ d) $\sqrt[k]{7}$

$\sqrt[5]{w}$ $\sqrt[3]{y}$ $\sqrt[s]{n}$ $\sqrt[n]{2}$

6 Schreibe als Wurzel und berechne.

$49^{\frac{1}{2}} = \sqrt{49} = 7$ $64^{\frac{1}{3}} = \sqrt[3]{64} = 4$

a) $25^{\frac{1}{2}}$ b) $27^{\frac{1}{3}}$ c) $32^{\frac{1}{5}}$ d) $1{,}69^{\frac{1}{2}}$

$144^{\frac{1}{2}}$ $216^{\frac{1}{3}}$ $625^{\frac{1}{4}}$ $0{,}001^{\frac{1}{3}}$

$225^{\frac{1}{2}}$ $512^{\frac{1}{3}}$ $64^{\frac{1}{6}}$ $0{,}008^{\frac{1}{3}}$

$36^{\frac{1}{2}}$ $81^{\frac{1}{4}}$ $256^{\frac{1}{4}}$ $0{,}0001^{\frac{1}{4}}$

Potenzfunktionen

1 Der Seitenlänge x eines Quadrats wird der Flächeninhalt y des Quadrats zugeordnet.

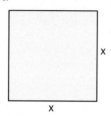

a) Begründe, dass diese Zuordnung eine Funktion ist.
b) Gib die Funktionsgleichung an.

2 Die Funktion f ordnet der Kantenlänge x eines Würfels das Volumen y zu.

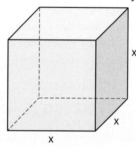

a) Gib die Funktionsgleichung von f an.
b) Berechne f(1) (f(2), f(3), f(5), f(10), f(2,5)).

3 Der Flächeninhalt eines Rechtecks soll 1 m² betragen.
Wird die Länge x einer Seite des Rechtecks festgelegt, so kannst du die Länge y der anderen Seite berechnen.

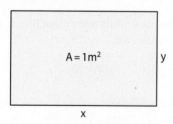

a) Vervollständige die Tabelle im Heft.

x (m)	1	2	3	4	5	10
y (m)	▩	▩	▩	▩	▩	▩

x (m)	0,5	0,4	0,25	0,2	0,1	0,01
y (m)	▩	▩	▩	▩	▩	▩

b) Die Funktion f ordnet der Seitenlänge x die Seitenlänge y zu. Gib die Gleichung von f in Potenzschreibweise an.

4 Ein Quader mit quadratischer Grundfläche hat ein Volumen von 1 m³.
Wird die Länge x der Grundkante festgelegt, so kannst du die Höhe y berechnen.

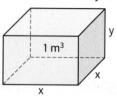

a) Vervollständige die Tabelle im Heft.

x (m)	1	2	3	4	5	10
y (m)	▩	▩	▩	▩	▩	▩

x (m)	0,5	0,4	0,25	0,2	0,1	0,01
y (m)	▩	▩	▩	▩	▩	▩

b) Die Funktion f ordnet der Länge x der Grundkante die Höhe y zu. Gib die Gleichung von f in Potenzschreibweise an.

5 Im Koordinatensystem sind die Graphen der Funktionen dargestellt, die in den Aufgaben 1 bis 4 auftreten.
Ordne jedem Graphen die passende Funktionsgleichung zu.

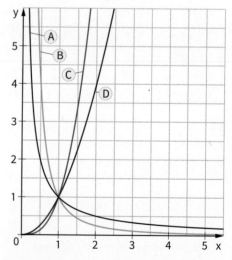

Eine Funktion f mit der Funktionsgleichung $y = x^n$ $(n \in \mathbb{Z})$ heißt **Potenzfunktion**.

$y = x^2$ $\qquad$ $y = x^{-1}$

$y = x^3$ $\qquad$ $y = x^{-2}$

Potenzfunktionen untersuchen

 1 $f(x) = x^2$ $\qquad$ $g(x) = x^4$

$\qquad h(x) = x^6$ $\qquad$ $k(x) = x^8$

2 $f(x) = x^3$ $\qquad$ $g(x) = x^5$

$\qquad h(x) = x^7$ $\qquad$ $k(x) = x^9$

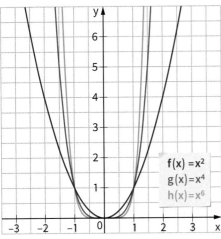

$f(x) = x^2$
$g(x) = x^4$
$h(x) = x^6$

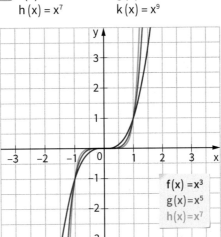

$f(x) = x^3$
$g(x) = x^5$
$h(x) = x^7$

3 $f(x) = x^{-2}$ $\qquad$ $g(x) = x^{-4}$
$h(x) = x^{-6}$ $\qquad$ $k(x) = x^{-8}$

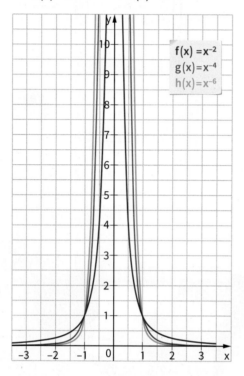

5 Maya hat mithilfe eines Geometrie- und Algebraprogramms den Graphen der Funktion f mit der Gleichung $f(x) = x^2$ in einem Koordinatensystem dargestellt. Zusätzlich möchte sie den Graphen der Funktion g mit der Gleichung $g(x) = x^4$ in demselben Koordinatensystem darstellen. Dazu hat sie in der Eingabezeile die Funktionsgleichung eingetragen.

Ebenso stellt Maya die Graphen der Funktionen h mit der Gleichung $h(x) = x^6$ und k mit der Gleichung $k(x) = x^8$ dar.

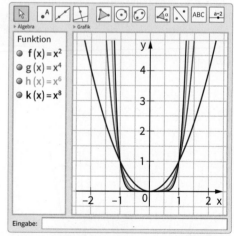

4 $f(x) = x^{-1}$ $\qquad$ $g(x) = x^{-3}$
$h(x) = x^{-5}$ $\qquad$ $k(x) = x^{-7}$

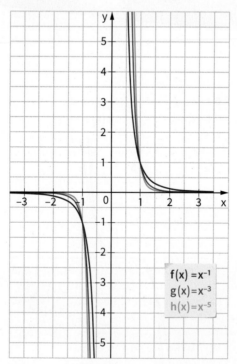

Stelle die Graphen der in den Aufgaben 2 bis 4 angegebenen Funktionen mithilfe eines Programms dar.
Wenn du mit dem Cursor einen Graphen berührst und die rechte Maustaste drückst, kannst du die Eigenschaften des Graphen (z. B. die Farbe und die Linienstärke) verändern.

Potenzen

Ein Produkt aus gleichen Faktoren kann als Potenz geschrieben werden.

Für alle $a \in \mathbb{R}$ und $n \in \mathbb{N}$ $(n > 0)$ gilt:

$\underbrace{a \cdot a \cdot a \cdot \ldots \cdot a}_{n \text{ Faktoren}} = a^n$

a heißt Basis, n heißt Exponent, a^n heißt Potenz.

$5 \cdot 5 \cdot 5 \cdot 5 \cdot 5 \cdot 5 \cdot 5 = 5^7$

$\left(\frac{3}{7}\right) \cdot \left(\frac{3}{7}\right) \cdot \left(\frac{3}{7}\right) \cdot \left(\frac{3}{7}\right) = \left(\frac{3}{7}\right)^4$

$x \cdot x \cdot x \cdot x \cdot x \cdot x \cdot x \cdot x = x^8$

Für alle $a \in \mathbb{R}$ gilt:

$a^0 = 1 \qquad\qquad a^1 = a$

$23^0 = 1 \qquad\qquad 23^1 = 23$

$p^0 = 1 \qquad\qquad p^1 = p$

Für alle $a \in \mathbb{R}$ $(a \neq 0)$ und $n \in \mathbb{N}$ gilt:

$a^{-n} = \dfrac{1}{a^n} = \underbrace{\dfrac{1}{a \cdot a \cdot \ldots \cdot a}}_{n \text{ Faktoren}}$

$6^{-3} = \dfrac{1}{6^3} = \dfrac{1}{216}$

$a^{-4} = \dfrac{1}{a^4}$

Für alle $a, b \in \mathbb{R}$ $(a \geq 0, b > 0)$, $m, n \in \mathbb{Z}$ gilt:

$a^m \cdot a^n = a^{m+n}$

$\dfrac{a^m}{a^n} = a^{m-n}$

$(a \cdot b)^n = a^n \cdot b^n$

$\left(\dfrac{a}{b}\right)^n = \dfrac{a^n}{b^n}$

$(a^m)^n = a^{m \cdot n}$

$x^5 \cdot x^7 = x^{5+7} = x^{12}$

$\dfrac{y^9}{y^6} = y^{9-6} = y^3$

$(u \cdot v)^7 = u^7 \cdot v^7$

$\left(\dfrac{r}{s}\right)^4 = \dfrac{r^4}{s^4}$

$(z^3)^{-5} = z^{3 \cdot (-5)} = z^{-15}$

 Für alle $a \in \mathbb{R}$ $(a \geq 0)$ und $n \in \mathbb{N}$ $(n > 1)$ gilt: $a^{\frac{1}{n}} = \sqrt[n]{a}$

$8^{\frac{1}{3}} = \sqrt[3]{8} = 2$

$a^{\frac{1}{5}} = \sqrt[5]{a}$

Potenzen mit der Basis 10 heißen **Zehnerpotenzen.**

$10^7 = 10 \cdot 10 \cdot 10 \cdot 10 \cdot 10 \cdot 10 \cdot 10$
$\quad = 10\,000\,000$

In wissenschaftlicher Notation werden große und kleine Zahlen mithilfe von Zehnerpotenzen ausgedrückt.

$20\,000\,000 = 2 \cdot 10^7$

$350\,000 = 3{,}5 \cdot 10^5$

Dabei ist der Faktor vor der Zehnerpotenz immer größer als 1 und kleiner als 10.

$0{,}007 = 7 \cdot 10^{-3}$

$0{,}0000015 = 1{,}5 \cdot 10^{-6}$

Potenzfunktionen

f(x) = xⁿ $\qquad$ (n ∈ ℕ, n > 0, n **gerade**)

Der Definitionsbereich ist ℝ.

Der Graph ist symmetrisch zur y-Achse.

Er verläuft durch P(1|1), Q(−1|1), S(0|0).

S ist der Scheitelpunkt.

Für x ≤ 0 fällt der Graph, für x ≥ 0 steigt er. Der Wertebereich ist ℝ₊.

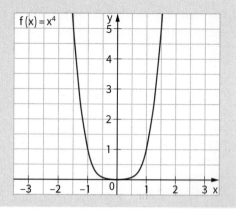

f(x) = xⁿ $\qquad$ (n ∈ ℕ, n > 0, n **ungerade**)

Der Definitionsbereich ist ℝ.

Der Graph ist symmetrisch zum Ursprung des Koordinatensystems.

Er verläuft durch P(1|1), Q(−1|−1), S(0|0).

Der Graph steigt für alle x ∈ ℝ. Der Wertebereich ist ℝ.

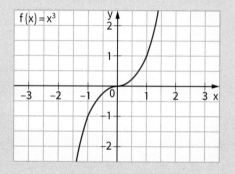

f(x) = x⁻ⁿ $\qquad$ (n ∈ ℕ, n > 0, n **gerade**)

Der Definitionsbereich ist ℝ \ {0}.

Der Graph ist symmetrisch zur y-Achse.

Er verläuft durch P(1|1) und Q(−1|1).

Für x < 0 steigt der Graph, für x > 0 fällt er.

Der Wertebereich ist die Menge aller positiven reellen Zahlen.

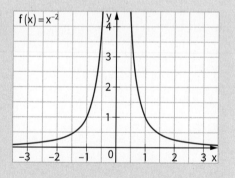

f(x) = x⁻ⁿ $\qquad$ (n ∈ ℕ, n > 0, n **ungerade**)

Der Definitionsbereich ist ℝ \ {0}.

Der Graph ist punktsymmetrisch zum Ursprung des Koordinatensystems.

Er verläuft durch P(1|1) und Q(−1|−1). Der Graph fällt für alle x ∈ ℝ.

Der Wertebereich ist ℝ \ {0}.

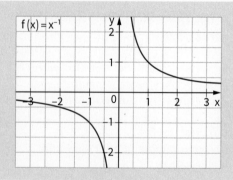

Üben und Vertiefen

1 Schreibe als Potenz.
a) $10 \cdot 10 \cdot 10$
b) $10 \cdot 10 \cdot 10 \cdot 10 \cdot 10 \cdot 10 \cdot 10 \cdot 10 \cdot 10 \cdot 10$

2 Schreibe ohne Zehnerpotenz.
a) 10^4 b) 10^9 c) 10^7 d) 10^{13}

3 Schreibe mithilfe von Zehnerpotenzen.
a) $50\,000$ b) $120\,000$ c) $4\,897\,000\,000$
d) $0{,}004$ e) $0{,}0167$ f) $0{,}02089$

4 Gib ohne Zehnerpotenz an.
a) $7{,}8 \cdot 10^4$ b) $2{,}9 \cdot 10^6$ c) $1{,}09 \cdot 10^8$

5 Berechne ohne Taschenrechner. Achte darauf, dass beim Ergebnis der Faktor vor der Zehnerpotenz größer als 1 und kleiner als 10 ist.

$$5 \cdot 40 \cdot 10^4 = 200 \cdot 10^4 = 2 \cdot 10^6$$

a) $4 \cdot 5 \cdot 10^3$ b) $25 \cdot 40 \cdot 10^6$
   $5 \cdot 6 \cdot 10^4$ $2{,}5 \cdot 16 \cdot 10^4$
  $200 \cdot 5 \cdot 10^5$ $0{,}5 \cdot 22 \cdot 10^7$

6 Berechne ohne Taschenrechner wie in den Beispielen.

$$10^{-3} \cdot 10^{-5} = 10^{-3+(-5)} = 10^{-3-5} = 10^{-8}$$
$$10^2 : 10^{-7} = 10^{2-(-7)} = 10^{2+7} = 10^9$$
$$10^{-5} : 10^{-3} = 10^{-5-(-3)} = 10^{-5+3} = 10^{-2}$$
$$\frac{10^{-5}}{10^{-2}} = 10^{-5-(-2)} = 10^{-5+2} = 10^{-3}$$

a) $10^{-4} \cdot 10^{-5}$ b) $10^{-7} \cdot 10^3$ c) $10^2 : 10^{-5}$
  $10^{-8} \cdot 10^{-2}$ $10^{-4} \cdot 10^2$ $10^9 : 10^{-1}$
  $10^{-2} \cdot 10^{-9}$ $10^8 \cdot 10^{-5}$ $10^5 : 10^{-7}$

d) $10^{-2} : 10^{-5}$ e) $10^3 : 10^{-5}$ f) $10^{-2} : 10^{-5}$
  $10^{-7} : 10^{-4}$ $10^9 : 10^{-6}$ $10^{-7} : 10^{-4}$
  $10^{-5} : 10^{11}$ $10^5 : 10^{-7}$ $10^{-2} : 10^{11}$

g) $\dfrac{10^{-7}}{10^{-3}}$ h) $\dfrac{10^{-4}}{10^6}$ i) $\dfrac{10^{-2}}{10^7}$ k) $\dfrac{10^{-9}}{10^{-3}}$

  $\dfrac{10^{-4}}{10^{-1}}$ $\dfrac{10^4}{10^{-5}}$ $\dfrac{10^{-3}}{10^{-11}}$ $\dfrac{10^{-1}}{10^{-13}}$

  $\dfrac{10^{-5}}{10^{-7}}$ $\dfrac{10^{-2}}{10^9}$ $\dfrac{10^2}{10^{-8}}$ $\dfrac{10^9}{10^{-10}}$

7 In den Displays der abgebildeten Taschenrechner siehst du das Ergebnis der Multiplikation $\boxed{4\,500\,000\,000 \cdot 20}$ und der Division $\boxed{0{,}28 : 200\,000\,000}$.

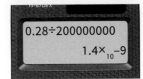

Überprüfe die Ergebnisse, indem du ohne Taschenrechner nachrechnest.

8 Berechne mit dem Taschenrechner.
a) $12\,300\,000 \cdot 41\,000\,000$
   $0{,}000025 \cdot 0{,}000000148$
   $0{,}0000072 \cdot 0{,}00000875$

b) $0{,}56 : 700\,000\,000$
   $0{,}017 : 8\,500\,000\,000$
   $0{,}000112 : 45\,000\,000\,000$

9 Mithilfe der $\boxed{\times 10^x}$ – Taste kannst du Zehnerpotenzen in den Taschenrechner eingeben.

$$5{,}2 \cdot 10^7 \cdot 3{,}5 \cdot 10^4 = \blacksquare$$

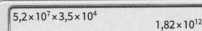

$$5{,}2 \cdot 10^7 \cdot 3{,}5 \cdot 10^4 = 1{,}82 \cdot 10^{12}$$

Berechne mit dem Taschenrechner.
a) $12 \cdot 450 \cdot 10^{15}$ b) $3 \cdot 10^{11} \cdot 2{,}3 \cdot 10^4$
  $244 \cdot 1350 \cdot 10^{17}$ $8 \cdot 10^7 \cdot 3{,}5 \cdot 10^9$
  $75 \cdot 47\,920 \cdot 10^{35}$ $3{,}1 \cdot 10^9 \cdot 5 \cdot 10^8$

c) $7{,}4 \cdot 10^{11} \cdot 5{,}4 \cdot 10^5 \cdot 2{,}7 \cdot 10^9$
  $4{,}8 \cdot 10^5 \cdot 8{,}41 \cdot 10^{10} \cdot 1{,}3 \cdot 10^6$
  $6{,}12 \cdot 10^5 \cdot 1{,}9 \cdot 10^8 \cdot 7{,}55 \cdot 10^{12}$

d) $5{,}2 \cdot 10^{-3} \cdot 4{,}5 \cdot 10^{-7} \cdot 8 \cdot 10^{-5}$
  $2{,}11 \cdot 10^{-7} \cdot 5{,}9 \cdot 10^{-2} \cdot 1{,}1 \cdot 10^{-4}$
  $3{,}63 \cdot 10^{-4} \cdot 9{,}7 \cdot 10^{-9} \cdot 2{,}38 \cdot 10^{-6}$

Üben und Vertiefen

10 Vereinfache zunächst den Term mithilfe eines Potenzgesetzes. Bestimme dann den Wert der Potenz ohne Taschenrechner.

$8^7 : 8^5 = 8^2 = 64$

$2^8 \cdot 5^8 = (2 \cdot 5)^8 = 10^8 = 100\,000\,000$

$2^{-6} \cdot 2^{-8} = 2^{-6+(-8)} = 2^2 = 4$

$12^{-3} : 6^{-3} = (12 : 6)^{-3} = 2^{-3} = \frac{1}{2^3} = \frac{1}{8}$

a) $23^7 : 23^6$ b) $1^6 \cdot 1^3 \cdot 1^4 \cdot 1^2$ c) $5^5 \cdot 2^5$
   $9^6 : 9^4$ $10^2 \cdot 10^4 \cdot 10^3$ $2^2 \cdot 50^2$
   $2^4 : 2^3$ $(-1)^5 \cdot (-1)^2 \cdot (-1)^3$ $2,5^4 \cdot 4^4$

d) $0,25^6 \cdot 4^6$ e) $2^{-4} \cdot 2^3$ f) $6^{-3} : 2^{-3}$
   $1,5^3 \cdot 2^3$ $6^7 \cdot 6^{-5}$ $4^{-4} : 40^{-4}$
   $0,2^8 \cdot 5^8$ $5^{-4} : 5^{-2}$ $0,5^{-5} \cdot 2^{-5}$

11 Schreibe mit einem Exponenten.

$(a^7 : a^3)^3 = (a^4)^3 = a^{12}$

$(a^2 \cdot b^2)^3 = a^6 \cdot b^6 = (a \cdot b)^6$

a) $(x^5 \cdot x^2)^3$ b) $(p^6 : p^3)^3$ c) $(r^5 \cdot s^5)^2$
   $(y^5 \cdot y^6)^2$ $(q^{11} : q^2)^4$ $(u^2 \cdot v^2)^5$
   $(v^4 \cdot v^4)^3$ $(a^8 : a^6)^2$ $(v^9 : w^9)^4$

d) $(r^5 \cdot s^5 \cdot t^5)^3$ e) $(a^{-1} \cdot a^{-3})^2$ f) $(a^{-2} \cdot b^{-2})^3$
   $(x^6 \cdot y^6 \cdot z^6)^2$ $(z^2 \cdot z^{-5})^{-4}$ $(r^{-1} \cdot s^4)^{-3}$
   $(a^3 \cdot b^3 \cdot c^3)^7$ $(s^{-1} : s^{-3})^{-5}$ $(t^{-4} \cdot t^{-3})^{-2}$

Summen und Differenzen von Potenzen mit gleicher Basis und gleichem Exponenten kannst du zusammenfassen.

$9a^3 + 5a^3 + a^3 - 3a^3$
$= (9 + 5 + 1 - 3)\,a^3$
$= 12a^3$

$4a^4 - 7b^5 + 5a^4 + 2b^5$
$= 4a^4 + 5a^4 - 7b^5 + 2b^5$
$= (4 + 5)\,a^4 + (-7 + 2)\,b^5$
$= 9a^4 - 5b^5$

---

12 Fasse zusammen.

a) $7x^3 + 2x^3$ b) $15p^4 + 7p^4 - 3p^4 - 5p^4$
   $11y^4 - 5y^4$ $8a^9 - 6\,a^9 + 7a^9 - 4\,a^9$
   $12t^5 + 6t^5$ $7r^3 - 9r^3 - 2\,r^3 - 2\,r^3$

c) $5p^3 + 7q^5 + 3q^5 - 5p^3 - p^3 + 7q^5$
   $u^4 + 9v^8 - 4v^8 + 11u^4 - 5u^4 - 2u^4 + v^8$
   $3s^2 + 6t^7 + 9s^2 - 5t^7 - t^7 + 2s^2 - 5s^2 - t^7$

13 Berechne und vergleiche.

a) 4^3 -3^4 3^{-4} -4^3 $(-3)^4$ $(-3)^{-4}$
   $(-4)^3$ 4^{-3} $(-4)^{-3}$ -3^{-4} -4^{-3} 3^4

b) 5^{-2} -5^2 5^2 $(-5)^2$ 2^{-5} $(-2)^{-5}$
   -5^{-2} -2^5 2^5 -2^5 $(-2)^{-5}$ $(-2)^5$

14 Erläutere, wie mithilfe der Potenzgesetze Regeln für das Rechnen mit Wurzeln hergeleitet werden.

$\sqrt[n]{a} \cdot \sqrt[n]{b} = a^{\frac{1}{n}} \cdot b^{\frac{1}{n}} = (a \cdot b)^{\frac{1}{n}} = \sqrt[n]{a \cdot b}$

$\sqrt[n]{a} \cdot \sqrt[n]{b} = \sqrt[n]{a \cdot b}$

$\dfrac{\sqrt[n]{a}}{\sqrt[n]{b}} = \dfrac{a^{\frac{1}{n}}}{b^{\frac{1}{n}}} = \left(\dfrac{a}{b}\right)^{\frac{1}{n}} = \sqrt[n]{\dfrac{a}{b}}$

$\dfrac{\sqrt[n]{a}}{\sqrt[n]{b}} = \sqrt[n]{\dfrac{a}{b}}$

$\sqrt[m]{\sqrt[n]{a}} = \left(a^{\frac{1}{n}}\right)^{\frac{1}{m}} = a^{\frac{1}{n \cdot m}} = \sqrt[n \cdot m]{a}$

$\sqrt[m]{\sqrt[n]{a}} = \sqrt[n \cdot m]{a}$

15 Fasse zu einer Wurzel zusammen und berechne.

$\sqrt[3]{2} \cdot \sqrt[3]{108} = \sqrt[3]{2 \cdot 108} = \sqrt[3]{216} = 6$

$\sqrt[5]{192} : \sqrt[5]{6} = \sqrt[5]{192 : 6} = \sqrt[5]{32} = 2$

$\sqrt[3]{\sqrt{729}} = \sqrt[3]{27} = 3$

a) $\sqrt[3]{5} \cdot \sqrt[3]{25}$ b) $\sqrt[5]{160} : \sqrt[5]{5}$ c) $\sqrt{\sqrt[3]{64}}$
   $\sqrt[3]{4} \cdot \sqrt[3]{250}$ $\sqrt[4]{192} : \sqrt[4]{3}$ $\sqrt{\sqrt{81}}$
   $\sqrt[3]{12} \cdot \sqrt[3]{18}$ $\sqrt[4]{405} : \sqrt[4]{5}$ $\sqrt{\sqrt[5]{1}}$

d) $\sqrt[4]{200} \cdot \sqrt[4]{50}$ e) $\sqrt[5]{8} \cdot \sqrt[5]{400\,000}$
   $\sqrt[5]{400} \cdot \sqrt[5]{250}$ $\sqrt[6]{8\,000\,000} \cdot \sqrt[6]{8}$
   $\sqrt[5]{486} : \sqrt[5]{2}$ $\sqrt[7]{25\,600} : \sqrt[7]{200}$

16 Ziehe aus den Brüchen die Wurzel.

$\sqrt[3]{\dfrac{27}{512}} = \dfrac{\sqrt[3]{27}}{\sqrt[3]{512}} = \dfrac{3}{8}$

a) $\sqrt[3]{\dfrac{1}{216}}$ b) $\sqrt[5]{\dfrac{32}{243}}$

   $\sqrt[4]{\dfrac{16}{81}}$ $\sqrt[4]{\dfrac{256}{625}}$

Steht unter der Wurzel ein Bruch, so kannst du aus Zähler und Nenner die Wurzel ziehen und dann dividieren.

Sachaufgaben

1 Bei einem Schiffsunglück sind 1 000 m³ Öl ins Meer gelangt. Die Ölschicht ist 10 μm dick. Wie groß ist die Wasserfläche, die von Öl bedeckt ist?

2 Die Kante eines würfelförmigen Kristalls ist 3 nm lang.
a) Gib die Kantenlänge des Kristalls in Metern an.
b) Berechne das Volumen des Kristalls. Gib das Ergebnis in Kubikmetern an.
c) Wie viel Quadratmeter beträgt der Oberflächeninhalt des Kristalls?

3 a) Die Erde bewegt sich mit einer durchschnittlichen Geschwindigkeit von 29,79 $\frac{km}{s}$ um die Sonne.
Wie viele Kilometer legt sie an einem Tag (in einem Jahr) zurück?
b) Die mittlere Entfernung der Erde von der Sonne beträgt $1,496 \cdot 10^8$ km. Welche Strecke legt die Erde bei einem Umlauf um die Sonne zurück?
c) Vergleiche die Ergebnisse von a) und b). Warum sind beide Rechnungen ungenau?

4 Schwefelwasserstoff hat einen unangenehmen Geruch. Die Nase des Menschen kann diesen Duft wahrnehmen, wenn die Konzentration mehr als vier Nanogramm je Kubikzentimeter Luft beträgt.
Der Chemieraum der Schule ist 10 m lang, 8 m breit und 3,50 m hoch. Der Geruch von Schwefelwasserstoff ist überall im Raum wahrzunehmen. Wie viel Gramm Schwefelwasserstoff sind mindestens hergestellt worden?

5 Die Autobahnbrücke über das Moseltal ist 258 m lang. Wenn die Temperatur um 1 °C steigt, dehnt sich ein Meter Beton um 12 μm aus.
Um wie viel Zentimeter unterscheidet sich die Länge der Brücke bei 30 °C von ihrer Länge bei – 10 °C?

6 Ein Zuckerwürfel hat die Masse 2,5 g. Er wird in einer Tasse Kaffee (einer Flasche Fruchtsaft, einem Tanklastzug mit Milch, im Bodensee) gelöst.

Gib an, wie viel Gramm Zucker jeweils in einem Liter Flüssigkeit enthalten sind.

7 Die Masse eines Wassermoleküls beträgt ungefähr $3 \cdot 10^{-29}$ g. Bei 4 °C hat ein Gramm Wasser ein Volumen von einem Kubikzentimeter.
a) Wie viele Wassermoleküle befinden sich in einem Kubikzentimeter Wasser?
b) Auf der Erde gibt es etwa $1,36 \cdot 10^{21}$ l Wasser. Wie viele Moleküle sind das?

Sachaufgaben

9 20 Weizenkörner wiegen ungefähr ein Gramm, 20 000 Weizenkörner wiegen ein Kilogramm, 20 Millionen Weizenkörner eine Tonne.

a) Wie schwer sind die Weizenkörner, die auf dem 16. Feld (22. Feld) liegen?
b) Auf welchen Schachfeldern wiegen die Körner mehr als 50 Kilogramm (mehr als eine Tonne)?

8 a) Gib die Anzahl der Körner auf dem ersten (zweiten, dritten, vierten, fünften) Feld des Schachbretts an.
b) Überprüfe Linas Behauptungen.

10 a) Der Taschenrechner gibt die Anzahl der Körner auf dem vierzigsten Feld mit $5{,}497558139 \cdot 10^{11}$ an. Erkläre diese Schreibweise.
b) Gib die Anzahl der Körner auf dem 64. Feld des Schachbretts mithilfe von Zehnerpotenzen an.

Auf dem sechsten Feld liegen 2^5 Körner.

Auf dem achten Feld liegen 2^7 Körner.

11 a) Überprüfe Pauls Behauptungen.

c) Wie viele Körner liegen auf dem zehnten (zwölften, fünfzehnten) Feld des Schachbretts?
d) Auf welchem Feld des Schachbretts liegen 524 288 Körner (16 777 216 Körner)?
e) Überprüfe Mias Behauptung.

Auf dem dreißigsten Feld liegen mehr als eine Milliarde Körner.

Auf dem vierten Feld liegt ein Korn mehr als auf den ersten drei Feldern zusammen.

Auf dem sechsten Feld liegt ein Korn mehr als auf den ersten fünf Feldern zusammen.

b) Wie viele Weizenkörner liegen insgesamt auf den ersten sieben (acht, neun) Feldern?
c) Begründe, dass auf dem Schachbrett insgesamt $2^{64} - 1$ Weizenkörner liegen.

Potenzfunktionen

1 Prüfe, ob die Punkte A, B, C und D auf dem Graphen der Funktion f liegen.

a) $f(x) = x^4$
   A $(1,3 \mid 2,8561)$ B $(-0,3 \mid 0,008)$
   C $(-2,4 \mid 33,1776)$ D $(0,8 \mid 0,4609)$

b) $f(x) = x^6$
   A $(0,7 \mid 0,117649)$ B $(-5 \mid 15625)$
   C $(-1,5 \mid 11,3906)$ D $(6 \mid 46566)$

c) $f(x) = x^5$
   A $(6 \mid 7777)$ B $(-1,1 \mid -1,61051)$
   C $(7 \mid 16708)$ D $(-2,1 \mid 40,84101)$

d) $f(x) = x^{-1}$
   A $(8 \mid 0,125)$ B $(-5 \mid -0,2)$
   C $(-1,6 \mid 0,625)$ D $(-40 \mid -0,25)$

e) $f(x) = x^{-2}$
   A $(25 \mid 0,0016)$ B $(-4 \mid 0,0562)$
   C $(8 \mid 0,015625)$ D $(0,02 \mid 2500)$

2 Die Punkte A und B liegen auf dem Graphen der Funktion f. Bestimme jeweils die fehlende Koordinate. Manchmal gibt es zwei Möglichkeiten.

a) $f(x) = x^3$ A $(6 \mid \blacksquare)$ B $(\blacksquare \mid 27)$
b) $f(x) = x^4$ A $(5 \mid \blacksquare)$ B $(\blacksquare \mid 0,0001)$
c) $f(x) = x^5$ A $(-2 \mid \blacksquare)$ B $(\blacksquare \mid 243)$
d) $f(x) = x^{-1}$ A $(4 \mid \blacksquare)$ B $(\blacksquare \mid 0,5)$
e) $f(x) = x^{-2}$ A $(-10 \mid \blacksquare)$ B $(\blacksquare \mid 0,0625)$

3 Entscheide, ob die Aussage wahr oder falsch ist.
a) Die Graphen der Potenzfunktionen mit positiven Exponenten verlaufen durch den Punkt P $(1 \mid 1)$.
b) Die Graphen der Potenzfunktionen mit negativen Exponenten verlaufen durch den Ursprung des Koordinatensystems.
c) Die Graphen der Potenzfunktionen mit geraden Exponenten sind symmetrisch zur y-Achse.
d) Die Graphen der Potenzfunktionen mit ungeraden Exponenten verlaufen durch den Punkt P $(-1 \mid -1)$.
e) Die Graphen der Potenzfunktionen mit positiven Exponenten sind symmetrisch zum Ursprung des Koordinatensystems.
f) Die Graphen der Potenzfunktionen mit negativen Exponenten schneiden die Achsen des Koordinatensystems nicht.

4 Ordne jedem Graphen die entsprechende Funktionsgleichung zu. Begründe deine Entscheidung.

a)
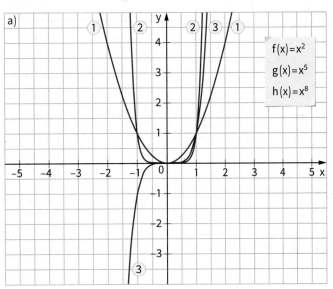

$f(x) = x^2$
$g(x) = x^5$
$h(x) = x^8$

b)
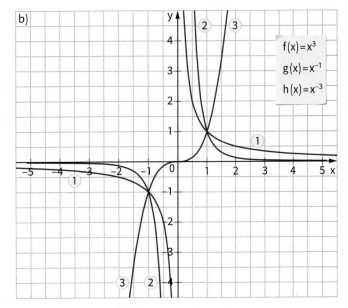

$f(x) = x^3$
$g(x) = x^{-1}$
$h(x) = x^{-3}$

c)
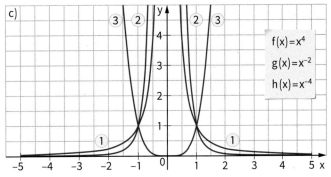

$f(x) = x^4$
$g(x) = x^{-2}$
$h(x) = x^{-4}$

Ausgangstest 1

1 Fasse gleiche Faktoren zu Potenzen zusammen. Ordne die Variablen alphabetisch.

a) $a \cdot a \cdot b \cdot b \cdot b \cdot b \cdot a \cdot a \cdot b$

b) $v \cdot v \cdot u \cdot v \cdot v \cdot v \cdot u \cdot v \cdot v$

2 Berechne.

a) 2^5 b) 2^{10} c) 6^3
3^4 4^3 1^{17}

d) $\left(\frac{1}{4}\right)^4$ e) $\left(\frac{1}{10}\right)^6$ f) $0{,}2^4$
$\left(\frac{1}{5}\right)^3$ $\left(\frac{1}{2}\right)^8$ $0{,}1^7$

3 Gib als eine Potenz an.

a) $a^2 \cdot a^7$ b) $u^4 \cdot u^2 \cdot u^5$ c) $(a^3)^2$
$b^3 \cdot b^4$ $v^2 \cdot v \cdot v^3$ $(z^4)^5$

d) $x^7 : x^3$ e) $\frac{a^5}{a^2}$ f) $r^5 \cdot s^5$
$y^9 : y^6$ $\frac{b^9}{b^5}$ $u^7 \cdot v^7$

4 Gib die Brüche als Potenzen mit negativen Exponenten an.

a) $\frac{1}{a^3}$ b) $\frac{1}{z^9}$ c) $\frac{1}{7^2}$
$\frac{1}{x^6}$ $\frac{1}{b}$ $\frac{1}{2^3}$

5 Schreibe als Bruch und berechne.

a) 5^{-2} b) 4^{-3} c) 8^{-3}
11^{-2} 2^{-5} 3^{-4}

6 Schreibe mithilfe von Zehnerpotenzen.

a) 40 000 b) 4607 c) 0,008 d) 0,00057

7 Schreibe ohne Zehnerpotenzen.

a) $7{,}8 \cdot 10^5$ b) $1{,}4 \cdot 10^{-3}$ c) $0{,}038 \cdot 10^6$

8 Berechne.

a) $10^4 \cdot 10^2$ b) $10^3 \cdot 10^{-4}$ c) $10^{-5} \cdot 10^{-2}$

9 Ordne jedem Graphen die entsprechende Funktionsgleichung zu. Begründe deine Entscheidung.

a)

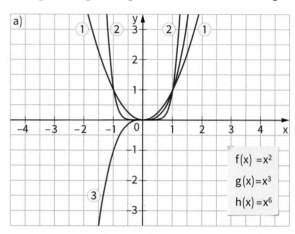

$f(x) = x^2$
$g(x) = x^3$
$h(x) = x^6$

b)

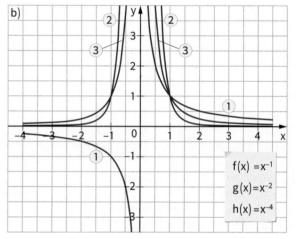

$f(x) = x^{-1}$
$g(x) = x^{-2}$
$h(x) = x^{-4}$

Ich kann	Aufgabe	Hilfen und Aufgaben
Produkte mit gleichen Faktoren als Potenzen schreiben.	1	Seite 18
Potenzen berechnen.	2, 5	Seite 18
Potenzgesetze anwenden.	3	Seite 18, 19
Brüche als Potenzen mit negativen Exponenten schreiben.	4	Seite 20
Zahlen mithilfe von Zehnerpotenzen schreiben.	6	Seite 14, 15
Zahlen ohne Zehnerpotenzen schreiben.	7	Seite 14, 15
Zehnerpotenzen berechnen.	8	Seite 15
einer Potenzfunktion ihren Graphen zuordnen.	9	Seite 23

Ausgangstest 2

1 Gib als eine Potenz an.

a) $p^9 \cdot p^{11}$ b) $r^5 \cdot r^3 \cdot r^4$ c) $(t^5)^3$

    $q^{12} \cdot q$ $s^2 \cdot s^6 \cdot s^5$ $(w^4)^2$

d) $\dfrac{a^7}{a^3}$ e) $\dfrac{x^9}{x^2 \cdot x^5}$ f) $\dfrac{u^{10} \cdot u^3}{u^8 \cdot u^2}$

    $\dfrac{b^{12}}{b^5}$ $\dfrac{y^{11} \cdot y^2}{y^4}$ $\dfrac{v^8 \cdot v^7}{v^{10} \cdot v}$

2 Gib ohne Klammern an.

a) $(xyz)^3$ b) $(4p)^3$ c) $(a^3)^5$

    $(rst)^8$ $(2q)^5$ $(b^2)^7$

d) $\left(\dfrac{x}{y}\right)^7$ e) $\left(\dfrac{a \cdot b}{c}\right)^7$ f) $\left(\dfrac{a^4}{b^3}\right)^2$

    $\left(\dfrac{z}{2}\right)^4$ $\left(\dfrac{3v}{w}\right)^3$ $\left(\dfrac{p^5}{q^3}\right)^3$

3 Gib als Potenz an. Beachte die Rechenregeln für negative Zahlen.

a) $x^{-8} \cdot x^{-2}$ b) $u^{-4} : u^9$ c) $(a^{-4})^{-6}$

    $y^4 \cdot y^{-11}$ $v^{-9} : v^{-5}$ $(b^{-5})^9$

    $z^{-5} \cdot y^8$ $w^9 : w^{-10}$ $(c^3)^{-7}$

4 Berechne.

a) $\dfrac{10^4 \cdot 10^8}{10^5}$ b) $\dfrac{10^7}{10^3 \cdot 10^2}$ c) $\dfrac{10^5 \cdot 10^{-7}}{10^{-3} \cdot 10^9}$

5 Schreibe als Wurzel und berechne.

a) $121^{\frac{1}{2}}$ b) $64^{\frac{1}{3}}$ c) $32^{\frac{1}{5}}$

    $225^{\frac{1}{2}}$ $256^{\frac{1}{4}}$ $243^{\frac{1}{5}}$

    $216^{\frac{1}{3}}$ $625^{\frac{1}{4}}$ $64^{\frac{1}{6}}$

6 Ordne jedem Graphen die entsprechende Funktionsgleichung zu. Begründe deine Entscheidung.

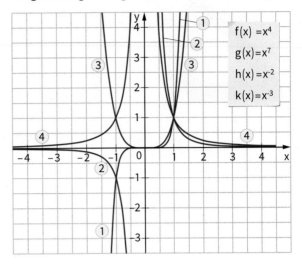

$f(x) = x^4$

$g(x) = x^7$

$h(x) = x^{-2}$

$k(x) = x^{-3}$

7 Für welche der angegebenen Potenzfunktionen gilt:

a) Der Graph ist symmetrisch zur y-Achse.

b) Der Graph ist symmetrisch zum Ursprung des Koordinatensystems.

c) Der Graph verläuft durch P$(-1\,|-1)$.

d) Der Graph verläuft durch den Ursprung des Koordinatensystems.

e) Der Graph steigt für alle $x \in \mathbb{R}$.

f) Der Graph fällt für alle $x \in \mathbb{R}$.

$f(x) = x^6$

$g(x) = x^7$

$h(x) = x^8$

$k(x) = x^{-4}$

$l(x) = x^{-5}$

$m(x) = x^{-6}$

Ich kann	Aufgabe	Hilfen und Aufgaben
Potenzgesetze anwenden.	1, 2, 3	Seite 18, 19
Zehnerpotenzen berechnen.	4	Seite 15
Potenzen mit Brüchen als Exponenten berechnen.	5	Seite 21
einer Potenzfunktion ihren Graphen zuordnen.	6	Seite 23
die Eigenschaften der Graphen von Potenzfunktionen erkennen.	7	Seite 23

2 Exponential-funktionen

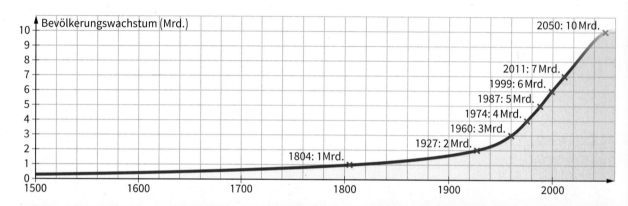

Seit hundert Jahren wächst die Erdbevölkerung sehr schnell. Zu Beginn des Jahres 2017 lebten etwa 7,5 Milliarden Menschen auf der Erde. Pro Sekunde kommen durchschnittlich 2,6 Menschen hinzu. Schätzungen gehen von zehn Milliarden Menschen im Jahr 2050 aus.

Vergleiche die Entwicklung der Erdbevölkerung bis zum Jahr 1900 mit der Entwicklung danach. Informiere dich im Internet über das Wachstum der Erdbevölkerung.

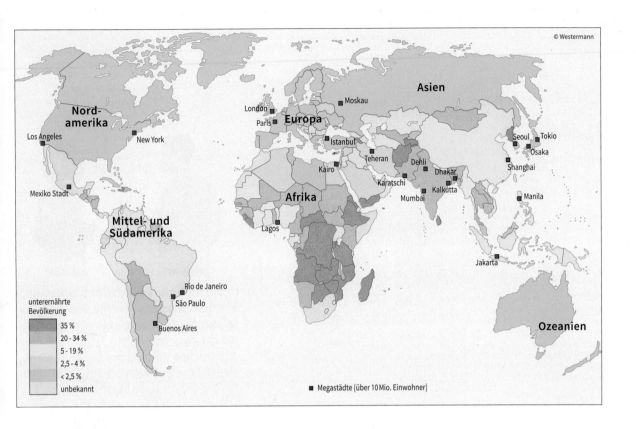

unterernährte
Bevölkerung

- 35 %
- 20 - 34 %
- 5 - 19 %
- 2,5 - 4 %
- < 2,5 %
- unbekannt

■ Megastädte (über 10 Mio. Einwohner)

© Westermann

Einwohnerzahl (Millionen Menschen)			
	2000	2016	2050*
Asien	3672	4437	5327
Afrika	794	1203	2527
Amerika	833	997	1220
Europa	727	740	728
Ozeanien	31	40	66

*geschätzt

Beschreibe das Bevölkerungswachstum in den einzelnen Kontinenten. Vergleiche für jeden Kontinent die Bevölkerungsentwicklung und die Ernährungssituation der Menschen.

Bevölkerungswachstum

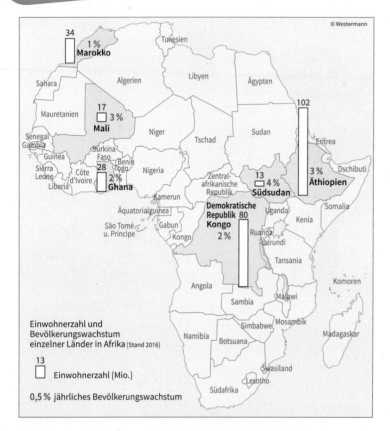

Einwohnerzahl und Bevölkerungswachstum einzelner Länder in Afrika (Stand 2016)

13 ☐ Einwohnerzahl (Mio.)

0,5 % jährliches Bevölkerungswachstum

1 Äthiopien ist eins der bevölkerungsreichsten und ärmsten Länder Afrikas. Berechne die Einwohnerzahl Äthiopiens im Jahr 2017 (im Jahr 2018).

2 Im Beispiel wird mithilfe des Wachstumsfaktors die Einwohnerzahl Ghanas für die nächsten Jahre berechnet.

Zu einem Wachstum von 2 % gehört der Wachstumsfaktor
$$1 + \frac{2}{100} = 1,02.$$

Jahr	Einwohnerzahl Ghanas in Millionen	
2016	28	
2017	$28 \cdot 1,02$	$= 28 \cdot 1,02 \approx 28,6$
2018	$28 \cdot 1,02 \cdot 1,02$	$= 28 \cdot 1,02^2 \approx 29,1$
2019	$28 \cdot 1,02 \cdot 1,02 \cdot 1,02$	$= 28 \cdot 1,02^3 \approx 29,7$
2020	$28 \cdot 1,02 \cdot 1,02 \cdot 1,02 \cdot 1,02 = 28 \cdot 1,02^4 \approx 30,3$	

Erkläre die Rechnung.

3 a) Erläutere Annas und Bens Überlegungen.

Die Gleichung $y = 28 \cdot 1,02^x$ beschreibt die Bevölkerungsentwicklung in Ghana.

Dabei bezeichnet x die Anzahl der Jahre nach 2016 und y die Einwohnerzahl in Millionen.

b) Gib für Mali, Marokko, den Kongo und den Südsudan jeweils eine Gleichung an, die das Bevölkerungswachstum dieses Landes beschreibt.

c) Berechne mithilfe der Gleichung, wie viele Menschen voraussichtlich im Jahr 2020 in jedem Land leben.

In vielen Ländern Europas sinkt die Einwohnerzahl.

4 a) Im Jahr 2016 hatte Bulgarien 7,1 Millionen Einwohner. Die Einwohnerzahl verringert sich jährlich um 0,6 %. Begründe, dass die Gleichung
$$y = 7,1 \cdot 0,994^x$$
die Bevölkerungsentwicklung in Bulgarien beschreibt.
Berechne, wie viele Menschen voraussichtlich im Jahr 2020 in Bulgarien leben.

b) Im Jahr 2016 hatte Litauen 2,9 Millionen Einwohner. Die Einwohnerzahl verringert sich jährlich um 1 %.
Gib eine Gleichung an, die die Bevölkerungsentwicklung in Litauen beschreibt.
Berechne die Einwohnerzahl Litauens im Jahr 2020, wenn sich der Bevölkerungsrückgang nicht verändert.

Exponentialfunktion der Form $y = a^x$

1 Im Koordinatensystem siehst du den Graphen der Funktion f mit der Gleichung $f(x) = 2^x$ und dem Definitionsbereich $D = \mathbb{R}$.

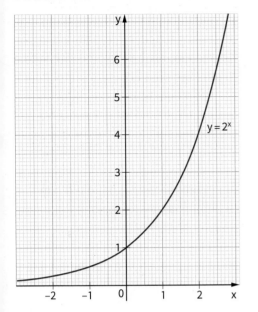

a) Lege eine Wertetabelle mit x-Werten zwischen –3 und 3 an (Schrittweite 0,5) und zeichne den Graphen der Funktion in ein Koordinatensystem.
b) Gib den Wertebereich der Funktion an.
c) In welchem Punkt schneidet der Graph die y-Achse?
d) Wie verläuft der Graph, wenn die x-Werte immer größer werden?
e) Wie verläuft der Graph, wenn die x-Werte immer kleiner werden?
f) Warum hat der Graph keinen Schnittpunkt mit der x-Achse?
g) Beschreibe die Steigung des Graphen.

In der Funktionsgleichung tritt die Variable x im Exponenten auf.

Daher sprechen wir von einer Exponentialfunktion.

2 Im Koordinatensystem ist der Graph der Funktion f mit der Gleichung $f(x) = \left(\frac{1}{2}\right)^x$ und dem Definitionsbereich $D = \mathbb{R}$ dargestellt.

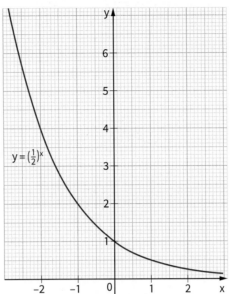

a) Lege eine Wertetabelle mit x-Werten zwischen –2 und 2 an (Schrittweite 0,5) und zeichne den Graphen der Funktion in ein Koordinatensystem.
b) Welchen Wertebereich hat die Funktion?
c) Wo schneidet der Graph die y-Achse?
d) Wie verläuft der Graph, wenn die x-Werte immer kleiner werden?
e) Wie verläuft der Graph, wenn die x-Werte immer größer werden?
f) Warum schneidet der Graph die x-Achse nicht?
g) Beschreibe die Steigung des Graphen.

3 Bestimme mehrere Funktionswerte der Funktion f mit der Gleichung $f(x) = 1^x$, indem du für x nacheinander verschiedene reelle Zahlen einsetzt.
Was stellst du fest?
Wie verläuft der Graph der Funktion f?

4 Beschreibe für jede Funktion den Verlauf ihres Graphen.

$f(x) = 3{,}5^x$ $\qquad g(x) = \left(\frac{2}{3}\right)^x$

$h(x) = \left(\frac{3}{2}\right)^x \qquad k(x) = 0{,}7^x$

Exponentialfunktion der Form y = aˣ

Eine Funktion f mit der Gleichung
$f(x) = a^x \qquad a > 0$
heißt **Exponentialfunktion.**

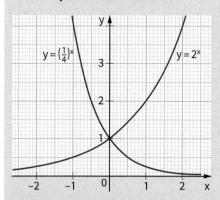

Die Definitionsbereich ist $\mathbb{R}$.
Für a ≠ 1 ist die Wertemenge die
Menge aller positiven reellen Zahlen.
Der Graph schneidet die y-Achse in
$P(0|1)$.

Für a > 1 steigt der Graph,
für a < 1 fällt der Graph.

5 Im Koordinatenssystem sind die
Graphen der Funktionen f, g, h und k
dargestellt.
$f(x) = 1{,}5^x \qquad g(x) = 2^x$
$h(x) = 2{,}5^x \qquad k(x) = 4^x$

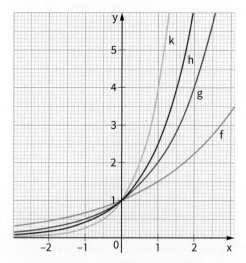

Wie verändert sich der Graph der Exponentialfunktion f mit der Gleichung
$f(x) = a^x$, wenn a immer größer wird?

6 Im Koordinatensystem siehst du die
Graphen der Funktionen f, g und h.
$f(x) = 0{,}5^x \qquad g(x) = 0{,}25^x \qquad h(x) = 0{,}1^x$

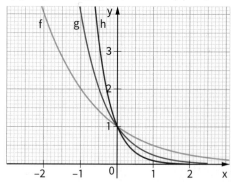

Wie verändert sich der Graph der Exponentialfunktion f mit der Gleichung
$f(x) = a^x$ (a > 0), wenn a immer kleiner
wird?

7 Im Koordinatensystem sind die Graphen der Funktionen f und g dargestellt.
$f(x) = 4^x \qquad g(x) = \left(\tfrac{1}{4}\right)^x.$

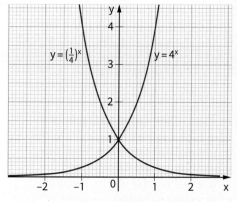

a) Vergleiche beide Graphen. Beschreibe
ihre Lage zueinander. Welche Symmetrieeigenschaft stellst du fest?
b) Der Graph der Funktion h mit der
Funktionsgleichung $h(x) = 3^x$ wird an der
y-Achse gespiegelt. Das Spiegelbild ist
der Graph einer anderen Exponentialfunktion. Bestimme die Gleichung dieser Funktion.
c) Der Graph der Funktion k mit der
Funktionsgleichung $k(x) = x^{\frac{1}{5}}$ wird ebenfalls an der y-Achse gespiegelt. Das
Spiegelbild ist der Graph einer Exponentialfunktion. Notiere die zugehörige
Gleichung.

Exponentialfunktion der Form y = k · aˣ

1 Im Koordinatensystem sind die Graphen der Funktionen f und g dargestellt.
$f(x) = 2^x \qquad g(x) = 3 \cdot 2^x$

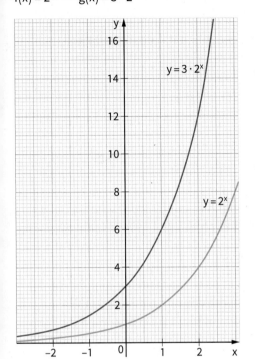

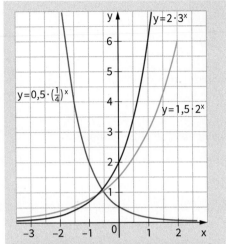

Der Graph der Exponentialfunktion f mit der Gleichung
$$f(x) = k \cdot a^x \qquad k, a \in \mathbb{R}, a > 0, k \neq 0$$
schneidet die y-Achse im Punkt $(0 \mid k)$.

a) Lege für beide Funktionen eine Wertetabelle mit x-Werten zwischen – 3 und 3 an. Vergleiche die Funktionswerte. Was stellst du fest?

b) Wo schneidet der Graph der Funktion g die y-Achse?
Wie kannst du die y-Koordinate des Schnittpunkts unmittelbar aus der Funktionsgleichung von g ablesen?

c) In welchem Punkt schneidet der Graph der Funktion h mit der Funktionsgleichung $h(x) = 4 \cdot 2^x$ (der Funktion k mit der Gleichung $k(x) = 2,5 \cdot 2^x$) die y-Achse?

2 Beschreibe jeweils den Verlauf des Graphen der Funktion.
$f(x) = 3 \cdot \left(\frac{1}{2}\right)^x \qquad g(x) = 1,5 \cdot \left(\frac{1}{2}\right)^x$

3 Gib für jede Funktion an, wo der Graph die y-Achse schneidet.

a) $f(x) = 4 \cdot 2^x \qquad\quad g(x) = 1,5 \cdot 0,5^x$
$\quad\; h(x) = 6 \cdot 3^x \qquad\quad k(x) = 0,5 \cdot 1,5^x$

b) $f(x) = 0,1 \cdot 10^x \qquad g(x) = 4 \cdot \left(\frac{1}{4}\right)^x$
$\quad\; h(x) = 2 \cdot 0,2^x \qquad\quad k(x) = \frac{3}{4} \cdot \left(\frac{3}{2}\right)^x$

4 Im Koordinatensystem siehst du die Graphen der Funktionen f, g, h und k.
$f(x) = 2^x \qquad\qquad g(x) = -2^x$
$h(x) = 2 \cdot 1,5^x \qquad k(x) = -2 \cdot 1,5^x$

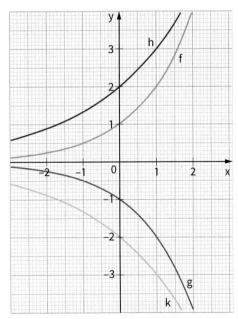

a) Vergleiche die Graphen von f und g (von h und k). Welche Symmetrieeigenschaft stellst du fest?

b) Wie verläuft der Graph einer Exponentialfunktion f mit der Gleichung $f(x) = k \cdot a^x$, wenn k negativ ist?

Exponentielle Zunahme

Modellieren — Exponentialfunktionen

So kannst du beim Modellieren mit Exponentialfunktionen vorgehen:

Im Jahr 2016 hatte der Tschad zwölf Millionen Einwohner. Die Bevölkerung wächst jährlich um 2 %.

1. Notiere die Funktionsgleichung in allgemeiner Form.

   $f(x) = k \cdot a^x$

2. Gib an, welche Größen einander zugeordnet werden.

   Zeit nach 2016 (a) → Einwohnerzahl (Mio.)

3. Bestimme $k = f(0)$.

   $k = f(0) = 12$

4. Bestimme a, indem du den Wachstumsfaktor berechnest. Bei einer Zunahme um p % beträgt der Wachstumsfaktor $1 + \frac{p}{100}$.

   $a = 1 + \frac{2}{100} = 1{,}02$

5. Gib die Gleichung der Exponentialfunktion an.

   $f(x) = 12 \cdot 1{,}02^x$

---

1 Beschreibe die Bevölkerungsentwicklung in jedem Land mithilfe einer Exponentialfunktion.
Berechne jeweils, wie viele Millionen Menschen voraussichtlich im Jahr 2026 in diesem Land leben werden.

	Einwohnerzahl im Jahr 2016 (Mio.)	jährliches Wachstum
Katar	38	3 %
Kolumbien	49	1 %
Pakistan	190	1,5 %

2 Der Holzbestand einer Waldfläche beträgt 20 000 Festmeter (Fm). Forstwirtin Gerke muss für die Planungen die Zunahme des Holzbestandes berechnen. Unter normalen Wachstumsbedingungen nimmt der Bestand jährlich um 3 % zu.
a) Bestimme die Gleichung der Exponentialfunktion f, die die Zunahme des Holzbestands beschreibt.
b) Wie viel Festmeter beträgt der Holzbestand nach 5 (8, 12, 15) Jahren?

3 Braunalgen wachsen an Felsen oder auf dem Meeresboden. Einige Arten bilden große unterseeische Wälder.
Im abgebildeten Koordinatensystem ist der Graph der Funktion „Zeit (Wochen) → Länge der Alge (m)" dargestellt.

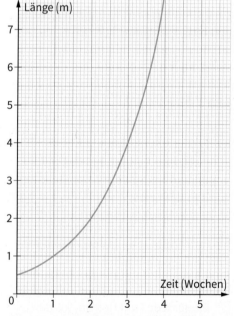

a) Wie lang ist die Braunalge zu Beginn der Beobachtung?
b) Welche Gleichung hat die Funktion „Zeit (Wochen) → Länge der Alge (m)"?
c) Berechne die Länge der Alge nach sechs (sieben, acht) Wochen.

Exponentielle Zunahme

4 Stelle für jedes Land die Bevölkerungsentwicklung mithilfe einer Exponentialfunktion dar. Bestimme jeweils durch Probieren, in welchem Jahr die Einwohnerzahl des Landes voraussichtlich mehr als 50 Millionen Menschen betragen wird.

	Einwohnerzahl im Jahr 2016 (Mio.)	jährliches Wachstum
Kenia	46	2 %
Algerien	41	1,8 %
Kanada	36	0,8 %

5 In einer Petrischale befindet sich eine Kultur mit 40 Kolibakterien. Nach 30 Minuten werden 110 Bakterien gezählt.
a) Die Exponentialfunktion f beschreibt die Zuordnung „Zeit (min) → Anzahl der Bakterien".
Erläutere mithilfe des Beispiels, wie die Gleichung der Funktion f bestimmt wird.

Zeit (min): x
Anzahl der Bakterien: $f(x)$
Funktionsgleichung: $f(x) = k \cdot a^x$
Gegeben: $f(0) = 40$, $f(30) = 110$
Gesucht: k, a
Bestimme k: $k = f(0) = 40$
Setze $x = 30$ und $f(x) = 110$ in
$f(x) = 40 \cdot a^x$ ein und bestimme a:

$$f(x) = 40 \cdot a^x$$
$$110 = 40 \cdot a^{30} \quad | : 40$$
$$2,75 = a^{30}$$
$$\sqrt[30]{2,75} = a$$
$$a \approx 1,034295$$

Funktionsgleichung:
$f(x) = 40 \cdot 1,034295^x$

Probe: $f(30) = 40 \cdot 1,034295^{30} = 110$

b) Bestimme die Anzahl der Bakterien nach 15 (45, 60, 120, 180) Minuten.

6 In einer Bakterienkultur werden zunächst 200 Bakterien gezählt, nach 15 Minuten sind es 300 Bakterien.
a) Bestimme die Gleichung der Exponentialfunktion, die das Bakterienwachstum modelliert.
b) Berechne die Anzahl der Bakterien nach 30 Minuten (einer Stunde, zwei Stunden).
c) Aus wie vielen Bakterien bestand die Kultur 10 Minuten (20 Minuten, eine Stunde) vor der ersten Zählung? Bestimme die Anzahl, indem du in die Funktionsgleichung für x negative Zahlen einsetzt.

7 Die Anzahl von Cholerabakterien verdoppelt sich in 30 Minuten. Zu Beginn der Beobachtung sind 200 Cholerabakterien vorhanden.
a) Die Exponentialfunktion f „Zeit (h) → Anzahl der Bakterien" modelliert das Bakterienwachstum. Bestimme die Gleichung von f.
b) Berechne die Anzahl der Bakterien nach zwei Stunden (drei Stunden, 15 Minuten, 45 Minuten).
c) Wie viele Cholerabakterien waren 30 Minuten (eine Stunde, 15 Minuten) vor der ersten Zählung vorhanden?

8 Im Jahr 2006 ergab eine Volkszählung, dass in Nigeria 140 Millionen Menschen leben. Im Jahr 2016 wird die Einwohnerzahl auf 186 Millionen Menschen geschätzt.
Berechne den Prozentsatz für das durchschnittliche jährliche Wachstum in der Zeit von 2006 bis 2016.

Exponentielle Abnahme

Modellieren — Exponentialfunktionen

So kannst du beim Modellieren mit Exponentialfunktionen vorgehen:

Ein Patient nimmt 150 mg eines medizinischen Wirkstoffs in Tablettenform zu sich. Stündlich werden 6 % des Wirkstoffs vom Körper des Patienten abgebaut.

1. Gib die Funktionsgleichung in allgemeiner Form an.

$f(x) = k \cdot a^x$

2. Gib an, welche Größen einander zugeordnet werden.

Zeit nach der Einnahme (h) → Masse (mg)

3. Bestimme k = f(0).

$k = f(0) = 150$

4. Bestimme a, indem du den Wachstumsfaktor berechnest. Bei einer Abnahme um p % beträgt der Wachstumsfaktor $1 - \frac{p}{100}$.

$a = 1 - \frac{6}{100} = 0,94$

5. Gib die Gleichung der Exponentialfunktion an.

$f(x) = 150 \cdot 0,94^x$

---

1 Bei einer Untersuchung der Schilddrüse verabreicht der Arzt einem Patienten 12 mg radioaktives Technetium 99, dessen Verbreitung im Körper mit Strahlenmessgeräten verfolgt werden kann. In jeder Stunde zerfallen 11 % dieses Mittels.
a) Beschreibe den Abbau des Technetiums mithilfe einer Exponentialfunktion.
b) Wie viel Milligramm des Mittels enthält der Körper des Patienten nach 2 (4, 6, 12, 24, 48) Stunden?

2 Ein Körper mit einer Temperatur von 300 °C wird zum Abkühlen in einen Raum mit einer konstanten Temperatur von 0 °C gebracht. Pro Stunde nimmt die Temperatur des Körpers um 40 % ab.
a) Bestimme die Gleichung der Exponentialfunktion, die die Temperaturabnahme beschreibt.
b) Welche Temperatur hat der Körper nach Ablauf von drei (vier, fünf, zehn) Stunden?

3 Ein Körper wird zum Abkühlen in einen Raum mit einer konstanten Temperatur von 0 °C gebracht.
Im abgebildeten Koordinatensystem ist die Funktion „Zeit (h) → Temperatur des Körpers (°C)" dargestellt.

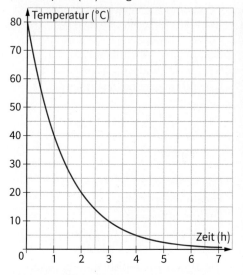

a) Beschreibe den Verlauf des Graphen. Notiere die ursprüngliche Temperatur des Körpers.
b) Bestimme anhand des Graphen die Gleichung der Exponentialfunktion, die die Temperaturabnahme beschreibt.
c) Welche Temperatur hat der Körper nach 4 Stunden?

Exponentielle Abnahme

4 Der Luftdruck der Atmosphäre beträgt in Meereshöhe durchschnittlich 1013,25 hPa (Hektopascal) und nimmt mit zunehmender Höhe über dem Meeresspiegel um 0,0125 % pro Meter ab.
a) Bestimme die Gleichung der Exponentialfunktion, die die Abnahme des Luftdrucks beschreibt.
b) Die Zugspitze (2962 m) ist der höchste Berg Deutschlands, der Mont Blanc (4807 m) der höchste Berg Europas und der Mount Everest ist mit 8848 m der höchste Berg der Erde.
Berechne jeweils den Luftdruck auf dem Gipfel dieser Berge.

5 Unter Wasser nimmt die Lichtintensität ab, je weiter man sich von der Wasseroberfläche entfernt. An der Oberfläche eines Sees beträgt die Lichtintensität 5000 Lux, fünf Meter unterhalb der Oberfläche werden nur noch 3300 Lux gemessen.
Im Beispiel wird die Gleichung einer Exponentialfunktion bestimmt, die die Abnahme der Lichtintensität beschreibt.

Entfernung von der Oberfläche (m): x
Lichtintensität (Lux):   f(x)
Funktionsgleichung: $f(x) = k \cdot a^x$
Bestimme k: $k = f(0) = 5000$
Setze x = 5 und f(x) = 3300 in
$f(x) = 5000 \cdot a^x$ ein und bestimme a:
$\quad 3300 = 5000 \cdot a^5 \quad | : 5000$
$\quad\quad 0,66 = a^5$
$\quad \sqrt[5]{0,66} = a$
$\quad\quad 0,92 \approx a$
Funktionsgleichung: $f(x) = 5000 \cdot 0,92^x$

Berechne die Lichtintensität in sieben (zehn, zwölf) Meter Tiefe.

6 In einem durch Schwebestoffe stark verunreinigten See wird in vier Meter Tiefe eine Lichtintensität von 2000 Lux gemessen. An der Wasseroberfläche beträgt die Lichtintensität 8000 Lux.
a) Bestimme die Gleichung der Exponentialfunktion, die die Abnahme der Lichtintensität beschreibt.
b) Gib die Lichtintensität in sechs Meter Tiefe an.
c) In welcher Tiefe beträgt die Lichtintensität nur noch 500 Lux?

7 Gegen die beim radioaktiven Zerfall auftretenden Gammastrahlen schützt man sich durch Bleiplatten. Eine drei Zentimeter dicke Bleiplatte verringert die Intensität der Gammastrahlen auf ein Viertel.
a) Beschreibe die Abnahme der Intensität der Gammastrahlen mithilfe einer Exponentialfunktion.
b) Begründe, dass eine 5 cm dicke Bleiplatte die Gammastrahlen auf ein Zehntel ihrer ursprünglichen Intensität verringert.

8 Tuberkulose ist eine durch Bakterien verursachte Lungenkrankheit, an der früher zahlreiche Menschen starben. In der ersten Hälfte des 20. Jahrhunderts verringerte sich diese Zahl auf Grund verbesserter Hygiene.
1942 wurde das Penicillin entdeckt. Seitdem werden Antibiotika eingesetzt.

Jahr	1900	1920	1940	1960
Todesfälle an Tuberkulose je 10000 Einwohner in Deutschland	25	18	13	2

a) Stelle mithilfe der Angaben für die Jahre 1900 und 1920 die Gleichung einer Exponentialfunktion f auf, die die Anzahl der Todesfälle an Tuberkulose modelliert.
b) Prüfe, ob die Angabe für das Jahr 1940 mit dem Funktionswert von f übereinstimmt.
c) Vergleiche die Angabe für das Jahr 1960 mit dem Funktionswert von f. Kommentiere das Ergebnis.

Exponentialfunktionen kompakt

Eine Funktion f mit der Gleichung

$f(x) = a^x \quad (a > 0)$

heißt Exponentialfunktion.

Der Definitionsbereich ist $\mathbb{R}$.

Für $a \neq 1$ ist der Wertebereich die Menge aller positiven reellen Zahlen.

Der Graph schneidet die y-Achse in $P(0\,|\,1)$.

Für $a > 1$ steigt der Graph, für $a < 1$ fällt der Graph.

Der Graph der Exponentialfunktion f mit der Gleichung

$f(x) = k \cdot a^x \quad k, a \in \mathbb{R}, a > 0, k \neq 0$

schneidet die y-Achse im Punkt $(0\,|\,k)$.

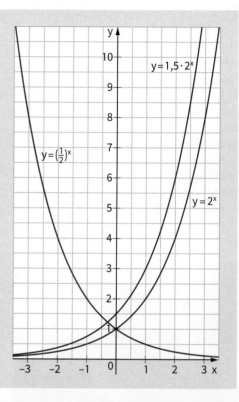

Exponentielle Zunahme und **exponentielle Abnahme** können jeweils durch eine Funktion f: $y = k \cdot a^x$ $(a, k \in \mathbb{R}, a > 0, k > 0)$ beschrieben werden.

Exponentielle Zunahme

Eine Größe nimmt exponentiell zu, wenn sie in gleichen Zeitspannen um den gleichen Faktor zunimmt.

Exponentielle Abnahme

Eine Größe nimmt exponentiell ab, wenn sie in gleichen Zeitspannen um den gleichen Faktor abnimmt.

Zeit (d) → Höhe (m)

Zeit (d)	x	0	1	2	3	4
Höhe (m)	y	0,5	1	2	4	8

Gleichung: $y = 0,5 \cdot 2^x$

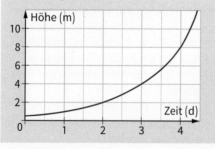

Zeit (h) → Temperatur (°C)

Zeit (h)	x	0	1	2	3	4
Temp. (°C)	y	40	20	10	5	2,5

Gleichung: $y = 40 \cdot \left(\frac{1}{2}\right)^x$

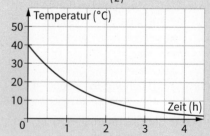

Üben und Vertiefen

1 Ordne jeder Funktion den entsprechenden Graphen zu.

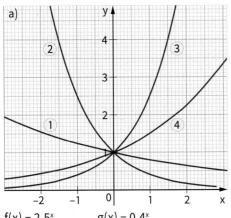

a)

$f(x) = 2,5^x$ $g(x) = 0,4^x$
$h(x) = 1,5^x$ $k(x) = 0,8^x$

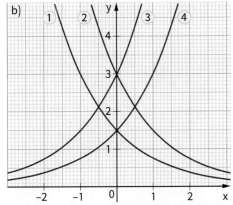

b)

$f(x) = 1,5 \cdot 2^x$ $g(x) = 3 \cdot 2^x$
$h(x) = 1,5 \cdot 0,5^x$ $k(x) = 3 \cdot 0,5^x$

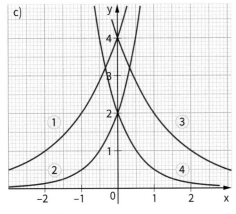

c)

$f(x) = 4 \cdot 2^x$ $g(x) = 4 \cdot \left(\frac{1}{2}\right)^x$
$h(x) = 2 \cdot 4^x$ $k(x) = 2 \cdot \left(\frac{1}{4}\right)^x$

2 Entscheide für jede der angegebenen Funktionen, ob die Aussage wahr oder falsch ist.

$$f_1(x) = 3^x \quad f_3(x) = 3 \cdot 2^x \quad f_4(x) = 3 \cdot \left(\frac{3}{4}\right)^x$$

$$f_2(x) = \left(\frac{1}{3}\right)^x \quad f_5(x) = 2 \cdot \left(\frac{3}{5}\right)^x \quad f_6(x) = 3 \cdot \left(\frac{5}{4}\right)^x$$

a) Der Graph verläuft durch den Punkt P (0|1).
b) Der Graph steigt für alle $x \in \mathbb{R}$.
c) Der Graph schneidet die y-Achse bei 3.
d) Der Graph fällt für alle $x \in \mathbb{R}$.
e) Der Graph nähert sich der x-Achse, wenn die x-Werte immer größer werden.

3 Prüfe, ob die Punkte P und Q auf dem Graphen der Funktion f liegen.
a) $f(x) = 0,25 \cdot 4^x$
   P (5|64)   Q (3|16)

b) $f(x) = 0,01 \cdot 5^x$
   P $\left(4 \mid \frac{25}{4}\right)$ Q $\left(-3 \mid \frac{1}{800}\right)$

c) $f(x) = 40 \cdot 2^x$
   P (-5|1,25)   Q (-2|10)

d) $f(x) = 50 \cdot 0,2^x$
   P (-2|12)   Q (2|2)

e) $f(x) = -2 \cdot 3^x$
   P (2|-18)   Q (-2|-0,4)

f) $f(x) = -0,2 \cdot 0,5^x$
   P (-2|0,8)   Q (3|-0,025)

4 Die Punkte A, B und C liegen auf dem Graphen der Funktion f. Bestimme jeweils die fehlende Koordinate.
a) $f(x) = 3^x$
   A (2|▓)   B (4|▓)   C (5|▓)
b) $f(x) = 5 \cdot 2^x$
   A (3|▓)   B (-2|▓)   C (5|▓)

5 Die Punkte A, B und C liegen auf dem Graphen der Funktion f. Bestimme durch Probieren die fehlende Koordinate.
a) $f(x) = 0,5^x$
   A (▓|0,0625)   B (▓|2)   C(▓|8)

b) $f(x) = 10 \cdot 5^x$
   A (▓|250)   B(▓|2)   C(▓|0,4)

6 Die Funktion f hat eine Funktionsgleichung der Form $y = k \cdot a^x$. Ihr Graph verläuft durch den Punkt P $(-2 \mid 0,2)$ und schneidet die y-Achse im Punkt Q $(0 \mid 1,8)$.

So kannst du die Funktionsgleichung von f bestimmen:
1. Setze für k die y-Koordinate von Q ein.
$$y = k \cdot a^x$$
$$y = 1,8a^x$$
2. Setze die Koordinaten von P $(-2 \mid 0,2)$ in die Funktionsgleichung ein.
$$0,2 = 1,8 \cdot a^{-2}$$
3. Forme die Gleichung um.
$$0,2 = 1,8 \cdot \tfrac{1}{a^2} \quad \mid \cdot a^2$$
$$0,2a^2 = 1,8 \quad \mid : 0,2$$
$$a^2 = 9$$
$$a = 3$$
4. Gib die Funktionsgleichung an.
$$y = 1,8 \cdot 3^x$$

Bestimme die Gleichung der Exponentialfunktion, deren Graph durch den Punkt P verläuft und die die y-Achse im Punkt Q schneidet.
a) P $(3 \mid 40)$ Q $(0 \mid 5)$
b) P $(-1 \mid 0,4)$ Q $(0 \mid 2)$
c) P $(-2 \mid 12)$ Q $(0 \mid 3)$
d) P $(2 \mid 0,02)$ Q $(0 \mid 0,5)$
e) P $(3 \mid 24)$ Q $(0 \mid 3)$
f) P $(2 \mid 100)$ Q $(0 \mid 4)$

7 Auf der Oberfläche eines 60 000 m² großen Sees sind 200 m² mit Algen bedeckt.
Die von Algen bedeckte Fläche nimmt täglich um 10 % zu.
a) Gib die Gleichung der Funktion „Zeit (d) → von Algen bedeckte Fläche (m²)" an.
b) Wie viel Quadratmeter der Oberfläche des Sees sind in zehn Tagen (zwei Wochen, einem Monat) von Algen bedeckt?
c) Begründe, dass nach zwei Monaten die gesamte Oberfläche des Sees von Algen bedeckt sind.

8 Ein Gefäß mit einer 108 °C heißen Flüssigkeit wird in einen Kühlschrank mit einer konstanten Temperatur von 0 °C gestellt.
Nach einer Stunde beträgt die Temperatur der Flüssigkeit jeweils die Hälfte der Temperatur, die sie zu Beginn der Stunde hatte.
a) Notiere die Gleichung der Funktion „Zeit (h) → Temperatur der Flüssigkeit (°C)".
b) Bestimme die Temperatur der Flüssigkeit nach einer Stunde (nach zwei, drei, vier, fünf Stunden).

9 Mayonnaise wird aus rohen Eiern zubereitet. Daher kann sie Bakterien der Art Salmonella enteritidis enthalten.

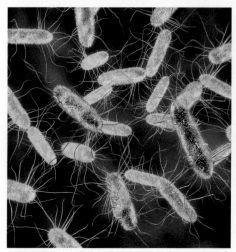

Durch diese Bakterienart wird eine Erkrankung des Darms hervorgerufen. 10^6 Bakterien reichen für eine Infektion. Bei einer Temperatur von 37 °C vervierfacht sich die Zahl der Bakterien.
Bei sommerlicher Hitze (37 °C) macht Leni mit ihrer Klasse einen Ausflug. Sie nimmt eine Portion Kartoffelsalat mit, der mit Mayonnaise angemacht ist. In dem Kartoffelsalat befinden sich zunächst 1000 Salmonellen.
a) Wie groß ist die Anzahl der Salmonellen nach einer Stunde (nach drei Stunden)?
b) Nach welcher Zeit muss sie den Kartoffelsalat spätestens verzehrt haben, um einer Infektion zu entgehen?

Arbeiten mit dem Computer: Exponentialfunktionen

1 Maya stellt mithilfe ihres Geometrie- und Algebraprogramms die Graphen von Exponentialfunktionen f mit der Gleichung $f(x) = k \cdot 2^x$ in einem Koordinatensystem dar.
Den Wert für k möchte sie verändern. Sie gibt die Funktionsgleichung in der Eingabezeile ein und erstellt einen Schieberegler für k.

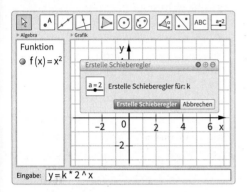

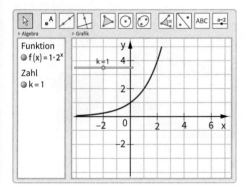

Stelle die Exponentialfunktionen f mit der Gleichung $f(x) = k \cdot 2^x$ mithilfe deines Programms dar.
Verändere die Funktionsgleichung mithilfe des Schiebereglers und beschreibe die Veränderung der Funktionsgraphen.

2 Stelle die Exponentialfunktionen f mit der Gleichung $f(x) = a^x$ dar. Erstelle dazu einen Schieberegler für a.
Wenn du den Schieberegler mit der rechten Maustaste anklickst, kannst du seine Eigenschaften festlegen. Wähle für den Schieberegler das Intervall von 0 bis 5. Verändere die Funktionsgleichung mithilfe des Schiebereglers und beschreibe die Veränderung des Funktionsgraphen.

3 Gib die Funktionsgleichung $f(x) = k \cdot a^x$ in der Eingabezeile deines Programms ein und erstelle jeweils einen Schieberegler für k und a. Beschreibe die Veränderung des Graphen beim Betätigen der Schieberegler.

4 a) Stelle den Graphen der Funktion f mit der Gleichung $f(x) = 2^x$ sowie die Gerade mit der Gleichung $y = x$ in einem Koordinatensystem dar.
Lege mit dem Befehl „Punkt auf Objekt" einen Punkt A auf dem Graphen von f fest.

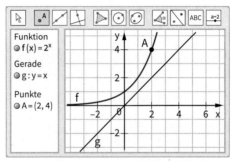

Spiegele den Punkt A mit dem Befehl „Spiegele an Gerade" an der Geraden mit der Gleichung $y = x$. Du erhältst den Bildpunkt A'.
Wenn du mit dem Cursor den Punkt A' berührst und die rechte Maustaste drückst, kannst du die Spur des Punktes A' aktivieren. Bewege den Punkt A auf dem Graphen von f und erzeuge die Spur des Punktes A'.

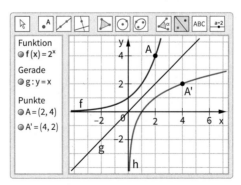

b) Die Spur des Punktes A' ist der Graph der Umkehrfunktion von f. Notiere ihre Eigenschaften (Definitionsbereich, Nullstelle, Steigungsverhalten, Wertebereich).

Zinseszinsrechnung

1 Frau Busse hat 80 000 € geerbt. Sie legt das Geld für drei Jahre zu einem Zinssatz von 1,5 % an. Mithilfe des Zinsfaktors berechnet sie, wie groß ihr Guthaben nach drei Jahren ist.

Dem Zinssatz 1,5 % entspricht der Zinsfaktor 1,015.

Erläutere ihre Rechnung.

$K = 80\,000$ €
$p\,\% = 1,5\,\%$ Zinsfaktor: 1,015

Kapital nach einem Jahr:
$K_1 = 80\,000$ € $\cdot$ 1,015

Kapital nach zwei Jahren:
$K_2 = 80\,000$ € $\cdot$ 1,015 $\cdot$ 1,015

Kapital nach drei Jahren:
$K_3 = 80\,000$ € $\cdot$ 1,015 $\cdot$ 1,015 $\cdot$ 1,015
$K_3 = 80\,000$ € $\cdot 1,015^3 = 83\,654,27$ €

Kapital nach drei Jahren: 83 654,27 €

2 Mia hat zu ihrem 16. Geburtstag von ihren Großeltern einen Sparbrief über 5000 € geschenkt bekommen. Der Zinssatz beträgt 0,8 %.
Sie kann über das Geld verfügen, wenn sie volljährig ist. Berechne Mias Guthaben an ihrem 18. Geburtstag.

> Wenn man die Zinsen eines Guthabens nicht abhebt, werden sie im nächsten Jahr zusammen mit dem Guthaben verzinst. Die Zinsen der Zinsen heißen **Zinseszinsen.**
>
> | | |
> |---|---|
> | Anfangskapital | K_0 |
> | Laufzeit in Jahren | n |
> | Kapital nach n Jahren | K_n |
> | Zinssatz | $p\,\%$ |
> | Zinsfaktor | $q = 1 + \frac{p}{100}$ |
> | Zinseszinsformel: | $\mathbf{K_n = K_0 \cdot q^n}$ |

3 Berechne wie im Beispiel das Kapital am Ende der Laufzeit.

Anfangskapital: $K_0 = 3200$ €
Laufzeit $n = 3$ Jahre
Zinssatz: $p\,\% = 2,5\,\%$
Zinsfaktor: $q = 1,025$

$K_n = K_0 \cdot q^n$
$K_3 = 3200$ € $\cdot 1,025^3$
$K_3 = 3446,05$ €

	Anfangs-kapital	Zinssatz	Laufzeit
a)	5000 €	1,8 %	3 Jahre
b)	12 500 €	2,2 %	4 Jahre
c)	20 000 €	2,5 %	5 Jahre
d)	60 000 €	0,9 %	2 Jahre
e)	10 000 €	2,8 %	10 Jahre
f)	25 000 €	1,6 %	12 Jahre

4 a) Am 1.7.2008 hat Frau Then 12 000 € zu einem Zinssatz von 3,5 % für zehn Jahre angelegt. Berechne ihr Guthaben am 1.7.2018.
b) Frau Kruppa hat 15 000 € für den Zeitraum vom 1.4.2009 bis zum 1.4.2017 angelegt. Der Zinssatz beträgt 3,6 %.
Wie groß ist ihr Guthaben am Ende der Laufzeit?
c) Herr Hövel hat für seine Tochter Malin am Tag ihrer Geburt 1000 € zu einem Zinssatz von 4 % angelegt. Malin kann über das Geld verfügen, wenn sie volljährig ist. Berechne das Guthaben an Malins 18. Geburtstag.

Lösungen zu den Aufgaben 3 und 4:

2025,82	5274,89	13 180,48
13 636,84	16 927,19	19 905,33
22 628,16	30 245,76	61 084,86
141 705,66		

Zinseszinsrechnung

5 Im Beispiel wird mithilfe der Zinseszinsformel der Zinssatz bestimmt.

Gegeben: $n = 4$ Jahre

$K_0 = 10\,000\,€$

$K_n = 10\,488{,}71\,€$

Gesucht: $p\,\%$

$$K_n = K_0 \cdot q^n \qquad |: K_0$$

$$\frac{K_n}{K_0} = q^n$$

$$\sqrt[n]{\frac{K_n}{K_0}} = q$$

$$q = \sqrt[4]{\frac{10\,488{,}71\,€}{10\,000\,€}}$$

$$q \approx 1{,}012$$

$$p\,\% = 1{,}2\,\%$$

Der Zinssatz beträgt 1,2 %.

Bestimme wie im Beispiel den Zinssatz.
a) Herr Espeter hat 4000 € für zwei Jahre angelegt. Am Ende der Laufzeit erhält er 4202,50 €.
b) Im Jahr 2017 hat Frau Mai 5000 € angelegt, im Jahr 2020 hat sie ein Guthaben von 5243,86 €.
c) Frau Kruppa hat 10 000 € angelegt. Nach vier Jahren beträgt das Guthaben einschließlich Zinseszinsen 13 604,89 €.

6 Im Beispiel wird mithilfe der Formel das Anfangskapital bestimmt.

Gegeben: $K_n = 14\,130{,}94\,€$

$q = 1{,}014$

$n = 6$ Jahre

Gesucht: K_0

$$K_n = K_0 \cdot q^n \qquad |: q^n$$

$$\frac{K_n}{q^n} = K_0$$

$$K_0 = \frac{14\,130{,}94\,€}{1{,}014^6\,€}$$

$$K_0 = 13\,000\,€$$

Das Anfangskapital beträgt 13 000 €.

a) Frau Mix hat ein Guthaben für sechs Jahre zu einem Zinssatz von 2,1 % angelegt. Am Ende der Laufzeit erhält sie 21 523,26 €. Berechne ihr Anfangskapital.
b) Herr Haas legt eine Erbschaft zu einem Zinssatz von 2,5 % an. Nach Ablauf von vier Jahren verfügt er einschließlich Zinseszinsen über 49 671,58 €. Wie viel Euro hatte Herr Haas geerbt?

7 Berechne die fehlende Größe.

	Anfangs-kapital	Zins-satz	Laufzeit	End-kapital
a)	250 €	3 %	5 Jahre	■
b)	1500 €	■	4 Jahre	1610,95 €
c)	■	2,2 %	3 Jahre	2561,91 €
d)	7200 €	■	6 Jahre	8108,37 €
e)	■	1,4 %	5 Jahre	4823,94 €

8 Bestimme durch Probieren die Laufzeit.
a) Frau Seil hat ein Guthaben von 6500 € zu einem Zinssatz von 3 % angelegt. Am Ende der Laufzeit beträgt ihr Guthaben 7535,28 €.
b) Ein Guthaben von 15 000 €, das zu einem Zinssatz von 1,8 % angelegt wurde, ist am Ende der Laufzeit auf einen Betrag von 17 612,51 € angewachsen.

Für mein Kapital bekomme ich bei einer Online-Bank einen Zinssatz von 2 %. In 35 Jahren habe ich mein Kapital verdoppelt.

Diese Aussage überprüfe ich durch eine Rechnung.

9 a) Leni hat ausgerechnet, nach wie vielen Jahren sich ein Anfangskapital verdoppelt. Ihre Ergebnisse hat sie in der folgenden Tabelle festgehalten.

Anfangskapital	Zinssatz	Laufzeit	Endkapital
4000,00 €	1,4 %	50 Jahre	8016,00 €
6000,00 €	2,0 %	35 Jahre	11 999,34 €
7000,00 €	2,5 %	28 Jahre	13 975,47 €
6000,00 €	2,8 %	25 Jahre	11 966,83 €
4000,00 €	3,5 %	20 Jahre	7959,16 €
7000,00 €	0,7 %	100 Jahre	14 061,94 €

Multipliziere den Zinssatz mit der Laufzeit. Was fällt dir auf?
Überprüfe deine Vermutung durch weitere Beispielrechnungen.
b) Berechne, nach wie vielen Jahren sich ein Kapital bei einem Zinssatz von 1,25 % (5,6 %, 7,0 %) verdoppelt hat.

Radioaktiver Zerfall

Die Atomkerne bestimmter chemischer Elemente sind so instabil, dass sie sich ohne äußere Einwirkung in Atomkerne anderer Elemente verwandeln. Dabei werden Energie und Strahlen frei. Dieser Vorgang heißt **radioaktiver Zerfall.** Welche einzelnen Atomkerne aus einer Menge radioaktiver Atome zerfällt, lässt sich nicht vorhersagen; der radioaktive Zerfall verläuft aber so, dass nach einer für jeden radioaktiven Stoff genau festgelegten Zeit gerade die Hälfte der Anfangsmenge zerfallen ist. Diese Zeit heißt **Halbwertszeit** dieses Stoffes.

Mathematisch kann radioaktiver Zerfall mithilfe von Exponentialfunktionen beschrieben werden.

Stoff	Halbwertszeit
Uran 234	250 000 Jahre
Radium 226	1600 Jahre
Plutonium 238	86 Jahre
Strontium 90	28 Jahre
Calcium 45	164 Tage
Polonium 210	138 Tage
Iridium 192	74 Tage
Ruthenium 103	40 Tage
Arsen 74	18 Tage
Radium 223	11 Tage

1 Radium 223 ist ein radioaktives Element, pro Tag zerfallen 6 % dieses Stoffes. Zu Beginn sind 20 mg Radium 223 vorhanden.
a) Beschreibe den Zerfall von Radium 223 mithilfe einer Exponentialfunktion.
b) Wie viel Milligramm dieses Stoffes sind nach fünf (15, 20, 50, 100) Tagen noch vorhanden?
c) Ermittle, nach wie viel Tagen die Hälfte der ursprünglichen Masse vorhanden ist. Vergleiche dein Ergebnis mit der Angabe in der abgebildeten Tabelle.

2 Im Beispiel wird die Gleichung einer Exponentialfunktion bestimmt, die den radioaktiven Zerfall von 20 mg Strontium 90 beschreibt.

Zeit (a): x
Masse zur Zeit x (mg): $f(x)$
Funktionsgleichung: $f(x) = k \cdot a^x$

Bestimme k: $k = f(0) = 20$

Setze x = 28 und f(28) = 10 in
$f(x) = 20 \cdot a^x$ ein und bestimme a:

$$10 = 20 \cdot a^{28} \quad | : 20$$
$$0{,}5 = a^{28}$$
$$\sqrt[28]{0{,}5} = a$$
$$0{,}975555 \approx a$$

Funktionsgleichung:
$f(x) = 20 \cdot 0{,}975555^x$

Wie viel Milligramm Strontium 90 sind nach 10 (20, 50, 100) Jahren noch vorhanden?

3 a) Bestimme die Gleichung der Exponentialfunktion, die den radioaktiven Zerfall von 500 mg Plutonium 238 beschreibt.
b) Berechne die Masse, die nach 10 (50, 100) Jahren noch vorhanden ist.

4 Einer Patientin werden 20 mg eines radioaktiven Wirkstoffs verabreicht. Im abgebildeten Koordinatensystem ist der Graph der Exponentialfunktion dargestellt, der den radioaktiven Zerfall des Mittels beschreibt.

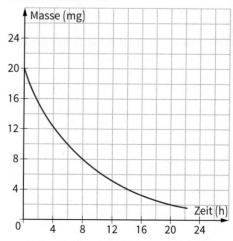

Bestimme anhand des Graphen die Gleichung der Exponentialfunktion.

5 Wie viele Tage dauert es, bis Calcium 45 auf ein Viertel (ein Achtel) der ursprünglichen Masse reduziert ist? Stelle zunächst eine Exponentialgleichung auf. Löse anschließend die Aufgabe durch Probieren.

Jede Minute 159 Menschen mehr auf der Erde

Der 11. Juli ist Weltbevölkerungstag

Vor 18 Jahren, am 11. Juli 1999, erreichte die Weltbevölkerung sechs Milliarden Menschen, deshalb hat die UNO den 11. Juli zum Weltbevölkerungstag erklärt.

Die aktuelle Statistik der UNO weist für heute eine Weltbevölkerung von 7,5 Milliarden Menschen aus. Die Anzahl der Menschen auf der Erde nimmt immer mehr zu, jährlich um 84 Millionen. Im Jahr 2050 sollen es nach Schätzungen von Experten fast zehn Milliarden Menschen sein.

Der Zuwachs verteilt sich allerdings ganz unterschiedlich auf die verschiedenen Regionen der Erde. Schätzungen zufolge wird sich die Bevölkerung in Afrika von 1,2 Milliarden Menschen im Jahr 2017 auf 2,5 Milliarden im Jahr 2050 mehr als verdoppeln. Das entspricht einer Wachstumsrate von über 2,2 % jährlich.

Der Anteil der Afrikaner an der Weltbevölkerung erhöht sich dadurch von 16 % im Jahr 2017 auf ein Viertel im Jahr 2050. Grund für diese Entwicklung ist vor allem der fehlende Zugang zu Verhütungsmitteln für afrikanische Frauen und die dadurch entstehende hohe Geburtenrate.

In Europa dagegen werden im Jahr 2050 genauso viele Menschen leben wie heute, etwa 740 Millionen.

1 Aus dem Zeitungsartikel geht hervor, dass die Weltbevölkerung in einer Minute um 159 Menschen und in einem Jahr um 84 Millionen Menschen wächst.
a) Überprüfe, ob beide Angaben miteinander übereinstimmen.
b) Überprüfe auf Grund dieser Angaben die Schätzung der Weltbevölkerung für das Jahr 2050.

2 a) Um wie viele Menschen wächst die Bevölkerung in Afrika in den Jahren von 2017 bis 2050 durchschnittlich pro Jahr?
b) Überprüfe, ob die im Zeitungsartikel angegebene jährliche Wachstumsrate für die Bevölkerung Afrikas zutrifft.

3 a) Überprüfe jeweils die Angabe des Zeitungsartikels zum Anteil der Afrikaner an der Weltbevölkerung für die Jahre 2017 und 2050.
b) Bestimme jeweils den Anteil der Europäer an der Weltbevölkerung für die Jahre 2017 und 2050.

4 a) Stelle mithilfe der Angaben des Zeitungsartikels für die Jahre 1999 und 2017 die Gleichung einer Exponentialfunktion f auf, die das Wachstum der Weltbevölkerung beschreibt.
b) Prüfe, ob die Angabe für das Jahr 2050 mit dem Funktionswert von f übereinstimmt.

> Recherchiere im Internet zur Entwicklung der Weltbevölkerung. Präsentiere deine Ergebnisse.

Argumentieren und Kommunizieren

Einem Zeitungsartikel Informationen entnehmen

1. Lies den Zeitungsartikel sorgfältig durch.

2. Suche im Text die Zahlen, Größen und Prozentangaben und notiere sie.

3. Überlege, welche Rechnungen der Verfasser durchgeführt hat. Überprüfe diese Rechnungen.

4. Stelle fest, ob die Aussagen des Artikels zutreffen.

1 Ordne jeder Funktion den entsprechenden Graphen zu.

$f(x) = 2^x$ $g(x) = 1,5 \cdot 2^x$

$h(x) = 0,4^x$ $k(x) = 2 \cdot 0,5^x$

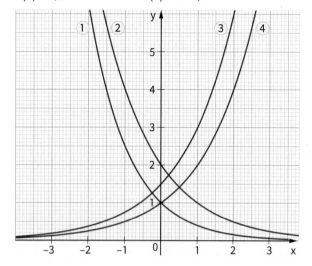

2 Gib für jede Funktion an, ob ihr Graph steigt oder fällt und in welchem Punkt er die y-Achse schneidet.

$f(x) = 4 \cdot 2^x$ $g(x) = 3 \cdot 0,2^x$

$h(x) = 2 \cdot \left(\frac{1}{4}\right)^x$ $k(x) = \frac{1}{5} \cdot \left(\frac{3}{2}\right)^x$

3 Prüfe, ob die Punkte P und Q auf dem Graphen der Funktion f liegen.

a) $f(x) = 4^x$ $P(-3\,|\,0,015625)$ $Q(7\,|\,16\,148)$

b) $f(x) = 5 \cdot 0,4^x$ $P(4\,|\,0,12)$ $Q(-2\,|\,31,25)$

4 Eine Braunalge ist zu Beginn der Beobachtung 0,60 m lang. Ihre Länge verdoppelt sich in einer Woche.
Nach wie vielen Wochen ist die Alge 19,20 m (38,40 m; 76,80 m) lang? Löse die Aufgabe durch Probieren.

5 Ein Gefäß mit einer 90 °C heißen Flüssigkeit wird in einen Kühlschrank mit einer konstanten Temperatur von 0 °C gestellt.
Nach einer Stunde beträgt die Temperatur der Flüssigkeit jeweils drei Fünftel der Temperatur, die sie zu Beginn der Stunde hatte.
a) Notiere die Gleichung der Funktion „Zeit (h) → Temperatur der Flüssigkeit (°C)“.
b) Bestimme die Temperatur der Flüssigkeit nach einer Stunde (nach zwei, drei Stunden).

6 Frau Sünnen hat 7500 € für vier Jahre angelegt. Der Zinssatz beträgt 1,2 %.
Berechne das Guthaben einschließlich Zinsen und Zinseszinsen am Ende der Laufzeit.

7 Jod 123 ist eine radioaktive Substanz. Pro Stunde zerfallen 5 % der Masse. Zu Beginn sind 20 mg vorhanden.
a) Bestimme die Gleichung der Funktion „Zeit (h) → Masse des Radiums (mg)“.
b) Gib die Masse des Radiums nach zwei Stunden (fünf Stunden, 30 Minuten) an.
c) Nach wie vielen Stunden sind nur noch 10 mg vorhanden?

Ich kann	Aufgabe	Hilfen und Aufgaben
einer Exponentialfunktion ihren Graphen zuordnen.	1	Seite 38, 39
der Gleichung einer Exponentialfunktion Informationen über den Verlauf ihres Graphen entnehmen.	2	Seite 38, 39
prüfen, ob ein Punkt auf dem Graphen einer Exponentialfunktion liegt.	3	Seite 45
Sachaufgaben zu exponentieller Zu- und Abnahme lösen.	4, 5	Seite 40 – 43
bei Sachaufgaben zur Zinseszinsrechnung die Zinsen berechnen.	6	Seite 48
Sachaufgaben zum radioaktiven Zerfall lösen.	7	Seite 50

Ausgangstest 2

Wie verläuft der Graph, wenn die x-Werte immer größer werden?

Wo schneidet der Graph die y-Achse?

Steigt der Graph oder fällt er?

Wie verläuft der Graph, wenn die x-Werte immer kleiner werden?

1 Beschreibe die Graphen der angegebenen Funktionen. Beantworte dazu für jede Funktion die Fragen an der Pinnwand.

$f(x) = 10^x$ $\qquad$ $g(x) = 1,5 \cdot 2^x$
$h(x) = 3 \cdot 0,5^x$ $\qquad$ $k(x) = -2 \cdot 3^x$

2 Die Punkte A und B liegen auf dem Graphen der Funktion f. Bestimme jeweils die fehlende Koordinate.

a) $f(x) = 2,5^x$ $\qquad$ A (3 | ▩) $\qquad$ B (▩ | 0,16)
b) $f(x) = 0,2 \cdot 2^x$ $\qquad$ A (−2 | ▩) $\qquad$ B (▩ | 6,4)

3 Die Funktion f hat eine Funktionsgleichung der Form $y = k \cdot a^x$. Ihr Graph verläuft durch die Punkte P (−6 | 6,4) und Q (0 | 0,1).
Bestimme die Funktionsgleichung von f.

4 An der Oberfläche eines Sees wird eine Lichtintensität von 5000 Lux gemessen. Zwei Meter unterhalb der Wasseroberfläche beträgt die Lichtintensität nur noch 4050 Lux.
a) Bestimme die Gleichung der Exponentialfunktion, die die Abnahme der Lichtintensität beschreibt.
b) Berechne die Lichtintensität fünf Meter unter der Oberfläche des Sees.

5 In einer Petrischale wird eine Kultur mit 60 Kolibakterien angelegt.
Nach 20 Minuten werden 80 Bakterien gezählt.
a) Bestimme die Gleichung der Funktion f „Zeit (min) → Anzahl der Bakterien".
b) Gib die Anzahl der Bakterien nach 30 min (50 min, 1 h, 2 h) an.
c) Nach wie vielen Minuten sind 300 Bakterien vorhanden?

6 a) Frau Gaul hat 16 000 € für drei Jahre angelegt. Am Ende der Laufzeit verfügt sie über 17 230,25 €. Bestimme den Zinssatz.
b) Herr Busse legt eine Erbschaft zu einem Zinssatz von 1,8 % an. Nach fünf Jahren erhält er 27 332,47 €. Wie viel Euro hat Herr Busse angelegt?

7 Ruthenium 103 ist eine radioaktive Substanz mit einer Halbwertszeit von 40 Tagen.
Zu Beginn sind 20 mg vorhanden.
a) Bestimme die Gleichung der Funktion „Zeit (d) → Masse des Rutheniums (mg)".
b) Gib die Masse des Radiums nach zehn Tagen (30 Tagen, 100 Tagen) an.

8 Im Jahr 2016 hatte Tansania 55 Millionen Einwohner. Die Bevölkerung wächst jährlich um 3 %.
a) Bestimme die Gleichung der Funktion f „Zeit(a) → Anzahl der Einwohner".
b) Gib die Anzahl Einwohner im Jahr 2020 (2025, 2030) an.
c) Nach wie vielen Jahren hat Tansania 100 Millionen Einwohner, wenn sich das Bevölkerungswachstum nicht ändert?

Ich kann	Aufgabe	Hilfen und Aufgaben
der Gleichung einer Exponentialfunktion Informationen über den Verlauf ihres Graphen entnehmen.	1	Seite 38, 39
die Koordinaten von Punkten auf dem Graphen einer Exponentialfunktion bestimmen.	2	Seite 45
die Gleichung einer Exponentialfunktion bestimmen, wenn zwei Punkte ihres Graphen bekannt sind.	3	Seite 46
Sachaufgaben zur exponentiellen Zu- und Abnahme lösen.	4, 5	Seite 40 – 43
bei Sachaufgaben zur Zinseszinsrechnung den Zinssatz und das Anfangskapital berechnen.	6	Seite 49
Sachaufgaben zum radioaktiven Zerfall lösen.	7	Seite 50
Sachaufgaben zum Bevölkerungswachstum lösen.	8	Seite 40, 51

3 Trigonometrische Berechnungen

Die Schülerinnen und Schüler einer 10. Klasse wollen jeweils die Höhe und die Breite ihres Schulgebäudes bestimmen. Welche Messungen führen sie dafür durch?

Die Schülerinnen und Schüler halten ihre Messergebnisse jeweils in einer Skizze fest. Bestimme jeweils die Höhe und die Breite des Gebäudes. Beschreibe deinen Lösungsweg.

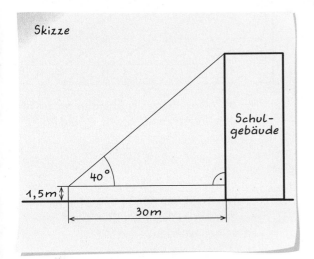

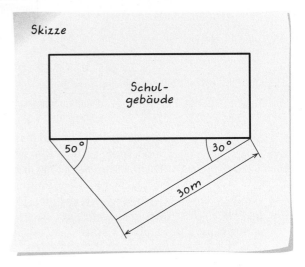

Die Schülerinnen und Schüler einer Nachbarschule wollen ebenfalls die Höhe und die Breite ihres Schulgebäudes bestimmen. Sie benutzen dazu elektronische Messgeräte.

Informiere dich im Internet, welche Geräte heute zum Messen von Winkelgrößen und Entfernungen im Gelände eingesetzt werden.

Die Trigonometrie* ist ein Teilgebiet der Mathematik. Sie ermöglicht, aus gegebenen Seitenlängen und Winkelgrößen die übrigen Stücke eines Dreiecks zu berechnen.

*trigonon, gr. „Dreieck"; metrein, gr. „messen"

Sinus eines Winkels

1 a) Die abgebildete Zahnradbahn startet in 1400 m Höhe.

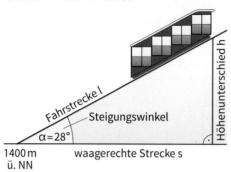

In welcher Höhe befindet sich jeweils die Bahn, wenn sie eine Fahrstrecke l von 500 m, 750 m oder 1000 m zurückgelegt hat? Löse die Aufgabe mithilfe einer Zeichnung im Maßstab 1 : 10 000.

b) Bilde jeweils das Verhältnis

$$\frac{\text{Höhenunterschied } h}{\text{Fahrstrecke } l}.$$

Was stellst du fest?

c) Eine Standseilbahn überwindet auf einer 1400 m langen Fahrstrecke l einen Höhenunterschied h von 600 m. Ermittle durch eine Zeichnung den Höhenunterschied h nach einer 2100 m langen Fahrstrecke l.
Notiere die Größe des Steigungswinkels α. Bestimme auch jeweils das Längenverhältnis $\frac{h}{l}$.

Welcher Zusammenhang besteht in rechtwinkligen Dreiecken zwischen Winkelgrößen und Seitenlängen?

2 a) Zeichne vier verschiedene, möglichst große, rechtwinklige Dreiecke ABC mit $\gamma = 90°$ und $\alpha = 30°$ sowie vier weitere rechtwinklige Dreiecke ABC mit $\gamma = 90°$ und $\alpha = 50°$.

b) Miss in den einzelnen Dreiecken möglichst genau die Seitenlängen. Ergänze die Tabelle in deinem Heft.

α	Dreieck I	Dreieck II	Dreieck III	Dreieck IV
30°	$\frac{a}{c} = $ ▣	$\frac{a}{c} = $ ▣	$\frac{a}{c} = $ ▣	$\frac{a}{c} = $ ▣
50°	$\frac{a}{c} = $ ▣	$\frac{a}{c} = $ ▣	$\frac{a}{c} = $ ▣	$\frac{a}{c} = $ ▣

Was stellst du fest?

c) Zeichne vier verschieden große rechtwinklige Dreiecke ABC mit $\gamma = 90°$ und $\beta = 65°$ ($\gamma = 90°$, $\beta = 80°$). Bestimme jeweils den Quotienten $\frac{b}{c}$.

3 a) Begründe, dass die rechtwinkligen Dreiecke AB_1C_1, AB_2C_2 und AB_3C_3 ähnlich sind.

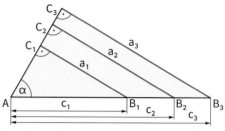

b) Zeige anhand der Abbildung, dass in den Dreiecken AB_1C_1, AB_2C_2 und AB_3C_3 gilt:

$$\frac{a_1}{c_1} = \frac{a_2}{c_2} = \frac{a_3}{c_3}.$$

c) Begründe, dass in allen rechtwinkligen Dreiecken ABC ($\gamma = 90°$) mit gleich großem Winkel α der Quotient $\frac{a}{c}$ denselben Wert hat.

In einem rechtwinkligen Dreieck heißen die Schenkel des rechten Winkels **Katheten**.
Die dem Winkel α gegenüberliegende Kathete heißt **Gegenkathete von α**.
Die dem Winkel β gegenüberliegende Kathete heißt **Gegenkathete von β**.
In einem rechtwinkligen Dreieck heißt der Quotient aus der Länge der Gegenkathete eines Winkels und der Länge der Hypotenuse **Sinus (sin) des Winkels**.
Sein Wert hängt nur von der Größe des Winkels ab.

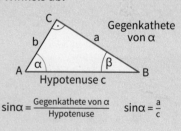

$$\sin\alpha = \frac{\text{Gegenkathete von } \alpha}{\text{Hypotenuse}} \qquad \sin\alpha = \frac{a}{c}$$

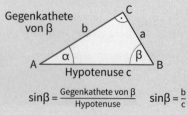

$$\sin\beta = \frac{\text{Gegenkathete von } \beta}{\text{Hypotenuse}} \qquad \sin\beta = \frac{b}{c}$$

Sinus eines Winkels

4 Bestimme wie im Beispiel jeweils die Platzhalter.

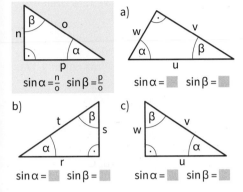

$\sin\alpha = \dfrac{n}{o}$ $\sin\beta = \dfrac{p}{o}$

a)

$\sin\alpha = \blacksquare$ $\sin\beta = \blacksquare$

b)

c)

$\sin\alpha = \blacksquare$ $\sin\beta = \blacksquare$ $\sin\alpha = \blacksquare$ $\sin\beta = \blacksquare$

5 a) Erläutere, warum in der Abbildung die Maßzahl für die Länge der Strecke $\overline{Q_1 R_1}$ dem Wert für sin 50°, die Maßzahl für die Länge der Strecke $\overline{Q_2 R_2}$ dem Wert für sin 10° entspricht.

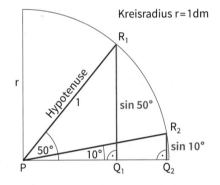

Kreisradius r = 1 dm

b) Ermittle zeichnerisch einen Näherungswert für sin 20° (sin 30°, sin 50°, sin 70°).

c) Welchem Wert nähert sich sin α, wenn α sich immer mehr dem Wert 0° (90°) nähert?

6 In dem Beispiel wird mithilfe des Taschenrechners ein Näherungswert für sin 10° bestimmt.

sin 10° = $\blacksquare$

sin 1 0 =

sin (10   0,173648177

sin 10° ≈ 0,1736

Bestimme den Sinuswert für α = 29° (18°; 53°; 89°; 14,5°; 74,8°).

7 In dem Beispiel wird mithilfe des Sinus die Länge der Kathete a bestimmt.

Gegeben: α = 35°; β = 90°; b = 40 cm
Gesucht: a
Planfigur:

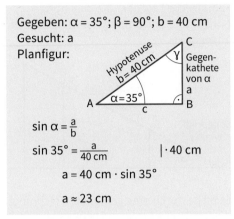

$\sin\alpha = \dfrac{a}{b}$

$\sin 35° = \dfrac{a}{40\ \text{cm}}$ $\mid \cdot 40\ \text{cm}$

$a = 40\ \text{cm} \cdot \sin 35°$

$a \approx 23\ \text{cm}$

> Achte darauf, dass dein Rechner auf das Winkelmaß DEG (degree = Grad) eingestellt ist.

Berechne die Länge der farbig markierten Dreiecksseite.

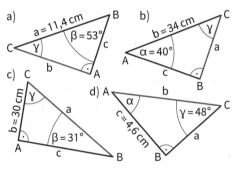

a)   b)   c)   d)

> Überlege zunächst, welche Seite des Dreiecks die Hypotenuse ist.

8 Mithilfe des Taschenrechners wird in dem Beispiel zu dem Sinuswert die zugehörige Winkelgröße bestimmt.

sin α = 0,1736
sin α = $\blacksquare$

SHIFT
$\blacksquare$ sin 0 , 1 7 3 6 =

$\sin^{-1}$ (0,1736   9,997197052

α ≈ 10,0°

$\sin^{-1}$ D
sin

Ermittle zu dem Sinuswert 0,4226 (0,9962; 0,7501) die zugehörige Winkelgröße.

9 Bestimme die Winkelgrößen.

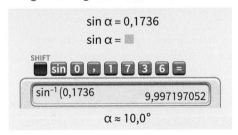

a)   b)   c)

Kosinus eines Winkels

1 a) Eine Zahnradbahn legt zwischen den Stationen A und B eine 480 m lange Fahrstrecke l zurück. Die zugehörige horizontale Entfernung s wird mit 450 m angegeben.

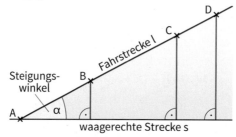

Ermittle durch eine geeignete Zeichnung die Größe des Steigungswinkels α.
b) Welche Fahrstrecke l hat die Bahn jeweils zurückgelegt, wenn die zugehörige Entfernung s mit 900 m oder 1200 m angegeben wird? Gib jeweils das Verhältnis $\frac{\text{waagerechte Strecke s}}{\text{Länge der Fahrstrecke l}}$ an.

2 a) Zeichne vier verschiedene, möglichst große rechtwinklige Dreiecke ABC mit γ = 90° und α = 20° sowie vier weitere Dreiecke ABC mit γ = 90° und α = 40°.

> Die am Winkel α anliegende Kathete heißt **Ankathete von α.**
> Die am Winkel β anliegende Kathete heißt **Ankathete von β.**

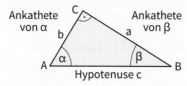

b) Miss zunächst in den einzelnen Dreiecken jeweils die Länge b der Ankathete von α und die Länge c der Hypotenuse. Berechne anschließend den Quotienten $\frac{b}{c}$.
Ergänze die Tabelle in deinem Heft.

α	Dreieck I	Dreieck II
20°	$\frac{b}{c}$ = ■	$\frac{b}{c}$ = ■
40°	$\frac{b}{c}$ = ■	$\frac{b}{c}$ = ■

Was stellst du fest?

3 a) Zeichne vier verschieden große rechtwinklige Dreiecke ABC mit γ = 90° und β = 30° sowie vier weitere Dreiecke ABC mit γ = 90° und β = 50°.
b) Miss in den einzelnen Dreiecken möglichst genau die Seitenlängen und bestimme jeweils den Quotienten $\frac{a}{c}$. Was stellst du fest?

4 a) Zeige anhand der Abbildung, dass in den rechtwinkligen Dreiecken AB_1C_1, AB_2C_2 und AB_3C_3 gilt: $\frac{b_1}{c_1} = \frac{b_2}{c_2} = \frac{b_3}{c_3}$.

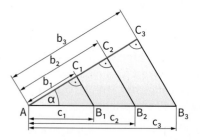

b) Begründe, dass in allen rechtwinkligen Dreiecken ABC (γ = 90°) mit gleich großem Winkel α der Quotient $\frac{b}{c}$ denselben Wert hat.

> In einem rechtwinkligen Dreieck heißt der Quotient aus der Länge der Ankathete eines Winkels und der Länge der Hypotenuse **Kosinus (cos) des Winkels.**
> Sein Wert hängt nur von der Größe des Winkels ab.
>
>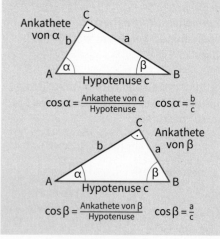
>
> $\cos\alpha = \frac{\text{Ankathete von }\alpha}{\text{Hypotenuse}}$ $\cos\alpha = \frac{b}{c}$
>
> $\cos\beta = \frac{\text{Ankathete von }\beta}{\text{Hypotenuse}}$ $\cos\beta = \frac{a}{c}$

Kosinus eines Winkels

5 Bestimme wie im Beispiel jeweils die Platzhalter.

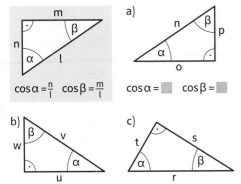

$$\cos\alpha = \frac{n}{l} \quad \cos\beta = \frac{m}{l}$$

$$\cos\alpha = \blacksquare \quad \cos\beta = \blacksquare$$

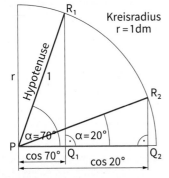

$$\cos\alpha = \blacksquare \quad \cos\beta = \blacksquare \qquad \cos\alpha = \blacksquare \quad \cos\beta = \blacksquare$$

6 a) Erläutere, warum du im abgebildeten Dreieck PQ_1R_1 aus der Maßzahl für die Länge der Strecke $\overline{PQ_1}$ den Wert für $\cos 70°$ ablesen kannst.

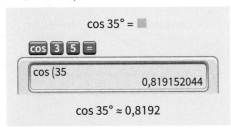

b) Ermittle zeichnerisch einen Näherungswert für $\cos 10°$ ($\cos 30°$; $\cos 40°$; $\cos 50°$; $\cos 60°$; $\cos 80°$).

c) Welchem Wert nähert sich $\cos\alpha$, wenn α sich immer mehr dem Wert $0°$ ($90°$) nähert?

7 Bestimme mithilfe des Taschenrechners den Kosinuswert für $\alpha = 15°$ ($26°$; $45°$; $63°$; $85°$).

$$\cos 35° = \blacksquare$$

COS 3 5 =

cos (35
0,819152044

$$\cos 35° \approx 0,8192$$

Runde dein Ergebnis auf vier Stellen nach dem Komma.

8 In dem Beispiel wird in dem Dreieck ABC die Länge der Seite b bestimmt.

Gegeben: c = 9,2 cm; $\alpha = 28°$; $\gamma = 90°$
Gesucht: b
Planfigur:

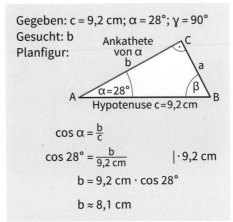

$$\cos\alpha = \frac{b}{c}$$

$$\cos 28° = \frac{b}{9,2\ cm} \qquad |\cdot 9,2\ cm$$

$$b = 9,2\ cm \cdot \cos 28°$$

$$b \approx 8,1\ cm$$

Berechne mithilfe des Kosinus die gesuchte Seitenlänge in dem Dreieck ABC.
a) c = 6,4 cm; $\alpha = 46°$; $\gamma = 90°$; b = $\blacksquare$
b) c = 2,50 m; $\alpha = 90°$; $\beta = 35°$; a = $\blacksquare$

9 In dem Beispiel wird mithilfe des Taschenrechners zu einem Kosinuswert die zugehörige Winkelgröße bestimmt.

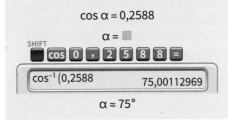

$$\cos\alpha = 0,2588$$

$$\alpha = \blacksquare$$

SHIFT cos 0 , 2 5 8 8 =

$\cos^{-1}(0,2588$ 75,00112969

$$\alpha \approx 75°$$

COS⁻¹ E
COS

Ermittle zum Kosinuswert 0,1736 (0,7071; 0,9397) die zugehörige Winkelgröße.

10 Berechne die gesuchte Winkelgröße.

Gegeben: a = 17,0 cm; c = 8,0 cm;
$\alpha = 90°$
Gesucht: β
Planfigur:

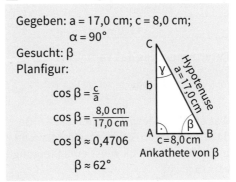

$$\cos\beta = \frac{c}{a}$$

$$\cos\beta = \frac{8,0\ cm}{17,0\ cm}$$

$$\cos\beta \approx 0,4706$$

$$\beta \approx 62°$$

a) b = 4,2 cm; c = 5,8 cm; $\gamma = 90°$; $\alpha = \blacksquare$
b) a = 10,8 m; b = 13,5 m; $\beta = 90°$; $\gamma = \blacksquare$
c) a = 24,0 m; c = 14,4 m; $\alpha = 90°$; $\beta = \blacksquare$

Tangens eines Winkels

1 Die Steigung einer Straße wird häufig in Prozent angegeben.

> Der Wagen schafft im 2. Gang eine Steigung bis zu 28 %.

$$20\% = \frac{20}{100}$$

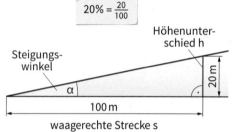

Höhenunterschied h

Steigungswinkel α

20 m

100 m

waagerechte Strecke s

a) Bei einer Steigung von 20 % überwindet eine Straße auf einer horizontal gemessenen Entfernung s von 100 m einen Höhenunterschied von 20 m. Ermittle durch eine geeignete Zeichnung jeweils den Höhenunterschied h bei einer waagerechten Strecke s von 150 m und 200 m.

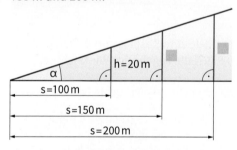

$h = 20\,m$
α
$s = 100\,m$
$s = 150\,m$
$s = 200\,m$

Berechne jeweils das Verhältnis

$$\frac{\text{Höhenunterschied } h}{\text{waagerechte Strecke } s}.$$

Was stellst du fest? Gib auch die Größe des zugehörigen Steigungswinkels α an.
b) Ein Straßenstück weist eine Steigung von 15 % auf.
Bestimme durch eine geeignete Zeichnung den zugehörigen Steigungswinkel α. Berechnet auch hier das Längenverhältnis $\frac{h}{s}$.

2 a) Zeichne zunächst verschieden große rechtwinklige Dreiecke ABC mit $\gamma = 90°$ und $\alpha = 30°$.
Miss anschließend die Länge a der Gegenkathete von α und die Länge b der Ankathete von α.
b) Berechne den Quotienten $\frac{a}{b}$. Was stellst du fest?

3 a) Zeige anhand der Abbildung, dass in den rechtwinkligen Dreiecken AB_1C_1, AB_2C_2 und AB_3C_3 gilt: $\frac{a_1}{b_1} = \frac{a_2}{b_2} = \frac{a_3}{b_3}$.

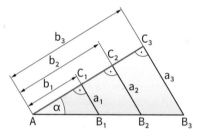

b_3
b_2
b_1
C_3
C_2
C_1
a_3
a_2
a_1
α
A
B_1
B_2
B_3

b) Begründe, dass in allen rechtwinkligen Dreiecken ABC ($\gamma = 90°$) mit gleich großem Winkel α der Quotient $\frac{a}{b}$ denselben Wert hat.

In einem rechtwinkligen Dreieck heißt der Quotient aus der Länge der Gegenkathete eines Winkels und der Länge der Ankathete des Winkels **Tangens (tan) des Winkels.**
Sein Wert hängt nur von der Größe des Winkels ab.

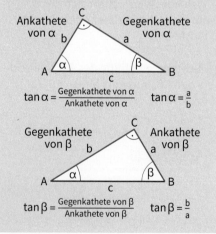

Ankathete von α
Gegenkathete von α
C
b
a
A α
β B
c

$$\tan\alpha = \frac{\text{Gegenkathete von } \alpha}{\text{Ankathete von } \alpha} \qquad \tan\alpha = \frac{a}{b}$$

Gegenkathete von β
Ankathete von β
C
b
a
A α
β B
c

$$\tan\beta = \frac{\text{Gegenkathete von } \beta}{\text{Ankathete von } \beta} \qquad \tan\beta = \frac{b}{a}$$

Tangens eines Winkels

4 Bestimme wie im Beispiel jeweils die Platzhalter.

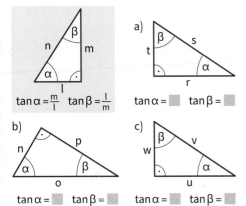

$\tan\alpha = \frac{m}{l}$ $\quad \tan\beta = \frac{l}{m}$

a) $\tan\alpha = \blacksquare$ $\quad \tan\beta = \blacksquare$

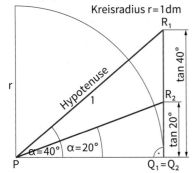

b) $\tan\alpha = \blacksquare$ $\quad \tan\beta = \blacksquare$

c) $\tan\alpha = \blacksquare$ $\quad \tan\beta = \blacksquare$

5 a) Erläutere, warum die Maßzahl für die Länge der Strecke $\overline{Q_1R_1}$ dem Wert für $\tan 40°$ entspricht.

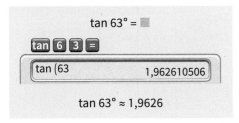

Kreisradius $r = 1\,\text{dm}$

b) Ermittle zeichnerisch einen Näherungswert für $\tan 10°$ ($\tan 30°$; $\tan 50°$; $\tan 60°$).

c) Bestimme für $\alpha = 45°$ den Tangenswert. Begründe dein Ergebnis.

d) Erkläre anhand der Abbildung die folgende Festlegung: $\tan 0° = 0$.
Warum kann für $\alpha = 90°$ kein Tangenswert festgelegt werden?

$\tan 63° = \blacksquare$

tan 6 3 =

tan (63   1,962610506

$\tan 63° \approx 1{,}9626$

6 Bestimme den Tangenswert für 15° (28°: 54°: 72°: 85°). Runde auf vier Nachkommastellen.

7 In dem Beispiel wird in dem Dreieck ABC die Länge der Seite b berechnet.

Gegeben: $a = 18{,}0\,\text{cm}$; $\alpha = 52°$; $\gamma = 90°$
Gesucht: b
Planfigur:

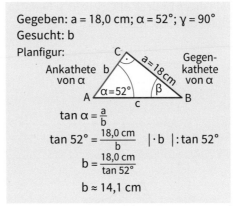

Ankathete b von α $\qquad$ Gegenkathete von α

$\tan\alpha = \frac{a}{b}$

$\tan 52° = \frac{18{,}0\,\text{cm}}{b}$ $\quad |\cdot b \quad |:\tan 52°$

$b = \frac{18{,}0\,\text{cm}}{\tan 52°}$

$b \approx 14{,}1\,\text{cm}$

Bestimme die gesuchte Seitenlänge.
a) $c = 4{,}2\,\text{cm}$; $\quad \beta = 53°$; $\quad \alpha = 90°$; $\quad b = \blacksquare$
b) $c = 1{,}2\,\text{dm}$; $\quad \gamma = 71°$; $\quad \beta = 90°$; $\quad a = \blacksquare$
c) $a = 5{,}4\,\text{cm}$; $\quad \alpha = 32°$; $\quad \gamma = 90°$; $\quad b = \blacksquare$

8 Bestimme zum Tangenswert 0,5774 (2,1445; 5,6713) die Winkelgröße.

$\tan\alpha = 1{,}4281$

$\alpha = \blacksquare$

SHIFT

■ tan 1 , 4 2 8 1 =

$\tan^{-1}(1{,}4281$ $\qquad$ 54,99909507

$\alpha \approx 55$

$\tan^{-1}$ F

tan

9 In dem Beispiel wird mithilfe des Tangens die Größe des Winkels β bestimmt.

Gegeben: $b = 3{,}8\,\text{cm}$; $c = 7{,}5\,\text{cm}$;
$\alpha = 90°$
Gesucht: β
Planfigur:

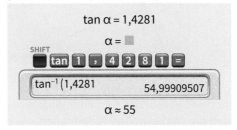

Gegenkathete von β
$b = 3{,}8\,\text{cm}$
Ankathete von β $\quad c = 7{,}5\,\text{cm}$

$\tan\beta = \frac{b}{c}$

$\tan\beta = \frac{3{,}8\,\text{cm}}{7{,}5\,\text{cm}}$

$\tan\beta \approx 0{,}5067$
$\beta \approx 27°$

Berechne die gesuchte Winkelgröße.
a) $a = 39{,}0\,\text{m}$; $b = 20{,}8\,\text{m}$; $\gamma = 90°$; $\alpha = \blacksquare$
b) $a = 1{,}2\,\text{dm}$; $c = 3{,}5\,\text{dm}$; $\beta = 90°$; $\gamma = \blacksquare$
c) $b = 5{,}6\,\text{cm}$; $c = 4{,}2\,\text{cm}$; $\alpha = 90°$; $\beta = \blacksquare$

1 a) Zeichne mithilfe deines Algebra- und Geometrieprogramms ein rechtwinkliges Dreieck ABC (γ = 90°). Benutze dafür den Satz des Thales.

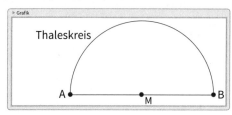

b) Miss jeweils in dem Dreieck ABC die Größe des Winkels α und des Winkels β.

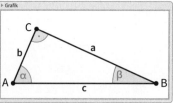

Im Algebra-Fenster deines Programms sind wie abgebildet die Seitenlängen und die Winkelgrößen festgehalten.

c) Berechne anschließend jeweils mit deinem Programm den Quotienten

$$\frac{\text{Gegenkathete } a \text{ von } \alpha}{\text{Hypotenuse } c}$$

Eingabe: | a / c |

und $\frac{\text{Ankathete } b \text{ von } \alpha}{\text{Hypotenuse } c}$.

Eingabe: | b / c |

Der Wert des Quotienten wird im Algebra-Fenster angezeigt.

Verändere mithilfe des Werkzeugs „Bewege" die Länge der Hypotenuse und die Länge der Katheten. Bewege dazu den Punkt A oder den Punkt B. Die Größe des Winkels α wird dabei nicht verändert. Was stellst du fest?

Führe die Aufgabe mit anderen Winkelgrößen für α durch. Verändere dazu die Lage des Punktes C.

2 a) Zeichne wie abgebildet einen Viertelkreis mit dem Radius r = 1 cm. Vergrößere anschließend deine Zeichnung durch Vorwärtsdrehen des Mausrades.

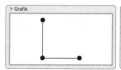
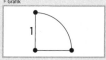

b) Erzeuge auf dem Viertelkreis einen Punkt R und fälle wie abgebildet das Lot von R auf den Radius.

Zeichne danach das rechtwinklige Dreieck PQR. Miss die Größe des Winkels QPR und jeweils die Länge der Strecke $\overline{PQ}$ und der Strecke $\overline{QR}$.

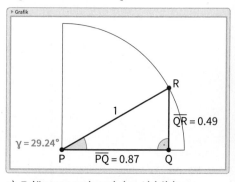

c) Erläutere anhand der Abbildung, warum die Maßzahl für die Länge der Strecke $\overline{QR}$ einem Näherungswert für sin 29,24° entspricht und die Maßzahl für die Länge der Strecke $\overline{PQ}$ einem Näherungswert für cos 29,24° entspricht.

d) Bestimme jeweils Sinus- und Kosinuswerte für verschiedene Winkelgrößen. Verändere dazu die Lage von Punkt R auf dem Kreisbogen.

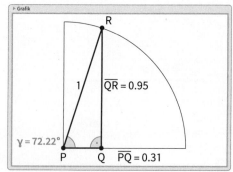

Vergleiche diese Werte mit den entsprechenden Werten des Taschenrechners.

Arbeiten mit dem Computer: Tangens eines Winkels

1 a) Zeichne mithilfe deines Algebra- und Geometrieprogramms ein rechtwinkliges Dreieck ABC ($\beta = 90°$).

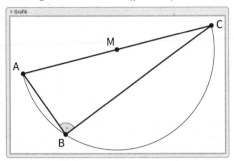

b) Miss jeweils die Länge der Katheten und die Größe des Winkels α und des Winkels γ.

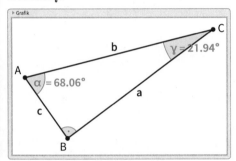

In dem Algebra-Fenster deines Programms sind wie abgebildet die Seitenlängen und die Winkelgrößen festgehalten.

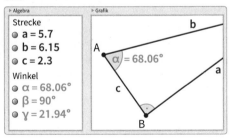

c) Berechne den Quotienten

$$\frac{\text{Gegenkathete a von } \alpha}{\text{Ankathete c von } \alpha}$$

Eingabe: a / c

mit deinem Programm.

d) Verändere die Länge der einzelnen Katheten. Bewege dazu den Punkt A oder den Punkt C. Was stellst du fest? Führe diese Aufgabe mit anderen Winkelgrößen für α durch. Verändere dazu die Lage des Punktes B.

2 a) Zeichne einen Viertelkreis (r = 1 cm). Vergrößere deine Zeichnung.
b) Zeichne wie abgebildet zunächst die Halbgerade von P durch T.

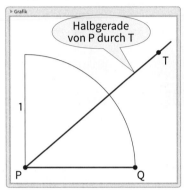
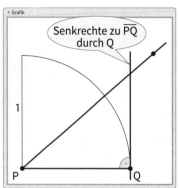

Konstruiere anschließend die Senkrechte zu $\overline{PQ}$ durch Q. Bezeichne den Schnittpunkt der Halbgeraden und der Senkrechten mit R.

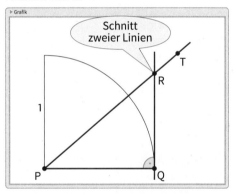

c) Erläutere, warum die Maßzahl für die Länge der dargestellten Strecke $\overline{QR}$ einem Näherungswert für tan 40° entspricht.

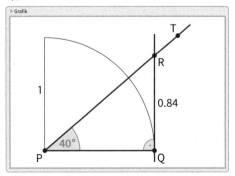

Bestimme mithilfe deines Programms für verschiedene Winkelgrößen den Tangenswert. Verändere dazu die Lage der Halbgeraden.
Vergleiche diese Werte mit den Tangenswerten deines Taschenrechners.

Berechnungen in rechtwinkligen Dreiecken

Früher wurden die Sinus-, Kosinus- und Tangenswerte aus Tabellen oder vom Rechenstab abgelesen.

Heute stellt der Taschenrechner ausreichende Näherungswerte zur Verfügung.

1 Bestimme mithilfe des Taschenrechners jeweils den Sinus-, Kosinus- und Tangenswert für α = 29° (18°; 30°; 45°; 73°; 89°). Runde dein Ergebnis auf vier Stellen nach dem Komma.

2 Ermittle jeweils mithilfe deines Taschenrechners die zugehörige Winkelgröße α.
a) $\sin α = 0{,}4226$; $\sin α = 0{,}9962$
b) $\cos α = 0{,}8660$; $\cos α = 0{,}0872$
c) $\tan α = 0{,}3639$; $\tan α = 11{,}4301$

3 In dem Beispiel wird in dem rechtwinkligen Dreieck ABC die Gegenkathete von β berechnet.

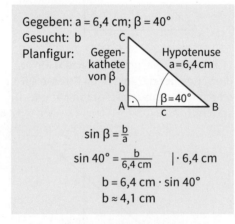

Gegeben: a = 6,4 cm; β = 40°
Gesucht: b
Planfigur:

$$\sin β = \frac{b}{a}$$
$$\sin 40° = \frac{b}{6{,}4\ \text{cm}} \quad | \cdot 6{,}4\ \text{cm}$$
$$b = 6{,}4\ \text{cm} \cdot \sin 40°$$
$$b ≈ 4{,}1\ \text{cm}$$

Berechne die gesuchte Länge.

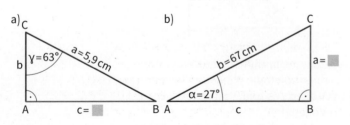

a) mit γ = 63°, a = 5,9 cm, c = ▨
b) mit b = 67 cm, α = 27°, a = ▨

4 Berechne in dem Dreieck ABC die gesuchte Seitenlänge. Fertige eine Planfigur an.
a) c = 7,1 cm;   α = 52°; γ = 90°; a = ▨
b) a = 6,2 cm;   γ = 61°; α = 90°; c = ▨
c) b = 11,6 cm;   α = 59°; β = 90°; a = ▨

5 In dem Beispiel wird in dem rechtwinkligen Dreieck ABC die Länge der Hypotenuse berechnet.

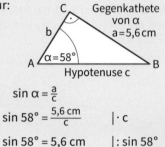

Gegeben: a = 5,6 cm; α = 58°
Gesucht: c
Planfigur:

$$\sin α = \frac{a}{c}$$
$$\sin 58° = \frac{5{,}6\ \text{cm}}{c} \quad | \cdot c$$
$$c \cdot \sin 58° = 5{,}6\ \text{cm} \quad | : \sin 58°$$
$$c = \frac{5{,}6\ \text{cm}}{\sin 58°}$$
$$c ≈ 6{,}6\ \text{cm}$$

Berechne in dem Dreieck ABC die Länge der rot markierten Seite.

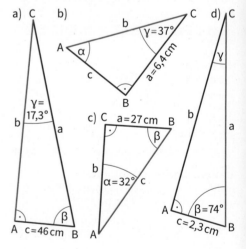

6 Berechne in dem rechtwinkligen Dreieck ABC die gesuchte Seitenlänge.
a) b = 26 cm;   α = 90°; β = 42°; a = ▨
b) a = 4,8 cm;   α = 24°; γ = 90°; b = ▨
c) a = 35 dm;   β = 90°; γ = 68°; b = ▨
d) a = 33 cm;   α = 90°; γ = 45°; c = ▨
e) c = 52 m;   α = 54°; β = 90°; a = ▨

Berechnungen in rechtwinkligen Dreiecken

7 In dem Beispiel sind die Katheten b und c des rechtwinkligen Dreiecks ABC gegeben. Um die Größe des Winkels β zu berechnen, musst du den Tangens benutzen.

Gegeben: b = 45 m; c = 28 m
Gesucht: β
Planfigur:

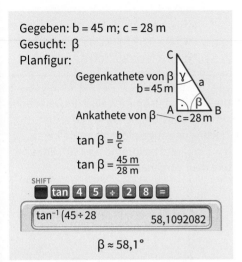

Gegenkathete von β
b = 45 m
Ankathete von β — c = 28 m

$\tan \beta = \dfrac{b}{c}$

$\tan \beta = \dfrac{45\,m}{28\,m}$

SHIFT

`tan 4 5 ÷ 2 8 =`

$\tan^{-1}(45 \div 28)$ 58,1092082

$\beta \approx 58,1°$

Bestimme die Größe des Winkels γ.

8 Berechne in dem abgebildeten Dreieck ABC die fehlenden Winkelgrößen. Überlege zunächst, ob du eine fehlende Winkelgröße mit dem Sinus, dem Kosinus oder dem Tangens bestimmen kannst.

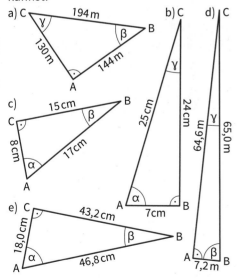

a) C — 194 m — B, β, 130 m, 144 m, γ, A
b) C, γ, 25 cm, 15 cm, B, β, 7 cm, A, α, B
c) C, 15 cm, B, β, 8 cm, 17 cm, α, A
d) C, 24 cm, γ, 64,9 m, 65,0 m, α, β, A — 7,2 m — B
e) C, 18,0 cm, 43,2 cm, A, β, B, α, 46,8 cm, A

So kannst du in einem rechtwinkligen Dreieck ABC (α = 90°) aus
a = 5,2 cm und c = 4,3 cm die Seitenlänge b sowie die Größen der Winkel β und γ berechnen:

1. Fertige eine Planfigur an.

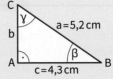

C, γ, b, a = 5,2 cm, A, c = 4,3 cm, β, B

2. Berechne die Größe des Winkels β.

$\cos \beta = \dfrac{c}{a}$

$\cos \beta = \dfrac{4,3\,cm}{5,2\,cm}$

SHIFT

`cos 4 , 3 ÷ 5 , 2 =`

$\cos^{-1}(4,3 \div 5,2)$ 34,21605113

$\beta \approx 34,2°$

3. Berechne die Größe des Winkels γ.
$\alpha + \beta + \gamma = 180°$ $\quad |-\alpha \; |-\beta$
$\gamma = 180° - \alpha - \beta$
$\gamma = 180° - 90° - 34,2°$
$\gamma = 55,8°$

4. Berechne die Länge der Seite b.
$\sin \beta = \dfrac{b}{a}$

$\sin 34,2° = \dfrac{b}{5,2\,cm}$ $\quad | \cdot 5,2\,cm$

$b = 5,2\,cm \cdot \sin 34,2°$

$b \approx 2,9\,cm$

9 Bestimme die fehlenden Stücke in dem Dreieck ABC. Es gibt mehrere Lösungswege. Fertige eine Planfigur an.

	a)	b)	c)	d)	e)
a	14,0 cm	▦	▦	▦	2,4 m
b	▦	0,8 m	4,7 dm	▦	▦
c	6,8 cm	0,3 m	▦	4,8 cm	2,7 m
α	90°	▦	18,6°	90°	▦
β	▦	90°	▦	52,6°	90°
γ	▦	▦	90°	▦	▦

Lösungen zu Aufgabe 8:
83,6 16,3 42,1 28,1 67,4 6,4 73,7
47,9 61,9 22,6

Lösungen zu Aufgabe 9:
12,2 61 29 0,7 68 22 1,6 5 71,4 7,9
6,3 37,4 3,6 42 48

Um Berechnungen im allgemeinen Dreieck durchzuführen, benötigen wir den Sinus und den Kosinus für stumpfe Winkel.

1 a) Zeichne zunächst wie abgebildet einen Halbkreis (r = 1 dm) um den Ursprung 0 eines Koordinatensystems.

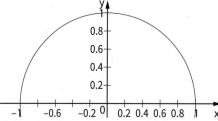

b) Markiere auf dem Halbkreis einen Punkt. Erstelle anschließend die folgende Abbildung.

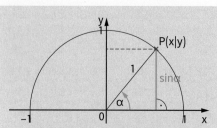

Erläutere, warum die y-Koordinate des Punktes P(0,64 | 0,77) der Sinuswert des Winkels α = 50° ist.

c) Bestimme in deiner Zeichnung den Sinuswert für α = 30° (60°; 80°). Überprüfe den abgelesenen Sinuswert mithilfe deines Taschenrechners.

Die Zeichnungen kannst du auch mithilfe eines Algebra- und Geometrieprogramms ausführen.

2 a) In der folgenden Abbildung ist der zu Punkt P gehörende Winkel α größer als 90° und kleiner als 180°.

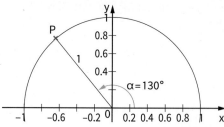

Um sin α zu bestimmen wird die Definition sin α = y auf stumpfe Winkel erweitert. Zeichne wie abgebildet einen Halbkreis (r = 1 dm) und bestimme sin 130°. Erläutere dein Vorgehen.

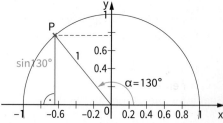

b) Ermittle zeichnerisch für die in der Tabelle angegebenen Winkelgrößen jeweils den zugehörigen Sinuswert.

a)	b)	c)	d)
50°	60°	15°	85°
130°	120°	165°	95°

Was fällt dir auf?

c) Bestimme jeweils die Platzhalter.

sin 100° = sin (180° – 80°) = sin ▦

sin 110° = sin (180° – ▦) = ▦

sin 175° = sin (▦ – ▦) = ▦

sin 147° = ▦

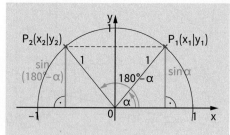

Der **Sinuswert von Winkel α** ist **die y-Koordinate** des zu α gehörenden Punktes P(x | y).

sin α = y

Für 0° ≤ α ≤ 90° gilt:
sin (180° – α) = sin α

Sinussatz

Bearbeitet die Aufgaben auf dieser Seite in Partner- oder Gruppenarbeit.

1 Die Länge der Strecke $\overline{BC}$ in dem Dreieck ABC (Abbildung I) soll bestimmt werden.

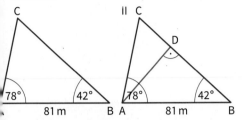

a) Erläutere, warum sich diese Aufgabe nicht unmittelbar mithilfe einer sin-, cos- oder tan-Beziehung lösen lässt.

b) In dem Dreieck ABC (Abbildung II) ist eine Hilfslinie eingezeichnet worden. Bestimme die Länge der Strecke $\overline{BC}$. Beschreibe deinen Lösungsweg.

c) Finde einen weiteren Lösungsweg.

2 a) Erläutere anhand der Abbildung, dass für ein spitzwinkliges Dreieck ABC gilt:

$$\frac{a}{b} = \frac{\sin \alpha}{\sin \beta}.$$

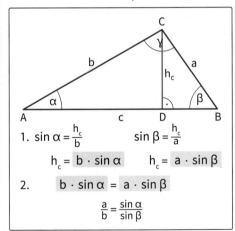

1. $\sin \alpha = \frac{h_c}{b}$ $\sin \beta = \frac{h_c}{a}$

     $h_c = b \cdot \sin \alpha$ $h_c = a \cdot \sin \beta$

2. $b \cdot \sin \alpha = a \cdot \sin \beta$

     $\frac{a}{b} = \frac{\sin \alpha}{\sin \beta}$

b) Zeige jeweils, dass in den Dreiecken ABC gilt:

$$\frac{b}{c} = \frac{\sin \beta}{\sin \gamma} \quad \text{und} \quad \frac{c}{a} = \frac{\sin \gamma}{\sin \alpha}$$

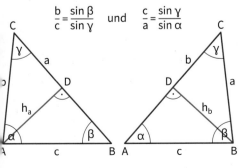

3 Beweise mithilfe der Abbildung, dass die Gleichung $\frac{a}{b} = \frac{\sin \alpha}{\sin \beta}$ auch für stumpfwinklige Dreiecke gilt. Du benötigst für diesen Beweis die Beziehung $\sin (180° - \alpha) = \sin \alpha$.

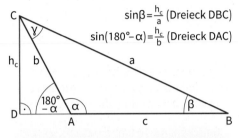

$\sin \beta = \frac{h_c}{a}$ (Dreieck DBC)

$\sin(180° - \alpha) = \frac{h_c}{b}$ (Dreieck DAC)

Sinussatz

In jedem beliebigen Dreieck ist das Längenverhältnis zweier Dreiecksseiten gleich dem Verhältnis der Sinuswerte der diesen Seiten gegenüberliegenden Winkel.

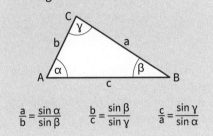

$$\frac{a}{b} = \frac{\sin \alpha}{\sin \beta} \qquad \frac{b}{c} = \frac{\sin \beta}{\sin \gamma} \qquad \frac{c}{a} = \frac{\sin \gamma}{\sin \alpha}$$

4 Berechne wie im Beispiel die fehlende Seitenlänge.

Gegeben: $b = 3,3$ cm; $\alpha = 85°$; $\beta = 28°$
Gesucht: a
Planfigur:

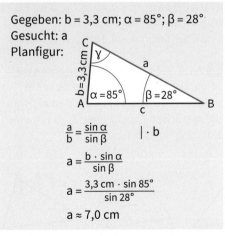

$\frac{a}{b} = \frac{\sin \alpha}{\sin \beta}$ $| \cdot b$

$a = \frac{b \cdot \sin \alpha}{\sin \beta}$

$a = \frac{3,3 \text{ cm} \cdot \sin 85°}{\sin 28°}$

$a \approx 7,0$ cm

a) $b = 4,8$ cm; $\alpha = 24°$; $\beta = 80°$; $a = $ ▨

b) $c = 0,5$ m; $\beta = 84°$; $\gamma = 49°$; $b = $ ▨

c) $a = 6,7$ cm; $\alpha = 47°$; $\gamma = 48°$; $c = $ ▨

d) $b = 7,4$ cm; $\alpha = 115°$; $\beta = 23°$; $a = $ ▨

5 Bestimme jeweils die fehlenden Seitenlängen und die fehlende Winkelgröße in dem Dreieck ABC.
a) $b = 7{,}3$ cm; $\alpha = 76°$; $\beta = 48°$
b) $c = 14{,}3$ cm; $\alpha = 66°$; $\beta = 82°$
c) $a = 8{,}7$ cm; $\alpha = 55{,}5°$; $\gamma = 71{,}3°$
d) $b = 24{,}6$ cm; $\alpha = 38{,}7°$; $\gamma = 104{,}8°$
e) $c = 113$ mm; $\alpha = 125{,}6°$; $\gamma = 17{,}5°$

6 a) In dem Beispiel wird aus den Größen a, c und γ des Dreiecks ABC die Winkelgröße α bestimmt.

Gegeben: $a = 15$ cm, $c = 28$ cm, $\gamma = 77°$
Gesucht: α

$$\frac{a}{c} = \frac{\sin\alpha}{\sin\gamma} \qquad |\cdot \sin\gamma$$

$$\frac{a \cdot \sin\gamma}{c} = \sin\alpha$$

$$\sin\alpha = \frac{15\text{ cm}\cdot\sin 77°}{28\text{ cm}}$$

$$\alpha_1 \approx 32°$$
$$\alpha_2 \approx 180° - 32° = 148°$$
$$\alpha \approx 32°$$

Warum kann die Winkelgröße α_2 keine Lösung im Dreieck ABC sein?
b) Berechne die Winkelgröße β und die Länge der Seite b.

7 Bestimme die fehlenden Seitenlängen und die Winkelgrößen des Dreiecks ABC.
a) $b = 0{,}93$ m; $c = 0{,}45$ m; $\beta = 71{,}5°$
b) $a = 8{,}5$ cm; $b = 13{,}3$ cm; $\beta = 115{,}6°$
c) $a = 5{,}7$ cm; $c = 4{,}3$ cm; $\alpha = 126{,}4°$

8 Sind nach einem der Kongruenzsätze die Größen dreier Stücke bekannt, so kannst du das Dreieck zeichnen und die restlichen Stücke jeweils durch eine Messung bestimmen.

Kongruenzsätze

SSS   SWS   WSW   SsW

In welchen Fällen lassen sich fehlende Stücke eines Dreiecks unmittelbar mit dem Sinussatz berechnen?

9 a) Erläutere, warum in dem Beispiel für die Größe des Winkels γ die Werte 73° und 107° infrage kommen.

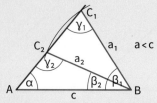

Gegeben: $a = 4$ cm, $c = 5$ cm, $\alpha = 50°$
Gesucht: γ

$$\frac{c}{a} = \frac{\sin\gamma}{\sin\alpha} \qquad |\cdot \sin\alpha$$

$$\sin\gamma = \frac{c\cdot\sin\alpha}{a}$$

$$\sin\gamma = \frac{5\text{ cm}\cdot\sin 50°}{4\text{ cm}}$$

$$\sin\gamma \approx 0{,}9576$$

$$\gamma_1 \approx 73° \text{ und } \gamma_2 \approx 107°$$

b) Berechne in dem Dreieck ABC_1 und ABC_2 jeweils die fehlenden Stücke.

10 a) Konstruiere zunächst ein Dreieck ABC aus $a = 3$ cm, $c = 6$ cm und $\alpha = 30°$. Berechne anschließend b, β und γ. Begründe anhand einer Rechnung, dass diese Aufgabe nur eine Lösung hat.

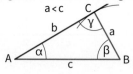

b) Versuche aus $a = 3{,}0$ cm, $c = 4{,}5$ cm und $\alpha = 72°$ ein Dreieck ABC zu konstruieren. Zeige durch eine Rechnung, dass die Aufgabe keine Lösung hat.

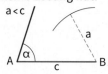

11 Bestimme die fehlenden Größen in dem Dreieck ABC. Beachte, dass es genau eine oder keine Lösung beziehungsweise zwei Lösungen geben kann.
a) $a = 6$ cm; $b = 8$ cm; $\alpha = 45°$
b) $b = 21{,}5$ m; $c = 28{,}4$ m; $\beta = 36{,}5°$
c) $a = 5{,}6$ cm; $b = 5{,}2$ cm; $\beta = 78{,}4°$
d) $b = 24{,}5$ dm; $c = 47{,}7$ dm; $\gamma = 123{,}6°$

Kosinus für stumpfe Winkel

1 a) Erläutere, wie durch die folgende Zeichnung ein Wert für cos 45° ermittelt wird.

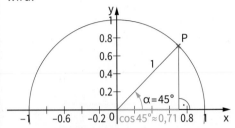

b) Bestimme ebenso zeichnerisch einen Wert für cos 70° (cos 20°).
Überprüfe den abgelesenen Kosinuswert mithilfe deines Taschenrechners.

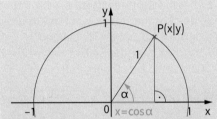

Der **Kosinuswert** von Winkel α ist die **x-Koordinate** des zu α gehörenden Punktes P(x|y) auf dem Einheitskreis.
cos α = x

2 Zu dem abgebildeten Punkt P gehört der Winkel α = 135°.

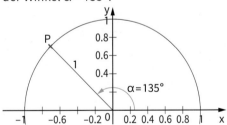

Um den Kosinus für diese Winkelgröße ermitteln zu können, wird die Definition cos α = x auf stumpfe Winkel erweitert.

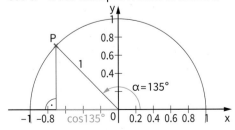

Bestimme zeichnerisch einen Wert für cos 135°. Beschreibe dein Vorgehen.

3 Bestimme durch eine Zeichnung den Kosinuswert für 120° (150°; 175°).
Überprüfe den abgelesenen Kosinuswert mithilfe deines Taschenrechners.

4 a)

> Erläutere anhand der Abbildung, dass gilt:
> cos 150° = –cos 30°.

b) Bestimme jeweils die Platzhalter.

$$\cos 110° = \cos (180° - 70°) = -\cos 70°$$

a) $\cos 120° = \cos (180° - \blacksquare) = \blacksquare$
b) $\cos 160° = \cos (180° - \blacksquare) = \blacksquare$
c) $\cos 105° = \cos (180° - \blacksquare) = \blacksquare$
d) $\cos 125° = \cos (180° - \blacksquare) = \blacksquare$
e) $\cos 108° = \cos (180° - \blacksquare) = \blacksquare$
f) $\cos 174° = \cos (180° - \blacksquare) = \blacksquare$

5 Ersetze den Platzhalter.
a) $\cos 115° = -\cos \blacksquare$
b) $\cos \;\; 95° = -\cos \blacksquare$
c) $\cos 175° = -\cos \blacksquare$

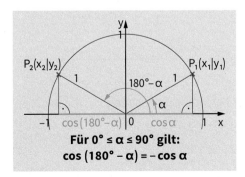

Für 0° ≤ α ≤ 90° gilt:
cos (180° – α) = –cos α

Kosinussatz

1 In dem folgenden Beispiel wird in einem Dreieck ABC aus den Seitenlängen b und c sowie aus der Größe des eingeschlossenen Winkels α eine Formel hergeleitet, mit der du die Länge a berechnen kannst.

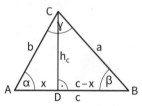

1. $b^2 = h_c^2 + x^2$

   $h_c^2 = b^2 - x^2$

2. $a^2 = h_c^2 + (c - x^2)$

   $a^2 = b^2 - x^2 + (c - x)^2$

   $a^2 = b^2 - x^2 + c^2 - 2cx + x^2$

   $a^2 = b^2 + c^2 - 2c\,x$

3. $\cos\alpha = \dfrac{x}{b}$

   $x = b \cdot \cos\alpha$

4. $a^2 = b^2 + c^2 - 2c \cdot b \cdot \cos\alpha$

   $\mathbf{a^2 = b^2 + c^2 - 2bc \cdot \cos\alpha}$

Zeige, dass die folgenden Beziehungen in einem Dreieck ABC gelten:

$$b^2 = a^2 + c^2 - 2ac \cdot \cos\beta$$
$$c^2 = a^2 + b^2 - 2ab \cdot \cos\gamma$$

2 a) Beweise anhand der Abbildung, dass die Gleichung $a^2 = b^2 + c^2 - 2bc \cdot \cos\alpha$ auch für stumpfwinklige Dreiecke gilt.

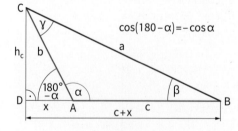

b) Wende die Gleichung

$$a^2 = b^2 + c^2 - 2bc \cdot \cos\alpha$$

auch auf ein rechtwinkliges Dreieck ABC mit α = 90° an. Was stellst du fest?

Bearbeitet diese Aufgabe mit einem Partner.

Kosinussatz

In jedem beliebigen Dreieck gilt für zwei Seitenlängen und die Größe des eingeschlossenen Winkels der Kosinussatz.

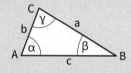

$$a^2 = b^2 + c^2 - 2bc \cdot \cos\alpha$$
$$b^2 = a^2 + c^2 - 2ac \cdot \cos\beta$$
$$c^2 = a^2 + b^2 - 2ab \cdot \cos\gamma$$

3 In dem folgenden Beispiel wird mithilfe des Kosinussatzes in einem Dreieck ABC aus b = 9,9 cm, c = 7,2 cm und α = 25° die Länge der Seite a sowie die Größe des Winkels β berechnet.

Planfigur:

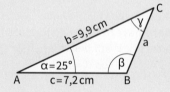

1. Länge der Seite a

$a^2 = b^2 + c^2 - 2bc \cdot \cos\alpha$

$a = \sqrt{b^2 + c^2 - 2bc \cdot \cos\alpha}$

$a = \sqrt{9{,}9^2 + 7{,}2^2 - 2 \cdot 9{,}9 \cdot 7{,}2 \cdot \cos 25°}\ \text{cm}$

$a \approx 4{,}5\ \text{cm}$

2. Größe des Winkels β

$b^2 = a^2 + c^2 - 2ac \cdot \cos\beta$

$b^2 + 2ac \cdot \cos\beta = a^2 + c^2 \qquad |-b^2$

$2ac \cdot \cos\beta = a^2 + c^2 - b^2$

$\cos\beta = \dfrac{a^2 + c^2 - b^2}{2ac}$

$\cos\beta = \dfrac{(4{,}5\ \text{cm})^2 + (7{,}2\ \text{cm})^2 - (9{,}9\ \text{cm})^2}{2 \cdot 4{,}5\ \text{cm} \cdot 7{,}2\ \text{cm}}$

$\beta \approx 116{,}1°$

Berechne die fehlenden Größen des Dreiecks ABC.

a) a = 6,8 cm; c = 8,2 cm; β = 45,8°

b) a = 5,4 dm; b = 4,1 dm; γ = 77,6°

c) a = 4,5 cm; b = 3,9 cm; c = 4,2 cm

d) a = 14,40 m; c = 17,30 m; β = 114,2°

e) b = 166 m; c = 310 m; α = 116,3°

Trigonometrische Berechnungen

In jedem rechtwinkligen Dreieck gilt:

Sinus eines Winkels $= \dfrac{\text{Gegenkathete}}{\text{Hypotenuse}}$

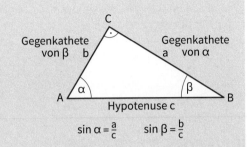

$$\sin \alpha = \frac{a}{c} \qquad \sin \beta = \frac{b}{c}$$

Kosinus eines Winkels $= \dfrac{\text{Ankathete}}{\text{Hypotenuse}}$

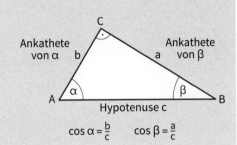

$$\cos \alpha = \frac{b}{c} \qquad \cos \beta = \frac{a}{c}$$

Tangens eines Winkels $= \dfrac{\text{Gegenkathete}}{\text{Ankathete}}$

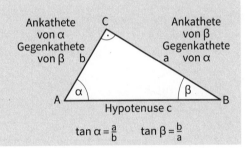

$$\tan \alpha = \frac{a}{b} \qquad \tan \beta = \frac{b}{a}$$

 Sinussatz

In jedem **beliebigen** Dreieck ist das Längenverhältnis zweier Dreiecksseiten gleich dem Verhältnis der Sinuswerte der diesen Seiten gegenüberliegenden Winkel.

$$\frac{a}{b} = \frac{\sin \alpha}{\sin \beta} \qquad \frac{b}{c} = \frac{\sin \beta}{\sin \gamma} \qquad \frac{c}{a} = \frac{\sin \gamma}{\sin \alpha}$$

 Kosinussatz

In jedem **beliebigen** Dreieck gilt für zwei Seitenlängen und die Größe des eingeschlossenen Winkels der Kosinussatz.

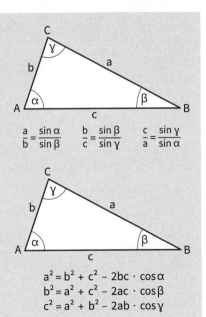

$$a^2 = b^2 + c^2 - 2bc \cdot \cos \alpha$$
$$b^2 = a^2 + c^2 - 2ac \cdot \cos \beta$$
$$c^2 = a^2 + b^2 - 2ab \cdot \cos \gamma$$

Üben und Vertiefen

1 Gib wie im Beispiel an: sin α, cos α, tan α, sin β, cos β und tan β.

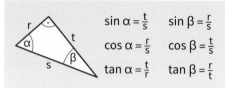

$$\sin \alpha = \frac{t}{s} \qquad \sin \beta = \frac{r}{s}$$
$$\cos \alpha = \frac{r}{s} \qquad \cos \beta = \frac{t}{s}$$
$$\tan \alpha = \frac{t}{r} \qquad \tan \beta = \frac{r}{t}$$

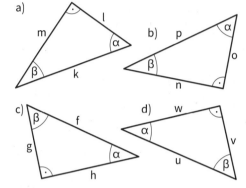

a) b) c) d)

2 Berechne die Länge der rot markierten Dreiecksseite.

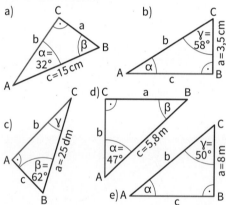

a) b) c) d) e)

3 Bestimme die Winkelgrößen. Es gibt mehrere Lösungswege.

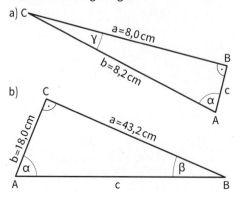

a) b)

So kannst du in dem rechtwinkligen Dreieck ABC (β = 90°) aus b = 5,3 cm und c = 2,8 cm die Seitenlänge a sowie die Winkelgrößen von α und γ berechnen:

1. Fertige eine Planfigur an und markiere die Hypotenuse.

2. Berechne die Größe des Winkels γ.
$$\sin \gamma = \frac{c}{b}$$
$$\sin \gamma = \frac{2,8 \text{ cm}}{5,3 \text{ cm}}$$
$$\gamma \approx 32°$$

3. Berechne die Länge der Seite a.
$$a^2 + c^2 = b^2 \qquad |-c^2$$
$$a^2 = b^2 - c^2$$
$$a = \sqrt{b^2 - c^2}$$
$$a = \sqrt{5,3^2 - 2,8^2} \text{ cm}$$
$$a = 4,5 \text{ cm}$$

4. Berechne die Größe des Winkels α.
$$\alpha + \beta + \gamma = 180° \qquad |-\beta| - \gamma$$
$$\alpha = 180 - \beta - \gamma$$
$$\alpha = 180 - 90° - 32°$$
$$\alpha = 58°$$

4 Bestimme mithilfe des Sinus, Kosinus, Tangens oder des Satzes von Pythagoras die fehlenden Größen in dem rechtwinkligen Dreieck ABC.

	a)	b)	c)	d)
a	13,5 cm	9,3 dm	▨	▨
b	8,4 cm	▨	▨	0,25 m
c	▨	▨	6,2 cm	▨
α	▨	90°	54,8°	90°
β	▨	36°	90°	11,7°
γ	90°	▨	▨	▨

Lösungen zu Aufgabe 4:
10,8 8,8 15,9 5,5 1,23 1,20 54 31,9
78,3 7,5 58,1 35,2

Üben und Vertiefen

Beantworte vor jeder Berechnung diese Fragen:
1. Liegt ein rechtwinkliges Dreieck vor oder lässt sich durch eine Hilfslinie ein rechtwinkliges Dreieck erzeugen?
2. Welche Größen sind in dem rechtwinkligen Dreieck gegeben, welche Größe wird gesucht?
3. Kann ich für die Berechnungen den Sinus, den Kosinus, den Tangens oder den Satz des Pythagoras benutzen?

5 a) Berechne den Umfang und den Flächeninhalt des abgebildeten gleichschenkligen Dreiecks.

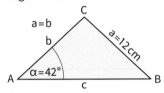

b) In dem gleichschenkligen Dreieck ABC (a = b) sind a = 3,4 m und $\gamma = 120°$. Berechne seinen Umfang und seinen Flächeninhalt.

6 Berechne den Umfang und den Flächeninhalt der abgebildeten Figur.

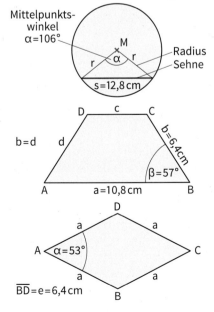

7 Sind in einem Dreieck ABC jeweils zwei Seitenlängen und die Größe des eingeschlossenen Winkels bekannt, so lässt sich aus diesen Stücken der Flächeninhalt des Dreiecks berechnen.

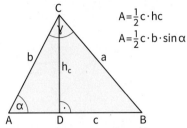

$$A = \frac{1}{2}c \cdot h_c$$
$$A = \frac{1}{2}c \cdot b \cdot \sin\alpha$$

a) Zeige, dass für den Flächeninhalt A eines Dreiecks ABC gilt: $A = \frac{1}{2}bc \cdot \sin\alpha$ ($A = \frac{1}{2}ac \cdot \sin\beta$; $A = \frac{1}{2}ab \cdot \sin\gamma$).
b) Berechne die fehlenden Seitenlängen und Winkelgrößen des Dreiecks ABC. Bestimme auch den Flächeninhalt des Dreiecks ABC.

	I	II	III
	b = 8,4 cm	a = 13,5 cm	a = 18,40 m
	c = 14,1 cm	b = 10,3 cm	b = 20,60 m
	$\alpha = 82°$	$\gamma = 123°$	c = 29,60 m

8 Berechne das Volumen und den Oberflächeninhalt des abgebildeten Körpers.

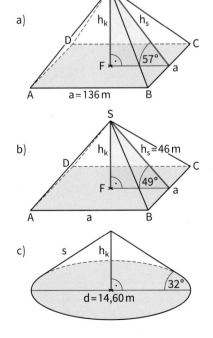

Üben und Vertiefen

9 Berechne mithilfe des **Sinussatzes** die fehlenden Seitenlängen und Winkelgrößen in dem Dreieck ABC.

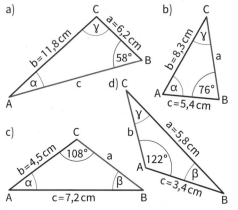

a)

b)

c)

d)

Viele der folgenden Aufgaben könnt ihr mit einem Partner bearbeiten.

10 Bestimme die fehlenden Seitenlängen und Winkelgrößen in dem Dreieck ABC. Beachte, dass es keine, genau eine Lösung oder zwei Lösungen geben kann.
a) b = 43 m;   c = 57 m;   β = 36°
b) a = 24,6 dm; c = 12,3 dm; β = 30°
c) a = 5,6 cm; b = 5,2 cm; β = 78,4°

11 Bestimme mithilfe des **Kosinussatzes** die fehlenden Winkelgrößen.

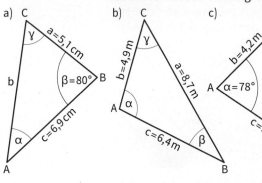

a)

b)

c)

12 Berechne die fehlenden Seitenlängen und Winkelgrößen in dem Dreieck ABC. Fertige eine Planfigur an.

	a)	b)	c)	d)
a	■	■	8,9 cm	■
b	■	5,9	6,3 cm	5,9 cm
c	5,6 cm	8,4	5,2 cm	7,1 cm
α	34°	67°	■	■
β	45°	■	■	■
γ	■	■	■	55°

13 Berechne den Umfang des abgebildeten Parallelogramms ABCD.

a)

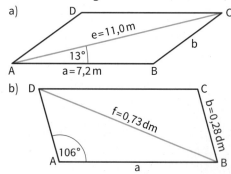

b)

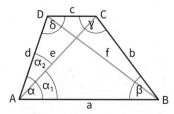

14 Berechne die Länge der Diagonalen e und f in dem Trapez ABCD mit den Maßen a = 6,8 cm, b = 5 cm, α = 71° und β = 52°.

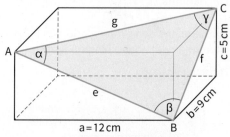

15 Die Ecke eines Quaders wird wie abgebildet entlang der Flächendiagonalen seiner Seitenflächen abgeschnitten.

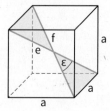

a) Beschreibe die Form der Schnittfläche.
b) Berechne die Seitenlängen und die Größe der Innenwinkel der Schnittfläche.

16 In einem Würfel (a = 6 cm) bilden die Raumdiagonalen e und f den Winkel ε. Bestimme seine Größe.

Sachaufgaben

1 Um ein 3,70 m hoch gelegenes Fenster zu erreichen, stellt Lars eine 4 m lange Leiter an die Hauswand.

Berechne die Größe des Neigungswinkels α.

2 Die Feuerwehr will mithilfe der Drehleiter ein 24 m hohes Fenster erreichen.

Wie weit muss die Leiter mindestens ausgefahren werden?

3 Berechne die Länge eines Dachsparrens.

4 Der Querschnitt des Eisenbahndammes ist ein gleichschenkliges Trapez.

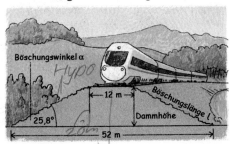

Berechne die Länge ℓ der Böschung und die Höhe h des Dammes.

5 Wie viel Kubikmeter Erde mussten beim Bau des Kanals für ein 1 km langes Teilstück ausgehoben werden?

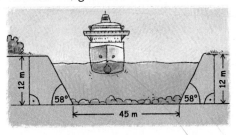

6 Die Glasscheibe des Fensters muss erneuert werden.

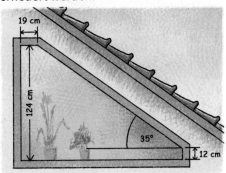

Berechne den Flächeninhalt der Scheibe.

7 Körniges Material lässt sich zu einem Kegel aufschütten.
Die Größe des dabei entstehenden Böschungswinkels α ist vom angeschütteten Material abhängig.
Berechne das Volumen des Schüttkegels.

Böschungswinkel

Material	a)	b)	c)
	Kohle	Sand	Erde
Böschungswinkel α	45°	25°	37°
Kegeldurchmesser d	18 m	16 m	10 m

8 Wie viel Quadratmeter Glas werden für die pyramidenförmige Glaskuppel verarbeitet?

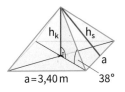

Skizziere zu den einzelnen Aufgaben ein zugehöriges rechtwinkliges Dreieck, in das du die gegebenen Stücke eintragen kannst.

Steigung und Gefälle

1 a) Die Steigung einer Straße wird mit 18 % angegeben. Berechne anhand der Abbildung die Größe des zugehörigen Steigungswinkels α.

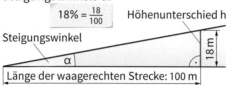

$18\% = \frac{18}{100}$

Steigungswinkel — Höhenunterschied h — α — 18 m — Länge der waagerechten Strecke: 100 m

b) Welchen Steigungswinkel kann der abgebildete Geländewagen überwinden?

max. Steigfähigkeit: 100 %

c) Die maximale Steigfähigkeit eines Fahrzeugs beträgt im 1. Gang 44 % und im 4. Gang 10 %. Berechne jeweils die Größe des zugehörigen Steigungswinkels.

2 a) Erläutere das Beispiel.

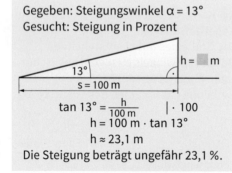

Gegeben: Steigungswinkel α = 13°
Gesucht: Steigung in Prozent

13° — s = 100 m — h = ▮ m

$$\tan 13° = \frac{h}{100\,m} \qquad | \cdot 100$$
$$h = 100\,m \cdot \tan 13°$$
$$h \approx 23,1\,m$$

Die Steigung beträgt ungefähr 23,1 %.

b) Berechne für den Steigungswinkel α = 8° (12°, 24°, 31°, 52°) die Steigung in Prozent.

3 Eine geradlinig verlaufende Straße überwindet auf einer waagerecht gemessenen Strecke von 640 m einen Höhenunterschied von 128 m. Bestimme die Größe des Steigungswinkels und die Steigung in Prozent.

Lösungen zu Aufgabe 1 bis 3:
45 5,7 14,1 128,0 44,5 23,7 10,2
21,3 20,0 60,1 11,3

Die Straße fällt auf einer Länge von 800 m.

10% — ↑800 m↑

4 a) Berechne die Größe des zugehörigen Steigungswinkels.
b) Welchen Höhenunterschied hat die Straße auf dieser Länge überwunden?

5 Die Steigung einer Seilbahn beträgt 128 %.
Auf einer Karte (Maßstab 1:10 000) wird die Entfernung zwischen Tal- und Bergstation mit 35 mm gemessen.
a) Berechne den Höhenunterschied zwischen der Talstation und der Bergstation.
b) Wie lang muss das Halteseil zwischen den beiden Stationen mindestens sein?

6 a) Ein Sportflugzeug überfliegt während seiner Landungsphase in 35 m Höhe ein Hindernis. Für das Flugzeug wurde ein Gleitwinkel γ von 4,5° errechnet.

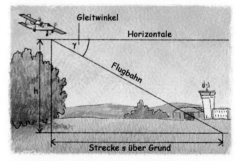

Gleitwinkel — Horizontale — γ — Flugbahn — h — Strecke s über Grund

Bestimme anhand der Abbildung die Länge der Strecke über Grund, die das Flugzeug bis zum Aufsetzen noch überfliegen muss.
b) Vor dem Start wird für ein Verkehrsflugzeug ein Steigwinkel von 2,8° ermittelt.
Berechne die Höhe, die das Flugzeug erreicht, wenn es nach dem Abheben eine 600 m lange Strecke über Grund zurückgelegt hat.

Messungen im Gelände

1 Schülerinnen und Schüler einer 10. Klasse wollen die Höhe ihres Schulgebäudes bestimmen.

a) Beschreibe anhand der Abbildung, welche Messungen sie dafür durchgeführt haben.

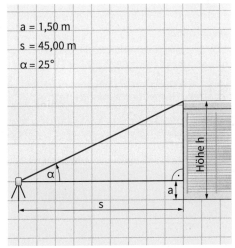

$a = 1,50\ \text{m}$
$s = 45,00\ \text{m}$
$\alpha = 25°$

b) Berechne die Höhe h des Gebäudes.

2 Ein Winkelmessgerät steht 100 m vom Fußpunkt eines Sendemastes entfernt 1,60 m hoch über dem Erdboden.

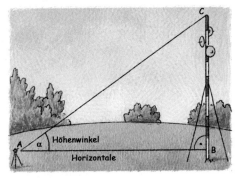

Die Spitze des Sendemastes erscheint im Fernrohr des Messgerätes unter einem Höhenwinkel von $\alpha = 19,8°$. Berechne die Höhe des Sendemastes.

3 Aus 72 m Höhe über dem Meeresspiegel wird der Bug eines Schiffes unter einem Tiefenwinkel von $\alpha = 3,8°$ angepeilt.

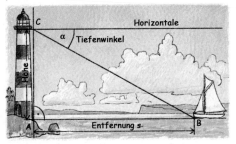

Wie weit ist das Schiff vom Fußpunkt des Leuchtturms entfernt?

4 Die Entfernung des Uferpunktes P von den beiden Punkten A und B soll ermittelt werden.

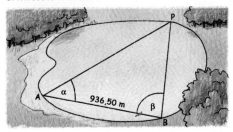

Dazu werden die Winkelgrößen $\alpha = 40°$ und $\beta = 86°$ sowie die Länge der Standlinie $\overline{AB}$ bestimmt.

5 Die Strecke $\overline{PP_1}$ ist 0,8 km, die Strecke $\overline{PP_2}$ ist 1,2 km lang. Die Größe des Winkels α wird mit 12° gemessen.

Berechne die Länge der Strecke $\overline{P_1P_2}$.

6 Von einem Punkt P aus wird jeweils ein waagerechter Stollen zu einem Punkt A und zu einem Punkt B getrieben. Die Entfernung $\overline{AP}$ beträgt 684 m, die Strecke $\overline{BP}$ wird mit 493 m und die Winkelgröße zwischen den beiden Stollen mit 54,6° gemessen.
Berechne die Länge der Strecke $\overline{AB}$.

1 Berechne die Länge der rot markierten Dreiecksseite.

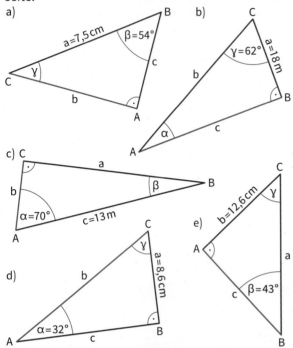

a)

b)

c)

d)

e)

2 Berechne jeweils die fehlenden Seitenlängen und Winkelgrößen in dem Dreieck ABC. Fertige eine Planfigur an.

a) $a = 54{,}0$ cm; $\alpha = 34°$; $\gamma = 90°$

b) $b = 12{,}8$ cm; $\alpha = 90°$; $\gamma = 28°$

c) $b = 0{,}5$ m; $\alpha = 90°$; $\beta = 12{,}3°$

d) $a = 15{,}6$ cm; $c = 45{,}5$ cm; $\beta = 90°$

3 Eine 8,50 m lange Leiter lehnt an einer Hauswand. Die Leiter bildet mit dem waagerechten Erdboden einen Winkel von 76°.

a) In welcher Höhe liegt das oberste Ende der Leiter an der Wand?

b) Bestimme den Abstand, den die Leiter auf dem Erdboden zur Hauswand hat.

4 Der Querschnitt des abgebildeten Bahndamms ist ein gleichschenkliges Trapez.

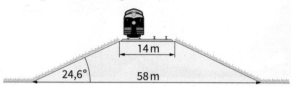

Berechne die Länge der Böschung und den Flächeninhalt des Querschnitts.

5 Ein Winkelmessgerät steht 600 m vom Fußpunkt des abgebildeten Gebäudes entfernt 1,50 m hoch über dem Erdboden. Der Höhenwinkel α beträgt 4,8°.

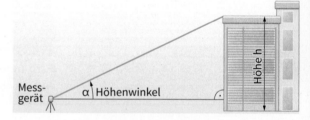

Berechne die Höhe h des Gebäudes.

Ich kann	Aufgabe	Hilfen und Aufgaben
in einem rechtwinkligen Dreieck mithilfe des Sinus, Kosinus oder Tangens die fehlenden Seitenlängen berechnen.	1	Seite, 57, 59, 61, 72
in einem rechtwinkligen Dreieck mithilfe des Sinus, Kosinus oder Tangens die fehlenden Seitenlängen und Winkelgrößen bestimmen.	2	Seite 57, 59, 61, 64 ,65, 72
Sachaufgaben mithilfe des Sinus, Kosinus oder Tangens lösen.	3, 4, 5	Seite 75 – 77

Ausgangstest 2

1 Berechne die fehlenden Größen in dem Dreieck ABC. Benutze dazu den Sinus, Kosinus, Tangens oder den Satz des Pythagoras.
a) $a = 33{,}6$ cm; $b = 54{,}0$ cm; $\gamma = 90°$
b) $c = 7{,}4$ m; $\alpha = 56{,}7°$; $\beta = 90°$

2 Berechne den Flächeninhalt des Dreiecks ABC mit $b = 22$ cm, $\alpha = 90°$ und $\gamma = 48°$.

3 In dem gleichschenkligen Dreieck ABC ($a = b$) sind $h_c = 17$ cm und $\alpha = 38°$. Berechne den Flä-chen-inhalt des Dreiecks.

4 Berechne den Flächeninhalt und den Umfang des gleichschenkligen Trapezes ABCD ($b = d$) mit $a = 3{,}60$ m, $b = 1{,}70$ m und $\alpha = 64°$.

5 Berechne jeweils das Volumen und den Oberflächeninhalt des abgebildeten Körpers.

a)   b)

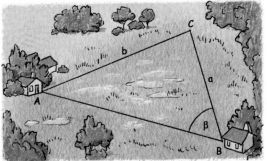

6 Bestimme jeweils die fehlenden Seitenlängen und Winkelgrößen in dem Dreieck ABC.
a) $b = 43$ cm; $c = 57$ cm; $\gamma = 38°$
b) $a = 28{,}6$ cm; $c = 35{,}2$ cm; $\beta = 116{,}5°$

7 Berechne den Umfang des abgebildeten Parallelogramms.

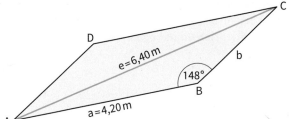

8 Die Hütten A und B sind wie abgebildet durch einen Sumpf getrennt. Ihre Entfernung voneinander soll berechnet werden.

Folgende Größen wurden gemessen: $a = 211$ m; $b = 305$ m; $\beta = 57°$.

Ich kann	Aufgabe	Hilfen und Aufgaben
in einem rechtwinkligen Dreieck mithilfe des Sinus, Kosinus, Tangens oder des Satzes des Pythagoras die fehlenden Seitenlängen und Winkelgrößen bestimmen.	1, 2	Seite 57, 59, 61, 64, 65, 72
in einem gleichschenkligen Dreieck mithilfe des Sinus, Kosinus oder Tangens die fehlenden Seitenlängen berechnen.	3	Seite 73
in einem gleichschenkligen Trapez mithilfe des Sinus, Kosinus oder Tangens die fehlenden Seitenlängen bestimmen.	4	Seite 73
in einer Pyramide und in einem Kegel mithilfe des Sinus, Kosinus oder Tangens jeweils die fehlenden Größen berechnen.	5	Seite 73
in einem Dreieck mithilfe des Sinussatzes oder des Kosinussatzes die fehlenden Seitenlängen und Winkelgrößen bestimmen.	6	Seite 67, 68, 70, 74
in einem Parallelogramm mithilfe des Sinussatzes eine fehlende Seitenlänge berechnen.	7	Seite 74
Sachaufgaben mithilfe des Sinussatzes oder des Kosinussatzes lösen.	8	Seite 77

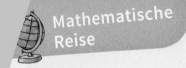
Messen von Richtungen und Entfernungen

1 Seit Jahrhunderten versuchen die Menschen, die Größe von Längen und Flächen eines Landes möglichst genau zu bestimmen.

Grundlage für die großräumige Landesvermessung bildet die **Triangulation.** Darunter wird die Aufteilung einer Fläche in Dreiecke und deren Ausmessung verstanden. Hierbei wird das zu vermessende Land von einem **Dreiecksnetz** überzogen.

Mathematisch genau wurde diese Methode von dem Niederländer Snellius ausgearbeitet. Er führte die **Trigonometrie** in die Landesvermessung ein.

Zu Beginn des 19. Jahrhunderts wurden in ganz Europa verstärkt Landesvermessungen durchgeführt. **Carl Friedrich Gauß** begann 1820 mit der Vermessung des Königreiches Hannover.

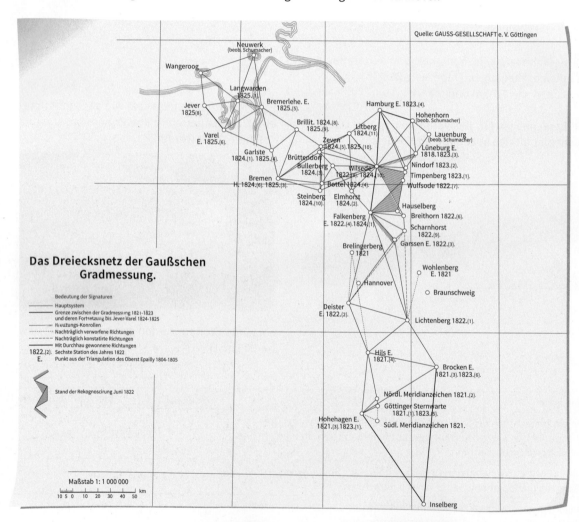

Das Dreiecksnetz der Gaußschen Gradmessung.

Quelle: GAUSS-GESELLSCHAFT e. V. Göttingen

Informiere dich im Internet über das Leben von Snellius und von Carl Friedrich Gauß.

Snellius
(1580 – 1626)

Carl Friedrich Gauß
(1777 – 1855)

2 Die für eine Triangulation notwendigen Dreieckspunkte werden als Festpunkte auf erhöhten Stellen in der Landschaft ausgewählt. Diese Punkte müssen untereinander freie Sicht haben.
Die Abbildungen zeigen Triangulationssäulen, die jeweils einen Dreieckspunkt markieren.

Triangulationsverfahren

1. Eine Ausgangsstrecke $\overline{P_1 P_2}$ wird festgelegt. Ihre Länge wird gemessen.

2. Mit einem Winkelmessgerät peilt der Landvermesser einen dritten Punkt P_3 an.
Anschließend wird in dem Dreieck 1 jeweils die Größe der in der Abbildung mit α und β gekennzeichneten Winkel gemessen.

3. Aus der Länge der Ausgangsstrecke und der beiden Winkelgrößen werden die fehlenden Seitenlängen des Dreiecks 1 berechnet.

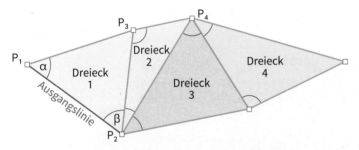

Beschreibe, wie dieses Verfahren fortgesetzt werden kann.

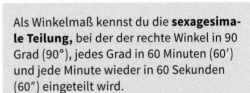

Theodolit   Tachymeter

3 Die Triangulation bildet auch heute noch die Basis für die Erdvermessung. Durch den Einsatz von elektronischen Messgeräten und durch satellitengestützte Verfahren lassen sich heute bei der Erdvermessung sehr genaue Daten erheben. Informiere dich im Internet, wie ein Tachymeter Strecken misst.

Als Winkelmaß kennst du die **sexagesimale Teilung,** bei der der rechte Winkel in 90 Grad (90°), jedes Grad in 60 Minuten (60′) und jede Minute wieder in 60 Sekunden (60″) eingeteilt wird.

In der Geodäsie (Lehre von der Erdvermessung) ist seit 1937 die **zentesimale Teilung** gültig, bei der ein rechter Winkel (90°) in 100 Gon geteilt wird.

Mit einem **Theodolit** werden in der Erdvermessung Winkelgrößen ermittelt.

Während ein Theodolit nur Winkelgrößen bestimmt, kann ein **Tachymeter** auch Entfernungen messen.

Mit der Wellenmaschine wird in der Physik eine mechanische Welle veranschaulicht. Dargestellt wird die Auslenkung der einzelnen schwingenden Teilchen in Abhängigkeit von der Entfernung vom Ausgangspunkt.

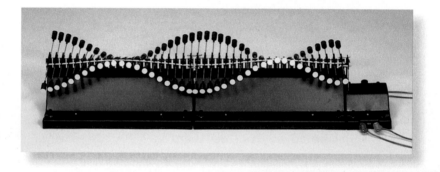

Das Bild eines Oszillographen gibt den zeitlichen Verlauf einer Wechselspannung wieder.

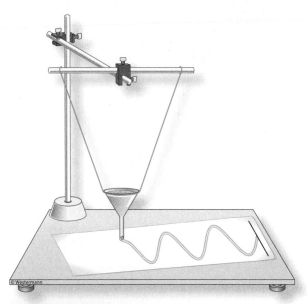

Unter dem schwingenden Trichter wird ein Blatt hinweg gezogen. Der herausrieselnde Sand zeichnet die Schwingung in Abhängigkeit von der Zeit auf.

Auf einer rußgeschwärzten Platte lassen sich die Schwingungen einer Stimmgabel sichtbar machen.

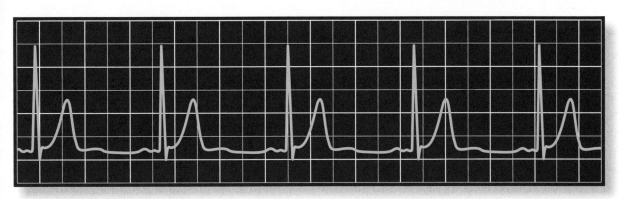

Das Elektrokardiogramm zeigt den Verlauf der Herzspannungskurve an.

Beschreibe die auf den Bildern dargestellten Funktionsgraphen. Nenne Gemeinsamkeiten und Unterschiede.

Die Sinusfunktion

1 In der Zeichnung wurde der Punkt P_0 um den Winkel α gedreht, der zugehörige Bildpunkt ist P_1.

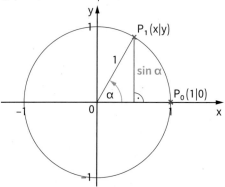

Die y-Koordinate des Bildpunktes P_1 ist dann der Sinus des Winkels α.
Es gilt: $\sin \alpha = \frac{y}{r} = \frac{y}{1} = y$.

> Dreht man den Punkt $P_0(1|0)$ auf dem Einheitskreis um den Winkel α, kann die Definition des Sinus auf beliebig große Winkel α erweitert werden.
> Der Sinus des Winkels α ($\sin \alpha$) ist die y-Koordinate des zugehörigen Bildpunktes P_1 auf dem Einheitskreis.
> $$y = \sin \alpha$$

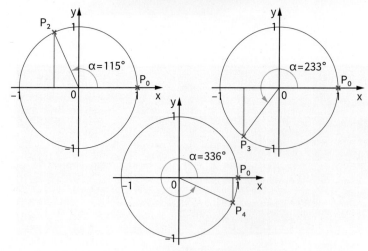

a) Erläutere die Definition von $\sin \alpha$ für beliebige Winkel mithilfe der Zeichnungen und der Definition im rechtwinkligen Dreieck.
b) Begründe, dass der Sinus für Winkel zwischen 180° und 360° negativ ist.

2 Zeichne auf Millimeterpapier in einem Koordinatensystem einen Einheitskreis (r = 1 dm).

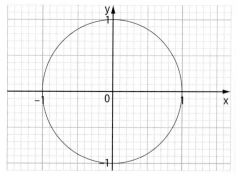

Drehe den Punkt $P_0(1|0)$ auf dem Einheitskreis gegen den Uhrzeigersinn um den in der Tabelle angegebenen Winkel α. Bestimme als $\sin \alpha$ die y-Koordinate des zugehörigen Bildpunktes P.
Fasse die Ergebnisse in einer Wertetabelle ($\alpha \rightarrow \sin \alpha$) zusammen. Was stellst du fest?

α	0°	20°	40°	60°	80°	100°	120°
$\sin \alpha$	▨	▨	▨	▨	▨	▨	▨

α	140°	160°	180°	200°	220°	240°
$\sin \alpha$	▨	▨	▨	–	–	–

α	260°	280°	300°	320°	340°	360°
$\sin \alpha$	▨	▨	▨	–	–	–

3 Begründe mithilfe des abgebildeten Einheitskreises die in der Tabelle angegebene Vorzeichenregel.

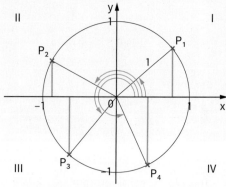

Für das Vorzeichen der Sinuswerte gilt:

Quadrant	I	II	III	IV
Vorzeichen	+	+	–	–

Die Sinusfunktion

4 Der auf dem Einheitskreis eingezeichnete Punkt P gehört zu dem Winkel α, die y-Koordinate von P ist gleich sin α.

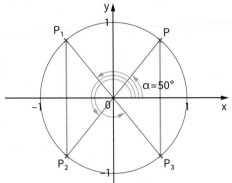

Durch Spiegelung von P an der y-Achse erhältst du P_1, durch Spiegelung am Ursprung P_2 und durch Spiegelung an der x-Achse den Punkt P_3.
Bestimme jeweils den zu P_1, P_2 und P_3 gehörigen Winkel und vergleiche den Sinus dieses Winkels mit sin 50°.
Was stellst du fest?

5 Für einen Winkel α, der größer ist als 360°, hat der Bildpunkt P von P_0 aus mehr als eine ganze Umdrehung gemacht. Der Sinus des Winkels α entspricht dann dem Sinus eines Winkels zwischen 0° und 360°.

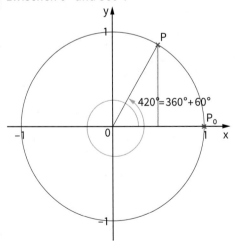

$$\begin{aligned} \sin 410° &= \sin (50° + 360°) &&= \sin 50° \\ \sin 770° &= \sin (50° + 2 \cdot 360°) &&= \sin 50° \end{aligned}$$

Forme um wie im Beispiel.
a) sin 420° (480°) b) sin 780° (1145°)

6 Drehst du den Punkt P_0 auf dem Einheitskreis **mit dem Uhrzeigersinn,** wird die Größe des zugehörigen Winkels α mit einer negativen Maßzahl angegeben. Den gleichen Bildpunkt P erhältst du auch durch eine Drehung von P_0 um einen positiven Winkel (gegen den Uhrzeigersinn). Der Sinus des Winkels α entspricht dann dem Sinus eines Winkels zwischen 0° und 360°.

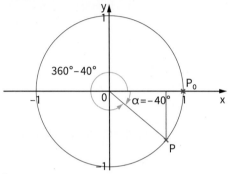

$$\sin (-40°) = \sin (360° - 40°) = \sin 320°$$

Forme um wie im Beispiel.
a) sin (–50°)   b) sin (–315°)
   sin (–115°)   sin (–190°)

Eigenschaften der Sinusfunktion

Für $0° \leq \alpha \leq 90°$ gilt:
$$\sin (180° - \alpha) = \sin \alpha$$
$$\sin (180° + \alpha) = -\sin \alpha$$
$$\sin (360° - \alpha) = -\sin \alpha$$

Für beliebige Winkel α gilt:
$$\sin (-\alpha) = -\sin \alpha$$

Für beliebige Winkel α und $z \in \mathbb{Z}$ gilt:
$$\sin (\alpha + z \cdot 360°) = \sin \alpha$$

---

7 Der Taschenrechner zeigt zu einem Sinuswert zugehörige Winkelgrößen nur zwischen –90° und 90° an. Die anderen Winkel musst du mithilfe der Eigenschaften der Sinusfunktion bestimmen. Ermittle zu dem angegebenen Sinuswert sechs zugehörige Winkelgrößen. Runde auf eine Nachkommastelle.
a) 0,6157   b) 0,3987   c) 0,3730
d) –0,4732   e) –0,4222   f) –0,0106

> Hier musst du die $\sin^{-1}$-Taste deines Taschenrechners nutzen.

1 Louise möchte die Sinusfunktion mithilfe ihres Geometrie- und Algebraprogramms untersuchen. Dazu führt sie zunächst die folgenden Schritte aus:

1. Sie zeichnet einen Kreis mit dem Radius r = 1 cm um den Punkt A(0|0) und vergrößert das Koordinatensystem durch Drehen des Mausrades.
2. Sie erzeugt den Punkt B auf der Kreislinie.
3. Sie fällt von B aus das Lot auf die x-Achse und nennt den Schnittpunkt C.
4. Sie zeichnet die Strecken $\overline{AB}$ und $\overline{BC}$ ein.
5. Sie gibt den Punkt D(1|0) ein.
6. Sie misst die Größe des Winkels ∢ DAB.

2 Lukas möchte weitere Eigenschaften der Sinusfunktion mithilfe des Programms überprüfen. Er spiegelt den Punkt B an der y-Achse, der x-Achse und dem Ursprung (0|0).
Er zeichnet dann die Strecken $\overline{AB'}$, $\overline{AB_1'}$ und $\overline{AB_2'}$ ein und misst von Punkt D ausgehend mit dem Ursprung (0|0) als Scheitelpunkt die zugehörigen Winkelgrößen.

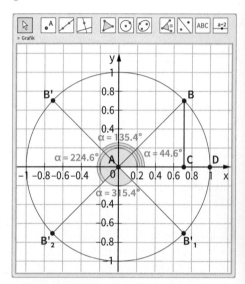

Verfahre wie Lukas. Bewege dann im Zugmodus den Punkt B im 1. Quadranten. Beachte auch die Anzeige im Algebra-Fenster deines Programms. Was stellst du fest?

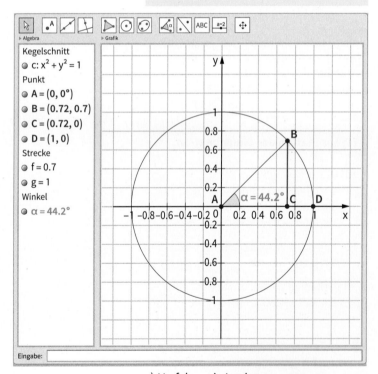

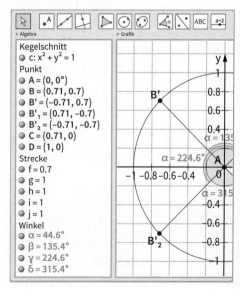

a) Verfahre wie Louise.
b) Begründe, warum die y-Koordinate des Punktes B der Sinuswert des Winkels α ist.
c) Bewege dann im Zugmodus den Punkt B auf dem Kreis und beobachte die zugehörigen Winkelgrößen und Sinuswerte (y-Koordinaten) im Algebrafenster. Was stellst du fest?

Die Kosinusfunktion

1 In der Zeichnung wurde der Punkt P_0 um den Winkel α gedreht, der zugehörige Bildpunkt ist P_1.

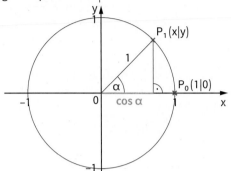

Die x-Koordinate des Bildpunktes P_1 ist dann der Kosinus des Winkels α. Es gilt: $\cos \alpha = \frac{x}{r} = \frac{x}{1} = x$.

> Dreht man den Punkt $P_0\,(1\,|\,0)$ auf dem abgebildeten Einheitskreis, kann die Definition des Kosinus auf beliebig große Winkel α erweitert werden. Der Kosinus des Winkels α ($\cos \alpha$) ist die x-Koordinate des zugehörigen Bildpunktes P auf dem Einheitskreis.
> $$y = \cos \alpha$$

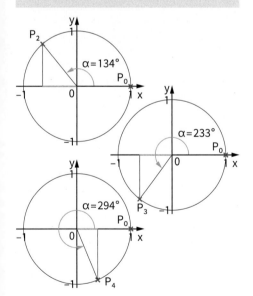

a) Erläutere die Definition von $\cos \alpha$ für beliebige Winkel mithilfe der Zeichnung und der Definition im rechtwinkligen Dreieck.
b) Begründe, dass der Kosinus für Winkel zwischen 90° und 270° negativ ist.

2 Begründe die in der Tabelle angegebene Vorzeichenregel.

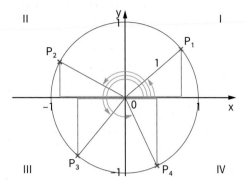

Für das Vorzeichen der Kosinuswerte gilt:

Quadrant	I	II	III	IV
Vorzeichen	+	–	–	+

3 Für einen Winkel α, der größer ist als 360°, hat der Bildpunkt P von P_0 aus mehr als eine ganze Umdrehung gemacht. Der Kosinus des Winkels α entspricht dann dem Kosinus eines Winkels zwischen 0° und 360°.

> $\cos 410° = \cos (50° + 360°) = \cos 50°$
> $\cos 770° = \cos (50° + 2 \cdot 360°) = \cos 50°$

Forme um wie im Beispiel.
a) $\cos 520°$ (490°) b) $\cos 760°$ (1000°)

4 Drehst du den Punkt P_0 auf dem Einheitskreis mit dem Uhrzeigersinn, wird der zugehörige Winkel α mit einer negativen Winkelgröße angegeben.
Den gleichen Bildpunkt P erhältst du auch durch eine Drehung von P_0 um einen positiven Winkel (gegen den Uhrzeigersinn). Der Kosinus des Winkels α entspricht dann dem Kosinus eines Winkels zwischen 0° und 360°.

> $\cos(-85°) = \cos(360° - 85°) = \cos 275°$
> $\cos(-455°) = \cos(-95° - 360°)$
> $= \cos(-95°) = \cos(360° - 95°) = \cos 265°$

Forme um wie im Beispiel.
a) $\cos (-70°)$ b) $\cos (-390°)$
  $\cos (-135°)$ $\cos (-490°)$

Die Sinusfunktion mit Winkeln im Bogenmaß

1 In der Abbildung siehst du, wie im Einheitskreis zu einem Winkel α die Bogenlänge b des zugehörigen Kreisausschnitts berechnet wird.

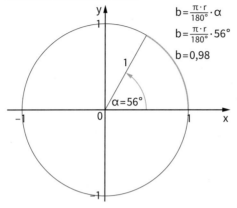

$$b = \frac{\pi \cdot r}{180°} \cdot \alpha$$

$$b = \frac{\pi \cdot r}{180°} \cdot 56°$$

$$b = 0{,}98$$

Berechne zu dem angegebenen Winkel die Bogenlänge des zugehörigen Kreisausschnitts im Einheitskreis. Runde auf zwei Nachkommastellen.

	a)	b)	c)	d)	e)	f)
α	72°	125°	180°	226°	289°	400°

Wird der Winkel im Bogenmaß angegeben, ist die zugehörige Einheit rad (von Radiant). Diese Einheit wird häufig weggelassen.

Grad-maß	Bogen-maß
180°	π
270°	$\frac{3}{2}\pi$
360°	2π

Im Einheitskreis lässt sich jeder Winkel α auch eindeutig durch die Bogenlänge b des zugehörigen Kreisausschnitts beschreiben. Die Maßzahl der Bogenlänge b im Einheitskreis wird das **Bogenmaß x** des Winkels α genannt. Das Bogenmaß wird häufig als Vielfaches bzw. als Bruchteil von π angegeben.

Grad-maß	Bogenlänge im Einheitskreis	Bogenmaß
α	$b = \frac{\pi \cdot 1}{180°} \cdot \alpha$	$x = \pi \cdot \frac{\alpha}{180°}$
82°	$\frac{\pi \cdot 1}{180°} \cdot 82° \approx 1{,}43$	$x \approx 1{,}43$
90°	$\frac{\pi \cdot 1}{180°} \cdot 90° = \frac{\pi}{2}$	$x = \frac{\pi}{2}$
540°	$\frac{\pi \cdot 1}{180°} \cdot 540° = 3\pi$	$x = 3\pi$

Für die Bezeichnung von Winkeln wird die folgende Vereinbarung getroffen: Winkel im Gradmaß werden mit kleinen griechischen Buchstaben, Winkel im Bogenmaß mit kleinen lateinischen Buchstaben bezeichnet.

2 Berechne zu dem im Gradmaß angegebenen Winkel α das zugehörige Bogenmaß. Runde auf zwei Nachkommastellen.

	a)	b)	c)	d)	e)	f)
α	98°	590°	1243°	−52°	−180°	−227°

3 Gib das Bogenmaß der angegebenen Winkelgröße als Vielfaches bzw. Bruchteil von π an.

$$180° = \pi$$
$$1° = \frac{\pi}{180°}$$
$$450° = 450 \cdot \frac{\pi}{180°}$$
$$450° = \frac{5}{2}\pi$$

a) 45° b) 30° c) 60° d) 180°
e) 360° f) 720° g) 270° h) −90°

4 Bestimme mithilfe des Taschenrechners den Sinus des im Bogenmaß angegebenen Winkels. Stelle zunächst den Taschenrechner auf das Winkelmaß „Rad". Runde auf zwei Nachkommastellen.

Rufe bei deinem Taschenrechner das SETUP-Menü auf und wähle die Einstellung „Rad".

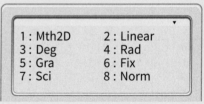

$$\sin \frac{4}{9}\pi = \blacksquare$$

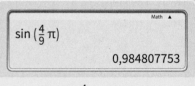

$$\sin \frac{4}{9}\pi \approx 0{,}98$$

	a)	b)	c)	d)	e)	f)
α	0	0,5	1,5	3	−0,5	−0,8

	g)	h)	i)	k)	l)	m)
α	$\frac{1}{6}\pi$	$\frac{5}{6}\pi$	$\frac{2}{9}\pi$	$\frac{3}{4}\pi$	$\frac{7}{6}\pi$	$\frac{11}{6}\pi$

Die Sinusfunktion mit Winkeln im Bogenmaß

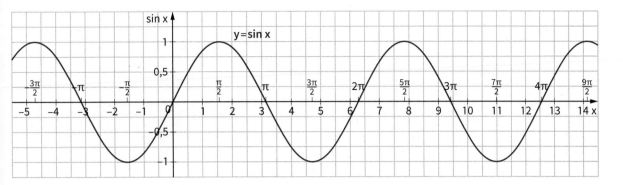

5 In der Abbildung siehst du den Graphen der Sinusfunktion. Da der Winkel im Bogenmaß angegeben ist, wird x als Variable benutzt: y = sin x.
a) Vergleiche anhand des Graphen sin 1 mit sin (−1) (sin 3 mit sin (−3), sin 1,5 mit sin (−1,5)). Was fällt dir auf?
b) Bestimme anhand des Graphen die Nullstellen der Sinusfunktion. Was stellst du fest?

6 a) Ermittle anhand des Graphen den größten Funktionswert **(das Maximum)** und den kleinsten Funktionswert **(das Minimum)** der Sinusfunktion.
b) Bestimme zwei x-Werte, bei denen die Sinusfunktion ihr Maximum (Minimum) annimmt.
c) Gib zwei Intervalle an, in denen die Sinusfunktion positive (negative) Werte annimmt.

7 Die Sinusfunktion ist eine periodische Funktion, denn die Sinuswerte treten regelmäßig auf, sie wiederholen sich nach einem bestimmten Wert.

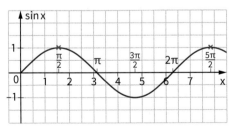

Dieser Wert wird die **Periode** der Funktion genannt.
a) Bestimme die Periode der Funktion. Gib dazu den Abstand zwischen zwei Maxima an.
b) Zeige, dass dieser Abstand auch für beliebige x-Werte gilt.

8 Gib zwei Intervalle an, in denen die Sinusfunktion steigt (fällt).

> Die eindeutige Zuordnung, die jedem Winkel im Bogenmaß x die y-Koordinate des zugehörigen Punktes auf dem Einheitskreis zuordnet, heißt **Sinusfunktion.** $\quad$ **sin: x → sin x**
> $$y = \sin x$$
>
> Der Definitionsbereich D ist die Menge aller reellen Zahlen. $\quad$ **D = ℝ**
>
> Der Wertebereich W ist das Intervall [−1; 1]. $\quad$ **W = [−1; 1]**
>
> Die Sinusfunktion ist punktsymmetrisch zum Ursprung.
> Für beliebige Winkel x gilt:
> $$\sin(−x) = −\sin x$$
>
> Die Nullstellen der Sinusfunktion sind ganzzahlige Vielfache von π.
> Für z ∈ ℤ gilt: $\quad \sin(z \cdot \pi) = 0$
>
> Die Sinusfunktion ist eine periodische Funktion mit der Periode 2 π.
> Für beliebige Winkel x und z ∈ ℤ gilt:
> $$\sin(x + z \cdot 2\pi) = \sin x$$
>
> Das Maximum der Sinusfunktion ist 1.
> Für z ∈ ℤ gilt: $\quad \sin(\frac{\pi}{2} + z \cdot 2\pi) = 1$
>
> Das Minimum der Sinusfunktion ist −1.
> Für z ∈ ℤ gilt: $\quad \sin(−\frac{\pi}{2} + z \cdot 2\pi) = −1$

9 Zeichne den Graphen von sin x für x-Werte zwischen −π und 3π. Lege zunächst eine Wertetabelle an.

Du kannst zum Zeichnen der Funktionsgraphen auch einen Funktionenplotter benutzen.

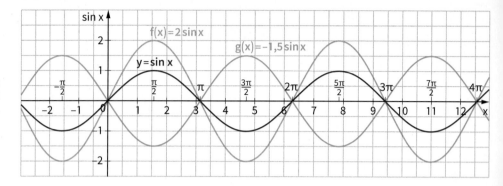

$y = a \cdot \sin x$

10 In der Abbildung siehst du die Graphen der Funktionen f und g mit den Funktionsgleichungen $f(x) = 2 \cdot \sin x$ und $g(x) = -1{,}5 \cdot \sin x$. Der Winkel wird dabei im Bogenmaß angegeben.

a) Vergleiche die Graphen von f und g mit dem Graphen der Sinusfunktion.

b) Gib für beide Funktionen jeweils Wertemenge und Periode an.

c) Zeichne den Graphen der Funktion h mit der Funktionsgleichung
$y = 3 \sin x$ $(y = -2{,}5 \sin x)$. Lege zunächst eine Wertetabelle an. Bestimme die Periode von h.

d) Eine Funktion mit der Funktionsgleichung $y = a \cdot \sin x$ soll den Wertebereich $[-3{,}5 \,;\, 3{,}5]$ haben. Bestimme die Funktionsgleichung.

e) Bestimme die Funktionsgleichung mithilfe des Graphen.

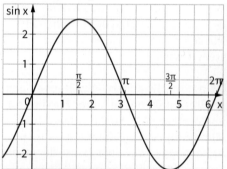

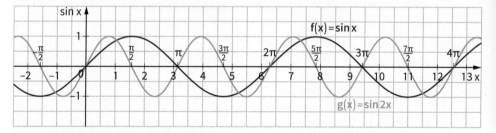

$y = \sin bx$

11 Im Koordinatensystem sind die Graphen der Funktionen f und g mit den Funktionsgleichungen $f(x) = \sin x$ und $g(x) = \sin 2x$ dargestellt.

a) Vergleiche die Periode von g mit der Periode der Sinusfunktion. Was fällt dir auf?

b) Zeichne den Graphen der angegebenen Funktion. Lege zunächst eine Wertetabelle an. Bestimme dann die Periode.

f:	$y = \sin 3x$
g:	$y = \sin 0{,}5x$
h:	$y = \sin \frac{1}{3}x$

c) Bestimme die Periode der angegebenen Funktion wie im Beispiel.

Funktion: $\quad y = \sin 4x$

$$4x = 2\pi \qquad |:4$$
$$x = \frac{\pi}{2}$$

Periode: $\quad \frac{\pi}{2}$

f: $y = \sin 5x$ $\qquad$ g: $y = \sin 0{,}4x$

h: $y = \sin \frac{1}{6}x$ $\qquad$ k: $y = \sin(-4x)$

Die Sinusfunktion mit Winkeln im Bogenmaß

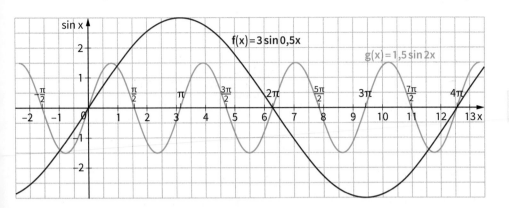

$y = a \cdot \sin bx$

12 In der Abbildung siehst du die Graphen der Funktionen f und g mit den Funktionsgleichungen $f(x) = 3 \sin 0{,}5x$ und $y = 1{,}5 \sin 2x$.
Bestimme jeweils Maximum und Minimum und die Periode von f und g.

13 Zeichne den Graphen der angegebenen Funktion für Winkel zwischen $-\pi$ und 3π. Bestimme anhand des Graphen Wertebereich und Periode der Funktion. Überprüfe die Bestimmung der Periode durch eine Rechnung.

a) $y = 2 \sin 0{,}5x$ b) $y = 3 \sin 2x$
c) $y = 2{,}5 \sin \frac{1}{3}x$ d) $y = 0{,}7 \sin \frac{4}{3}x$
e) $y = -2{,}5 \sin 3x$ f) $y = -3 \sin 4x$
g) $y = -0{,}5 \sin 0{,}4x$ h) $y = -0{,}8 \sin \frac{1}{3}x$

14 Gesucht ist eine Sinusfunktion mit der Funktionsgleichung $y = a \cdot \sin bx$ mit einem vorgegebenem Maximum und vorgegebener Periode. Bestimme die Funktionsgleichung wie im Beispiel.

Maximum: 3,5	a = 3,5
Periode: 3π	$x = 3\pi \quad \vert {:}3$
	$\frac{x}{3} = \pi \quad \vert {\cdot}2$
	$\frac{2}{3}x = 2\pi$
	$b = \frac{2}{3}$
	$y = 3{,}5 \sin \frac{2}{3}x$

a) Maximum: 5   Periode: 4π
b) Maximum: 2,5   Periode: $\frac{1}{2}\pi$

15 Bestimme das Maximum und die Periode der Funktion und gib die Funktionsgleichung an.

a)
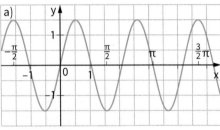

b)
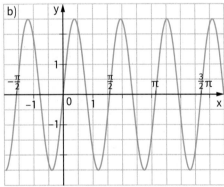

c)
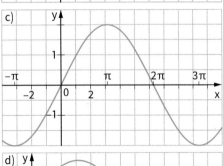

d)
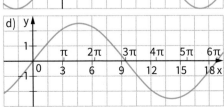

91

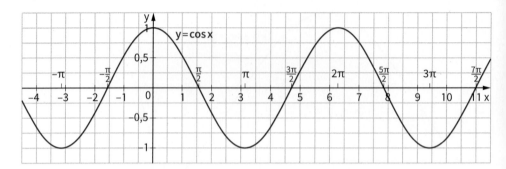

1 In der Abbildung siehst du den Graphen der Kosinusfunktion. Da der Winkel im Bogenmaß angegeben ist, wird x als Variable benutzt: y = cos x.
a) Vergleiche anhand des Graphen cos 1 mit cos (–1) (cos 3 mit cos (–3), cos 1,5 mit cos (–1,5)). Was fällt dir auf?
b) Bestimme anhand des Graphen die Nullstellen der Kosinusfunktion. Was stellst du fest?

2 Auch die Kosinusfunktion ist eine periodische Funktion. Bestimme die Periode.

3 a) Bestimme anhand des Graphen Maximum und Minimum der Funktion.
b) Bestimme jeweils 4 x-Werte, bei denen die Kosinusfunktion ihr Maximum bzw. ihr Minimum annimmt.

4 Um wie viele Einheiten musst du den Graphen der Kosinusfunktion verschieben, um den Graphen der Sinusfunktion zu erhalten?

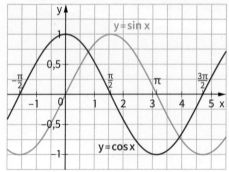

Du kannst zum Zeichnen der Funktionsgraphen auch einen Funktionenplotter benutzen.

5 Zeichne den Graphen von cos x für x-Werte zwischen –π und 3π. Lege zunächst eine Wertetabelle an.

6 a) Gib zwei Intervalle an, in denen die Kosinusfunktion positive (negative) Werte annimmt.
b) Gib zwei Intervalle an, in denen die Kosinusfunktion steigt (fällt).

Die eindeutige Zuordnung, die jedem Winkel im Bogenmaß x die x-Koordinate des zugehörigen Punktes auf dem Einheitskreis zuordnet, heißt **Kosinusfunktion.** $\quad$ **cos: x → cos x**
$$y = \cos x$$

Der Definitionsbereich D ist die Menge aller reellen Zahlen. $\quad$ **D = ℝ**

Der Wertebereich W ist das Intervall $[-1; 1]$. $\quad$ **W = [–1; 1]**

Die Kosinusfunktion ist achsensymmetrisch zur y-Achse.
Für beliebige Winkel x gilt:
$$\cos (-x) = \cos x$$

Die Nullstellen der Kosinusfunktion sind ..., –1,5π, –0,5π, 0,5π, 1,5π, 2,5π, ...
Für $z \in \mathbb{Z}$ gilt: $\quad \cos \left(\frac{\pi}{2} + z \cdot \pi\right) = 0$

Die Kosinusfunktion ist eine periodische Funktion mit der Periode 2π.
Für beliebige Winkel α und $z \in \mathbb{Z}$ gilt:
$$\cos (x + z \cdot 2\pi) = \cos x$$

Das Maximum der Kosinusfunktion ist 1. Für $z \in \mathbb{Z}$ gilt: $\quad \cos (z \cdot 2\pi) = 1$

Das Minimum der Kosinusfunktion ist –1.
Für $z \in \mathbb{Z}$ gilt: $\quad \sin (\pi + z \cdot 2\pi) = -1$

Arbeiten mit dem Computer: Die Sinusfunktion

1 Nutze dein Geometrie- und Algebra-
programm, um den Graphen der Sinusfunktion zeichnen zu lassen.
a) Konstruiere dazu wie in der Abbildung einen Einheitskreis, vergrößere die
Zeichnung entsprechend und zeichne
die Punkte B, C und D ein. Zeichne auch
die Strecken $\overline{AB}$ und $\overline{BC}$ ein.
Der Winkel α = ∡ DAB soll im Bogenmaß
gemessen werden. Dazu muss zunächst
im Menü „Einstellungen" unter Menü-
punkt „Erweitert" die Winkeleinheit
„Radiant" gewählt werden.
b) Erzeuge einen Punkt E, indem du in
der Eingabezeile die Koordinaten des
Punktes E eingibst: E=(α|y(B)). Lasse die
Spur von E aufzeichnen, indem du im
Kontextmenü den zugehörigen Menü-
punkt wählst und den Punkt B bewegst.
Du erhältst den Graphen der Sinusfunktion für Winkel zwischen 0 und 2π.

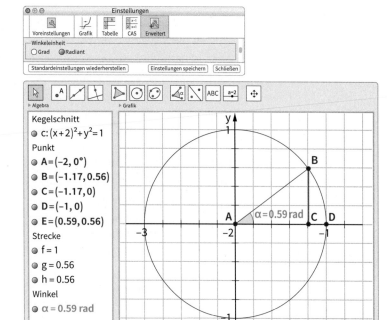

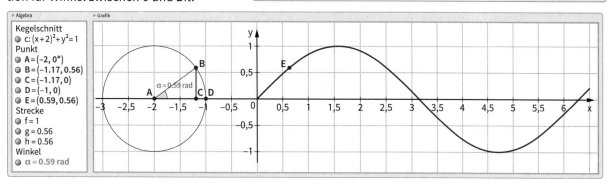

2 Anna möchte eine Sinusfunktion
vom Typ y = a · sin bx untersuchen. Sie
gibt dazu die Funktion in der Eingabezeile ein: f(x)=a*sin(bx). Sie erstellt dann
jeweils einen Schieberegler für a und b
und erhält den unten abgebildeten Graphen.

Verändere mithilfe der Schieberegler die
Werte für a und b.
Wie verändert sich der Graph in Abhängigkeit von a und b?
Welche Variable bestimmt das Maximum
und das Minimum, welche die Periode
der Sinusfunktion?

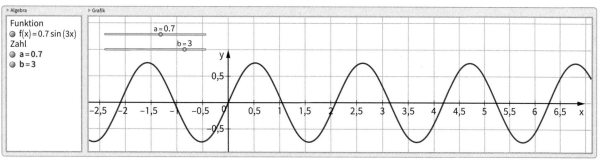

Winkelfunktionen

Mithilfe des Einheitskreises lassen sich Winkelfunktionen für beliebige Winkel definieren.

Die eindeutige Zuordnung, die jedem Winkel α die y-Koordinate des zugehörigen Bildpunktes auf dem Einheitskreis zuordnet, heißt **Sinusfunktion.**

$$y = \sin \alpha$$

 Die eindeutige Zuordnung, die jedem Winkel α die x-Koordinate des zugehörigen Bildpunktes auf dem Einheitskreis zuordnet, heißt **Kosinusfunktion.**

$$y = \cos \alpha$$

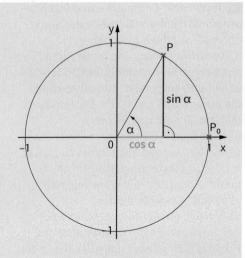

Im Einheitskreis lässt sich jeder Winkel α auch eindeutig durch die Bogenlänge b des zugehörigen Kreisausschnitts beschreiben.

Die Maßzahl der Bogenlänge b im Einheitskreis wird das Bogenmaß x des Winkels α genannt. Das Bogenmaß wird häufig als Vielfaches bzw. Bruchteil von π angegeben.

Gradmaß	Bogenlänge im Einheitskreis	Bogenmaß
α	$b = \frac{\pi \cdot 1}{180°} \cdot \alpha$	$x = \frac{\pi \cdot \alpha}{180°}$
82°	$\frac{\pi \cdot 1}{180°} \cdot 82° = 1{,}43$	$x = 1{,}43$
90°	$\frac{\pi \cdot 1}{180°} \cdot 90° = \frac{\pi}{2}$	$x = \frac{\pi}{2}$
180°	$\frac{\pi \cdot 1}{180°} \cdot 180° = \pi$	$x = \pi$
360°	$\frac{\pi \cdot 1}{180°} \cdot 360° = 2\pi$	$x = 2\pi$

Die eindeutige Zuordnung, die jedem Winkel im Bogenmaß x die y-Koordinate des zugehörigen Punktes auf dem Einheitskreis zuordnet, heißt **Sinusfunktion sin x.** Der Definitionsbereich ist jeweils die Menge der reellen Zahlen: **D = ℝ.**

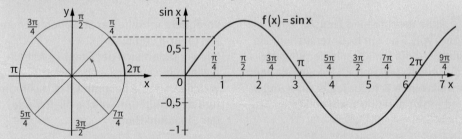

Die Sinusfunktion ist eine periodische Funktion mit der Periode 2π. Der Graph der Sinusfunktion ist punktsymmetrisch zum Ursprung:

$$\sin(-x) = -\sin x.$$

Die Nullstellen der Sinusfunktion sind ganzzahlige Vielfache von π.

 Die eindeutige Zuordnung, die jedem Winkel im Bogenmaß x die x-Koordinate des zugehörigen Punktes auf dem Einheitskreis zuordnet, heißt **Kosinusfunktion cos x.**

Die Kosinusfunktion ist eine um $\frac{\pi}{2}$ nach links verschobene Sinusfunktion.

Üben und Vertiefen

1 Bestimme wie im Beispiel den Winkel ß zwischen 90° und 180°, bei dem die Sinusfunktion den gleichen Wert annimmt wie bei dem in der Tabelle angegebenen Winkel α. Überprüfe dein Ergebnis mit dem Taschenrechner (Einstellung „DEG").

$$\alpha = 57° \qquad \beta = \blacksquare$$

$$\sin(180° - \alpha) = \sin\alpha$$
$$\sin(180° - 57°) = \sin 57°$$
$$\sin 123° = \sin 57°$$

$$\beta = 123°$$

	a)	b)	c)	d)	e)	f)
α	63°	29°	37°	48°	1°	85°

2 Welche Winkelgrößen zwischen 0° und 180° gehören zu dem folgenden Sinuswert? Benutze die $\sin^{-1}$-Taste deines Taschenrechners. Runde die Winkelgrößen auf eine Nachkommastelle.

$$\sin\alpha = 0,5576 \qquad \alpha = \blacksquare$$

$$\sin^{-1}(0,5576)$$
$$33,88998371$$

$$\alpha = 33,9° \qquad \beta = 180° - \alpha = 146,1°$$

	a)	b)	c)	d)
$\sin\alpha$	0,7880	0,9135	0,1771	0,9994

3 Bestimme den Winkel β zwischen 180° und 270°, bei dem der Wert der Sinusfunktion den gleichen Betrag, aber das entgegengesetzte Vorzeichen hat wie bei dem angegebenen Winkel α. Überprüfe dein Ergebnis mit dem Taschenrechner.

$$\alpha = 72° \qquad \beta = \blacksquare$$

$$\sin(180° + \alpha) = -\sin\alpha$$
$$\sin(180° + 72°) = -\sin 72°$$

$$\beta = 252°$$

	a)	b)	c)	d)	e)	f)
α	31°	49°	25°	33°	78°	6°

4 Gib den Winkel α zwischen 0° und 90° an, bei dem der Wert der Sinusfunktion den gleichen Betrag, aber das entgegengesetzte Vorzeichen hat wie bei dem angegebenen Winkel.
a) 210° b) 218° c) 237° d) 251°
e) 259° f) 211° g) 270° h) 180°

5 Bestimme den Winkel β zwischen 270° und 360°, bei dem der Wert der Sinusfunktion den gleichen Betrag, aber das entgegengesetzte Vorzeichen hat wie bei dem angegebenen Winkel α.

$$\alpha = 34° \qquad \beta = \blacksquare$$

$$\sin(360° - \alpha) = -\sin\alpha$$
$$\sin(360° - 34°) = -\sin 34°$$
$$\sin 326° = -\sin 34°$$

$$\beta = 326°$$

	a)	b)	c)	d)	e)	f)
α	85°	76°	11°	19°	74°	90°

6 Bestimme die Winkelgrößen zwischen 180° und 360°, bei denen die Sinusfunktion den gleichen Betrag, aber das entgegengesetzte Vorzeichen hat wie bei dem angegebenen Winkel. Überprüfe dein Ergebnis mit dem Taschenrechner.
a) 56° b) 24° c) 13° d) 79°
e) 97° f) 122° g) 143° h) 179°

7 Bestimme einen Winkel zwischen 0° und 360°, der den gleichen Sinuswert wie der angegebene Winkel β hat.

$$\beta = 383° \qquad \alpha = \blacksquare$$

$$\sin(360° + \alpha) = \sin\alpha$$
$$\sin 383° = \sin(360° + 23°) = \sin 23°$$

$$\alpha = 23°$$

	a)	b)	c)	d)	e)	f)
α	429°	618°	812°	−46°	−200°	−546°

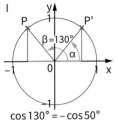

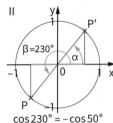

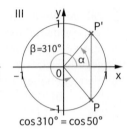

I $\cos 130° = -\cos 50°$

II $\cos 230° = -\cos 50°$

III $\cos 310° = \cos 50°$

8 In den Abbildungen I, II und III wird jeweils anhand eines Beispiels gezeigt, dass für die Kosinusfunktion die folgenden Beziehungen gelten.

Für $0° \leq \alpha \leq 90°$ gilt:

$$\cos(180° - \alpha) = -\cos \alpha$$
$$\cos(180° + \alpha) = -\cos \alpha$$
$$\cos(360° - \alpha) = \cos \alpha$$

a) Ordne die Beziehungen den Abbildungen zu.
b) Bestimme zu $\beta = 150°$ (170°, 115°, 98°, 200°, 220°, 263°) den Winkel α zwischen 0° und 90°, für den gilt: $\cos \beta = -\cos \alpha$.
c) Bestimme zu $\beta = 290°$ (317°, 343°, 275°, 295°) den Winkel α zwischen 0° und 90°, für den gilt: $\cos \beta = \cos \alpha$.

9 Zu jedem Kosinuswert gibt es beliebig viele Winkelgrößen, bei denen der Kosinus diesen Wert annimmt. Der Taschenrechner zeigt aber nur eine Winkelgröße zwischen 0° und 180° an. Die anderen Winkel musst du mithilfe der Eigenschaften des Kosinus bestimmen.

$$\cos \alpha = 0{,}6820$$
$$\alpha = 47°$$

$$\cos(360° - 47°) = \cos 47°$$
$$\beta = 313°$$

$$\alpha_2 = -47° \qquad \beta_2 = -313°$$
$$\gamma = 47° + 360° = 407°$$
$$\delta = 313° + 360° = 673°$$
$$\varepsilon = 47° + 720° = 767° \ldots$$

Ermittle zu dem angegebenen Kosinuswert sechs zugehörige Winkelgrößen. Runde auf eine Nachkommastelle.
a) 0,5592   b) 0,9455   c) 0,1650

10 Ermittle wie im Beispiel zu dem angegebenen Kosinuswert sechs zugehörige Winkelgrößen. Runde auf eine Nachkommastelle.

$$\cos \alpha = -0{,}6820$$
$$\alpha = 133°$$

$$\cos 133° = \cos(180° - 47°)$$
$$\cos(180° - 47°) = \cos(180° + 47°)$$
$$\beta = 227°$$

$$\alpha_2 = -133° \qquad \beta_2 = -227°$$
$$\gamma = 133° + 360° = 493°$$
$$\delta = 227° + 360° = 587°$$
$$\varepsilon = 47° + 720° = 767° \ldots$$

a) −0,3420   b) −0,8368   c) −0,9999

11 Gib das Bogenmaß der angegebenen Winkelgröße als Vielfaches bzw. Bruchteil von π an.

$$180° = \pi$$
$$1° = \frac{\pi}{180°}$$
$$150° = \frac{150 \cdot \pi}{180°}$$
$$150° = \frac{5}{6}\pi$$

a) 135°   b) 120°   c) −45°   d) −180°
e) −360°   f) −720°   g) −270°   h) −315°

12 Bestimme mithilfe des Taschenrechners den Sinus (Kosinus) des im Bogenmaß angegebenen Winkels. Übertrage dazu die Tabelle in dein Heft und ergänze sie. Runde auf zwei Nachkommastellen.

Rufe bei deinem Taschenrechner das SETUP-Menü auf und wähle die Einstellung „Rad". $\sin 2{,}56 = $ ■

$$\sin 2{,}56 \approx 0{,}55$$

	a)	b)	c)	d)	e)	f)
x	3	0,7	1,8	3,1	−0,6	−1,8
sin x	■	■	■	■	■	■

Üben und Vertiefen

13 a) Bestimme jeweils die Periode, Maximum und Minimum von f und g, gib dann jeweils die zugehörige Funktionsgleichung an.

b) Zeichne den Graphen der Funktion h mit der Funktionsgleichung h(x) = – 2 sin x. Bestimme Periode, Maximum und Minimum von h.

> Du kannst zum Zeichnen der Funktionsgraphen auch einen Funktionenplotter benutzen.

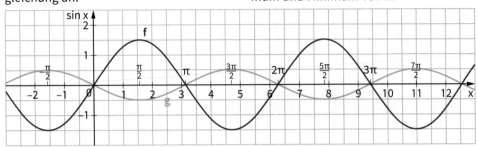

14 a) Bestimme jeweils die Periode, Maximum und Minimum von f und g, gib dann jeweils die zugehörige Funktionsgleichung an.

b) Zeichne den Graphen der Funktion h mit der Funktionsgleichung h(x) = sin 0,5x. Bestimme Periode, Maximum und Minimum von h.

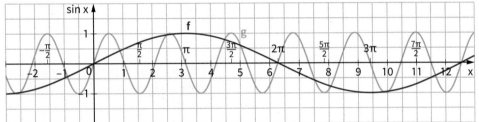

15 a) Bestimme jeweils die Periode, Maximum und Minimum von f, g und h, gib dann die jeweils zugehörige Funktionsgleichung an.

b) Zeichne den Graphen der Funktion k mit der Funktionsgleichung k(x) = – 2 · sin 1,5x. Bestimme Periode, Maximum und Minimum von h.

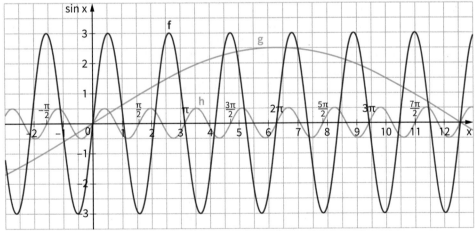

16 a) Zeichne den Graphen der Funktion f mit der Funktionsgleichung f(x) = 2,5 cos x. Bestimme Periode, Maximum und Minimum von f.

b) Gib drei Nullstellen der Funktion an.
c) Gib ein Intervall an, in dem f steigt (fällt).

97

Schwingungen

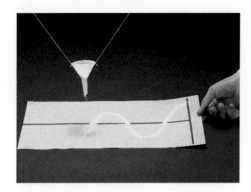

Eine Schwingung ist eine regelmäßig wiederkehrende Bewegung um einen Ruhepunkt.

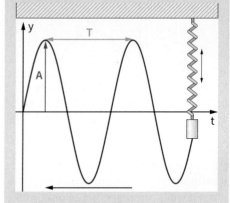

1 In der Abbildung siehst du einen mit Sand gefüllten Trichter, der an zwei Fäden aufgehängt ist.
Wird der Trichter angestoßen, schwingt er wie ein Pendel hin und her. Wird während des Schwingungsvorgangs ein Papierstreifen mit konstanter Geschwindigkeit unter dem Trichter hergezogen, so zeichnet der auslaufende Sand auf das Papier eine Sinuskurve. Gehe davon aus, dass die Sinuskurve so aussieht, wie sie auf dem Millimeterpapier dargestellt wird.

Viele Schwingungen können mithilfe von Sinusfunktionen beschrieben werden. Die maximale Auslenkung aus der Ruhelage wird die **Amplitude A** der Schwingung genannt. Die Zeitdauer für eine Schwingung wird **Schwingungsdauer** oder **Periodendauer T** genannt.

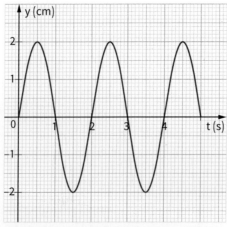

a) Bestimme anhand des Graphen den Pendelausschlag y nach 0,5 (1; 1,5; 2) Sekunden bzw. nach 2,5 (3; 3,5; 4) Sekunden. Wodurch unterscheiden sich positive und negative Pendelausschläge?
b) Der maximale Pendelausschlag wird die Amplitude der Schwingung genannt. Bestimme anhand des Graphen die Amplitude.
c) Die Schwingungsdauer T ist die Zeit für eine Schwingung. Bestimme die Schwingungsdauer anhand der Graphen.

2 Die trigonometrische Funktion f beschreibt die Schwingungen eines Pendels. Die Funktionsgleichung $f(t) = 3 \cdot \sin \pi \cdot t$ gibt dabei den Pendelausschlag in Abhängigkeit von der Zeit t an.
a) Zeichne den Graphen von f für Zeiten zwischen 0 und 3 Sekunden (x-Achse: $1 \text{ s} \triangleq 5 \text{ cm}$; y-Achse: $1 \text{ cm} \triangleq 1 \text{ cm}$). Lege zunächst eine Wertetabelle mit der Schrittweite 0,2 an (TR-Einstellung „Rad"). Runde auf eine Nachkommastelle.

$f(t) = 3 \cdot \sin \pi \cdot t$
$f(0,2) = 3 \cdot \sin \pi \cdot 0,2$

SHIFT
`3` `×` `sin` `■` `π` `×` `0` `,` `2` `=`

$3 \times \sin (\pi \times 0,2$
$1,763355757$

$f(0,2) \approx 1,8$

b) Bestimme anhand des Graphen Amplitude und Schwingungsdauer T.

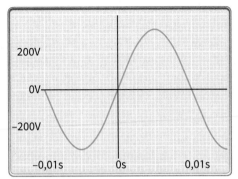

3 Wird bei einem Oszilloskop eine Spannungsquelle an die Vertikalablenkung (y-Richtung) der Braunschen Röhre angeschlossen, ist die Ablenkung des Elektronenstrahls auf dem Leuchtschirm direkt proportional zur angelegten Spannung. Durch eine interne Schaltung wird der Elektronenstrahl horizontal (in x-Richtung) abgelenkt, und zwar von links nach rechts direkt proportional zur Zeit. So entsteht das Oszilloskopbild, das den zeitlichen Verlauf der Wechselspannung wiedergibt.

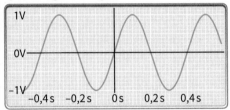

Bestimme anhand des Oszilloskopbildes die Schwingungsdauer der Wechselspannungsquelle.

4 Mit einem Oszilloskop lässt sich auch die Herzspannungskurve darstellen. Das Oszilloskopbild wird Elektrokardiogramm genannt. Der Spannungsverlauf ist nicht sinusförmig, aber periodisch. Bestimme anhand des abgebildeten Papierausdrucks die Anzahl der Herzschläge pro Minute (25 mm in x-Richtung entsprechen 1 s).

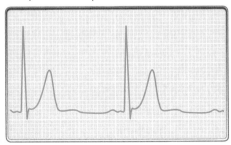

5 Das Oszilloskopbild gibt den zeitlichen Verlauf der Wechselspannung, die an einer normalen Steckdose im Haushalt anliegt, wieder.
a) Bestimme anhand des Oszilloskopbildes die Schwingungsdauer. Wie viele Schwingungen finden pro Sekunde statt?
b) Bestimme die Amplitude. Was fällt dir auf?

6 Durch elektronische Schaltungen kann man unterschiedliche sinusförmige Wechselspannungen erzeugen.

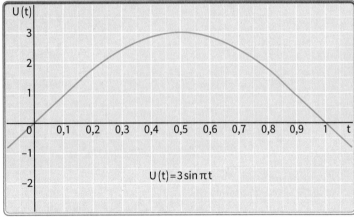

Die unten angegebene Funktionsgleichung beschreibt den Spannungsverlauf U (t) in Abhängigkeit von der Zeit. Zeichne den Graphen für Zeiten zwischen 0 und 2 Sekunden (x-Achse: 1 cm ≙ 0,1 s; y-Achse: 1 cm ≙ 1 V). Bestimme anhand des Graphen die Amplitude (den Scheitelwert der Spannung), die Schwingungsdauer und die Anzahl der Schwingungen pro Sekunde (die Frequenz).
a) $U(t) = 5 \sin 2\pi t$ b) $U(t) = 4 \sin 4\pi t$

Hier kannst du auch einen Funktionenplotter einsetzen.

Ausgangstest 1

1 Bestimme den Winkel ß zwischen 90° und 180°, bei dem die Sinusfunktion den gleichen Wert annimmt wie bei dem Winkel α.

a) α = 49°   b) α = 19°   c) α = 86°

2 Welche Winkelgrößen zwischen 0° und 180° gehören zu dem folgenden Sinuswert?
Runde die Winkelgrößen jeweils auf eine Nachkommastelle.

a) 0,7923   b) 0,3697   c) 0,9989

3 Bestimme den Winkel ß zwischen 180° und 270°, bei dem der Wert der Sinusfunktion den gleichen Betrag, aber das entgegengesetzte Vorzeichen hat wie bei dem angegebenen Winkel α.

a) α = 54°   b) α = 8°   c) α = 112°

4 Welche Winkelgrößen zwischen 180° und 360° gehören zu dem folgenden Sinuswert?
Runde die Winkelgrößen jeweils auf eine Nachkommastelle.

a) −0,7880   b) −0,4226   c) −0,9848

5 Gib den Winkel α zwischen 0° und 90° an, bei dem der Sinus den gleichen Betrag hat wie bei dem angegebenen Winkel.

a) 122°   b) −200°   c) 424°

6 Ermittle zu dem angegebenen Sinuswert vier zugehörige Winkelgrößen. Runde auf eine Nachkommastelle.

a) 0,6157   b) −0,4222   c) −0,0106

7 a) Zeichne den Graphen von sin x für x-Werte zwischen −π und 2π. Lege zunächst eine Wertetabelle an.
b) Nenne die Periode und gib zu x = $\frac{3}{4}$π vier positive und vier negative Winkelgrößen an, die jeweils den gleichen Sinuswert haben.
c) Gib vier Nullstellen an.
d) Gib jeweils zwei Winkelgrößen an, bei denen die Sinusfunktion ihr Maximum bzw. ihr Minimum annimmt.
e) Gib jeweils zwei Abschnitte an, in denen die Sinusfunktion steigt bzw. fällt.

8 Zeichne den Graphen der angegebenen Funktion. Lege zunächst eine Wertetabelle an. Bestimme dann die Periode und das Maximum und Minimum der Funktion.

a) y = 3,5 sin x   b) y = sin 3x

9 Ermittle zu dem angegebenen Kosinuswert vier zugehörige Winkelgrößen. Runde auf eine Nachkommastelle.

a) 0,7660   b) −0,6428   c) −1,0000

Ich kann	Aufgabe	Hilfen und Aufgaben
zu einem Winkel α zwischen 0° und 90° weitere Winkel mit dem gleichen Sinuswert bestimmen.	1	Seite 85
zu einem Wert der Sinusfunktion die zugehörigen Winkel bestimmen.	2, 4, 6	Seite 85
zu einem Winkel α einen Winkel β bestimmen, bei dem der Sinuswert den gleichen Betrag, aber das entgegengesetzte Vorzeichen hat.	3	Seite 95
zu einem Winkel β den Winkel α zwischen 0° und 90° bestimmen, bei dem der Sinuswert den gleichen Betrag hat.	5	Seite 95
Graphen von Sinusfunktionen zeichnen.	7, 8	Seite 89
anhand des Graphen Periode, Nullstellen, Maximum und Minimum der Sinusfunktion bestimmen.	7, 8	Seite 89
anhand des Graphen Aussagen zum Steigungsverhalten machen.	7	Seite 89
zu einem Wert der Kosinusfunktion die zugehörigen Winkel bestimmen.	9	Seite 96

Ausgangstest 2

1 Im Koordinatensystem sind die Graphen der Funktionen f und g mit den Funktionsgleichungen f(x) = sin 3x und g(x) = 1,5 sin x dargestellt. Gib für beide Funktionen jeweils Periode und Wertemenge an.

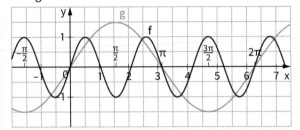

2 Zeichne den Graphen der angegebenen Funktion für x-Werte zwischen – π und 2π in ein Koordinatensystem. Lege zunächst eine Wertetabelle an.
a) f(x) = 3 · sin x
b) f(x) = sin 0,5x

3 Bestimme jeweils die Periode, Maximum und Minimum von f und g, gib dann jeweils die zugehörige Funktionsgleichung an.

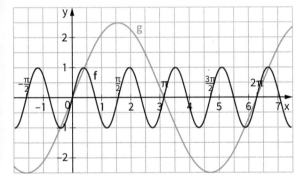

4 Zeichne den Graphen der angegebenen Funktion für x-Werte zwischen – π und 2π in ein Koordinatensystem. Lege zunächst eine Wertetabelle an.
$$f(x) = -2,5 \cdot \sin 2x$$

5 Zeichne den Graphen der angegebenen Funktion für x-Werte zwischen – π und 2π in ein Koordinatensystem. Lege zunächst eine Wertetabelle an.
$$f(x) = 3 \cdot \cos 0,5x$$

6 Die unten abgebildeten Graphen zeigen den zeitlichen Verlauf von Schwingungsvorgängen. Bestimme anhand der Graphen jeweils die Amplitude und die Schwingungsdauer T.

a)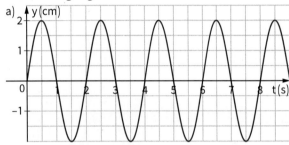

b)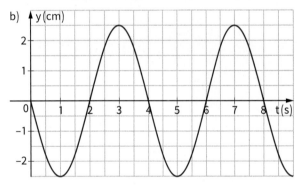

Ich kann	Aufgabe	Hilfen und Aufgaben
anhand des Graphen Periode und Wertebereich einer Sinusfunktion mit der Funktionsgleichung y = a · sinbx bestimmen.	1, 3	Seite 90, 91
Graphen von Sinusfunktionen mit der Funktionsgleichung y = a · sinbx zeichnen.	2, 4	Seite 91
zu Periode und Wertebereich einer Sinusfunktion die zugehörige Funktionsgleichung bestimmen.	3	Seite 91
Graphen von Kosinusfunktionen mit der Funktionsgleichung y = a · cosbx zeichnen.	5	Seite 92
Anhand der Graphen von Schwingungsvorgängen Amplitude und Schwingungsdauer bestimmen.	6	Seite 98 ,99

5

Mit Wahrscheinlichkeiten rechnen

Auf Dauer gewinnt nur der Besitzer.

Mit Geldspielautomaten lässt sich viel Geld verdienen.

Man kann spielsüchtig werden.

Spielen an Geldspielautomaten kann süchtig machen.

Ungefähr 267 000 Spielautomaten waren Ende 2015 in Deutschland in Gaststätten und Spielhallen zu finden. Ihre richtige Bezeichnung lautet „Unterhaltungsautomaten mit Gewinnmöglichkeit".

Im Jahr 2015 betrugen die Einnahmen aus dem Betrieb von Unterhaltungsautomaten mit Gewinnmöglichkeit mehr als vier Milliarden Euro (einschließlich Wirteanteil, Mehrwertsteuer, Vergnügungssteuer usw.).

15,3 % aller Männer zwischen 18 und 20 Jahren und 9 % aller Männer zwischen 21 und 25 Jahren spielen an solchen Unterhaltungsautomaten. Zwischen 100 000 und 290 000 Personen in Deutschland gelten als spielsüchtig.

Im Internet kann in Online-Casinos mit virtuellen Geldspielautomaten gespielt werden. Diese Geldspielautomaten fallen nicht unter die Spielverordnung, auch der Zugang zu den Online-Casinos wird nicht kontrolliert.

Für die Slotmachines, die ausschließlich in den Automatensälen der Spielbanken betrieben werden dürfen, gelten keine Einschränkungen. Hier sind Gewinne bis 50 000 € pro Spiel möglich. Es sind aber auch Verluste bis zu 40 000 € an einem Abend dokumentiert.

Auszug aus der Spielverordnung:

– Der Höchsteinsatz ist auf 20 Cent und der Höchstgewinn auf 2 € pro Spiel beschränkt.
– Die maximale Gewinnsumme pro Stunde beträgt 500 € abzüglich der Einsätze.
– Der maximale Stundenverlust beträgt 80 €.
– Ein Spiel muss mindestens 5 Sekunden dauern.
– Der maximale durchschnittliche Stundenverlust darf nur 33 € betragen.

Wie viel Euro kann ein Spieler, der an einem Abend vier Stunden an einem Geldspielautomaten spielt, in dieser Zeit höchstens verlieren?

Wie viel Euro kann ein Spielhallenbesitzer, der in seinem Betrieb acht Geldspielautomaten aufgestellt hat, pro Monat einnehmen, wenn an jedem Gerät durchschnittlich täglich vier Stunden gespielt wird?

Kann die behauptete Jahreseinnahme von mehr als 4 Mrd. Euro für alle Unterhaltungsautomaten mit Gewinnmöglichkeit in Deutschland zutreffen?
Führe, falls nötig, eine Überschlagsrechnung durch.
Suche selbst aktuelle Informationen zum Thema „Geldspielautomaten".

Geldspielautomaten

1 Lisa und Jonas überlegen, wie sie bei Geldspielautomaten die Wahrscheinlichkeiten für die einzelnen Gewinne berechnen können. Sie haben dazu ein Modell eines Spielautomaten konstruiert. Das Modell besteht aus drei Glücksrädern, die alle gleich eingeteilt sind. Sie werden unabhängig voneinander gedreht.

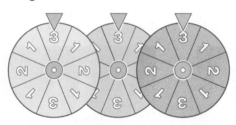

Da es für die Berechnung der Wahrscheinlichkeiten keine Rolle spielt, ob ein Glücksrad dreimal nacheinander oder drei Glücksräder gleichzeitig gedreht werden, betrachten sie zunächst ein Glücksrad.

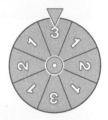

a) Das abgebildete Glücksrad soll einmal gedreht werden. Welche Ergebnisse sind dabei möglich?
b) Bestimme wie im Beispiel zu jedem Ergebnis die zugehörige Wahrscheinlichkeit.

Die erwartete relative Häufigkeit eines Ergebnisses wird **Wahrscheinlichkeit P** genannt. P kommt von Probability (englisch: Wahrscheinlichkeit). Die Wahrscheinlichkeit kann oft mithilfe eines Anteils berechnet werden.

2 Das abgebildete Glücksrad ist Teil eines anderen Automatenmodells. Es soll einmal gedreht werden.

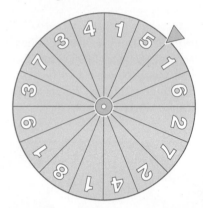

a) Die Menge aller möglichen Ergebnisse wird **Ergebnismenge S** genannt. Gib die Ergebnismenge S an.
b) Im Beispiel wird die Wahrscheinlichkeit für das Ereignis E berechnet.

Das **Ereignis E** „Die Gewinnzahl ist kleiner als 4." tritt ein, wenn die Gewinnzahl 1 , 2 oder 3 ist.
Das Ereignis E lässt sich auch als Menge von Ergebnissen schreiben:
$$E = \{1, 2, 3\}.$$

Die Wahrscheinlichkeit des Ereignisses E ist gleich der Summe der Wahrscheinlichkeiten der zugehörigen Ergebnisse.

$$P(E) = P(1) + P(2) + P(3)$$
$$= \frac{4}{16} + \frac{2}{16} + \frac{2}{16} = \frac{8}{16}$$
$$P(E) = \frac{8}{16} = 0{,}5 = 50\,\%$$

Zufallsexperiment: Drehen eines Glücksrades

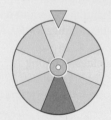

Mögliche Ergebnisse: gelb, blau, rot

Anteil der gelben Kreisausschnitte: $\frac{3}{8}$

$P(\text{gelb}) = \frac{3}{8} = 0{,}375 = 37{,}5\,\%$

Lies: P von gelb gleich $\frac{3}{8}$.

Gib die folgenden Ereignisse jeweils als Menge an und berechne ihre Wahrscheinlichkeit:
E_1: Die Gewinnzahl ist größer als 3.
E_2: Die Gewinnzahl ist ungerade.
E_3: Die Gewinnzahl ist kleiner als 7.
E_4: Die Gewinnzahl ist eine Primzahl.
E_5: Die Gewinnzahl ist kleiner als 8 und größer als 2.
E_6: Die Gewinnzahl ist kleiner als 10.
E_7: Die Gewinnzahl ist größer als 9.

1 Lisa möchte den Spielautomaten mithilfe eines Tabellenkalkulationsprogramms simulieren. Sie hat dazu den acht Kreissektoren jedes Glücksrades die Ziffern von 1 bis 8 zugeordnet. Mit dem Befehl „GANZZAHL(ZUFALLS-ZAHL()*8+1)" erzeugt das Programm dann Zufallszahlen, die entscheiden auf welchen Kreissektor der Zeiger des Glücksrades zeigt.

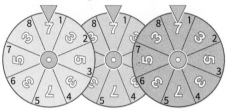

B5		✕ ✓ ⊙	f_x =GANZZAHL(ZUFALLSZAHL()*8+1)
	A	B	C	D
1	Simulation eines Spielautomaten			
2				
3		Vom Zufall bestimmte Kreissektoren		
4		1. Rad	2. Rad	3. Rad
5	1. Spiel		7	

Den Ziffern 1 bis 8 sind dann die Glückszahlen zuzuordnen, die auf dem zugehörigen Kreissektor des Glücksrades stehen. Die bedingte Anweisung dazu lautet:
Wenn die Ziffer 1 oder 5 ist, dann ist die Glückszahl 7; wenn die Ziffer 3 oder 7 ist, dann ist die Glückszahl 5; sonst ist die Glückszahl 3.

> Mithilfe der logischen Funktionen des Tabellenkalkulationsprogramms lautet dann der Inhalt der Zelle D10:
> **=WENN(ODER(B5=1;B5=5); 7; WENN(ODER(B5=3;B5=7);5;3))**

B9		✕ ✓ ⊙	f_x =WENN(ZÄHLENWENN(B9:D9;7)
	A	B	C	D
1	Simulation eines Spielautomaten			
2				
3		Vom Zufall bestimmte Kreissektoren		
4		1. Rad	2. Rad	3. Rad
5	1. Spiel	1	7	7
6				
7		zugehörige Glückszahlen		
8		1. Rad	2. Rad	3. Rad
9		7		

In einem letzten Schritt muss Lisa den Glückszahlen, die der simulierte Spielautomat anzeigt, den Gewinn (angezeigter Gewinn minus Spieleinsatz von 20 Cent) zuordnen. Die bedingte Anweisung dazu lautet:
Wenn bei allen Rädern die 7 steht, dann ist der Gewinn 1,80 €;
wenn bei Rad 1 und Rad 2 die 7 steht und bei Rad 3 nicht die 7 oder bei Rad 1 die 7, bei Rad 2 nicht die 7 und bei Rad 3 die 7 oder bei Rad 1 nicht die 7 und bei Rad 2 und Rad 3 die 7, dann ist der Gewinn 0,30 €; sonst ist der Gewinn – 0,20 €.

> Mithilfe der logischen Funktionen des Tabellenkalkulationsprogramms lautet dann der Inhalt der Zelle F10:
> **=WENN(UND(B10=7;C10=7;D10=7);1, 8;WENN(ODER(UND(B10=7;C10=7;NI CHT(D10=7));UND(B10=7;NICHT(C10 =7);D10=7);UND(NICHT(B10=7);C10= 7;D10=7));0,3;-0,2))**

E9		✕ ✓ ⊙	f_x =WENN(ZÄHLENWENN(B9:D9;7)=3;1,8;WENN(ZÄHLENWENN(B9:D9;7)=
	A	B	C	D	E
1	Simulation eines Spielautomaten				
2					
3		Vom Zufall bestimmte Kreissektoren			
4		1. Rad	2. Rad	3. Rad	
5	1. Spiel	5	3	6	
6					
7		zugehörige Glückszahlen			
8		1. Rad	2. Rad	3. Rad	Gewinneinsatz
9		7	5	3	–0,20

a) Versuche wie Lisa einen Spielautomaten mithilfe eines Tabellenkalkulationsprogramms zu simulieren. Erzeuge neue Spielausgänge (Taste F9).
b) Füge Zeilen für weitere neun Spiele ein und kopiere die entsprechenden Formeln in die Zeilen. Bilde die Gewinnsumme.
c) Bestimme für 200 (500, 1000) Spiele den Gewinn.
d) Verändere die Gewinne (die Gewinnbedingungen) und begründe die Auswirkungen.

Mehrstufige Zufallsexperimente

1 Ein Glücksrad ist in drei gleich große Sektoren mit den Zahlen 1, 2 und 3 eingeteilt. Es soll **zweimal nacheinander** gedreht werden. Dieses Zufallsexperiment wird ein **zweistufiges Zufallsexperiment** genannt.
Übertrage das zugehörige Baumdiagramm in dein Heft und vervollständige es. Gib die Ergebnismenge S an.

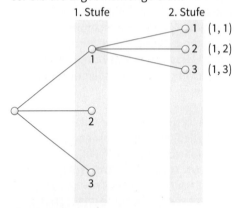

2 Zeichne das Baumdiagramm und gib die Ergebnismenge S an.
a) Eine Münze wird zweimal nacheinander geworfen.
b) Das abgebildete Glücksrad wird zweimal gedreht.

c) Aus der Urne werden nacheinander zwei Kugeln gezogen. Jede gezogene Kugel wird sofort wieder in die Urne zurückgelegt.

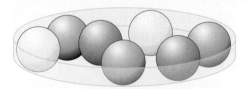

d) Ein Glücksrad mit den Zahlen 1, 3, 5 und 7 wird zweimal gedreht.

Zufallsexperiment: Aus der Urne werden nacheinander zwei Kugeln gezogen. Jede gezogene Kugel wird sofort wieder zurückgelegt.

Für das zugehörige **Baumdiagramm** gilt:
Vom Anfangspunkt aus führt ein Teilpfad zu jedem Ergebnis auf der 1. Stufe.

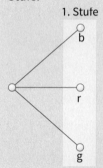

Jeder Endpunkt auf der 1. Stufe ist Ausgangspunkt für neue Teilpfade. Von jedem Endpunkt der 1. Stufe führt ein Teilpfad zu jedem Ergebnis auf der 2. Stufe.

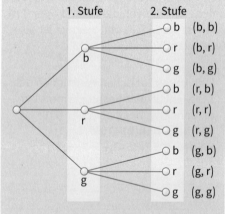

Jeder Pfad vom Anfangspunkt bis zu einem Endpunkt der letzten Stufe entspricht einem Ergebnis des zweistufigen Zufallsexperiments. Für die Ergebnismenge S gilt:
S = {(b, b), (b, r), (b, g), (r, b), (r, r), (r, g), (g, b), (g, r), (g, g)}

Multiplikationsregel

1 In einer Urne befinden sich eine rote und vier weiße gleichartige Kugeln. Es werden nacheinander zwei Kugeln gezogen. Jede Kugel wird sofort wieder zurückgelegt.
In der Abbildung siehst du, dass in dem zugehörigen Baumdiagramm an jedem Teilpfad die entsprechende Wahrscheinlichkeit eingetragen ist.

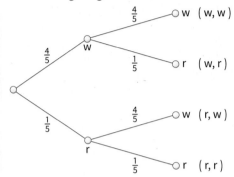

In dem Beispiel wird die Wahrscheinlichkeit dafür berechnet, dass nacheinander zwei rote Kugeln gezogen werden.

$$P(r, r) = \blacksquare$$

Bei einer großen Anzahl von Versuchen erwartest du:

1. Der Anteil der Versuche, bei denen die erste Kugel rot ist, beträgt $\frac{1}{5}$.

2. Bei $\frac{1}{5}$ von diesem Anteil ist auch die zweite gezogene Kugel rot.

$\frac{1}{5}$ von $\frac{1}{5}$: $\frac{1}{5} \cdot \frac{1}{5} = \frac{1}{25}$

$P(r, r) = \frac{1}{5} \cdot \frac{1}{5} = \frac{1}{25} = 0,04 = 4\,\%$

a) Begründe die Rechnung.
b) Berechne die Wahrscheinlichkeiten für die übrigen Ergebnisse.

2 Eine Münze wird dreimal nacheinander geworfen.
Zeichne das zugehörige Baumdiagramm und trage die zu den Teilpfaden gehörigen Wahrscheinlichkeiten ein. Berechne die Wahrscheinlichkeit für jedes Ergebnis.

3 Das abgebildete Glücksrad wird zweimal nacheinander gedreht.
a) Zeichne das zugehörige Baumdiagramm und trage die zu den Teilpfaden gehörigen Wahrscheinlichkeiten ein.
b) Berechne die Wahrscheinlichkeit für jedes Ergebnis.

4 In einer Urne tragen vier Kugeln die Zahl 1, zwei die Zahl 2 und eine Kugel die Zahl 3. Es werden nacheinander zwei Kugeln mit Zurücklegen gezogen. Zeichne das zugehörige Baumdiagramm und trage die zu den Teilpfaden gehörigen Wahrscheinlichkeiten ein. Berechne die Wahrscheinlichkeiten für jedes Ergebnis.

Zufallsexperiment: Ziehen zweier Kugeln mit Zurücklegen

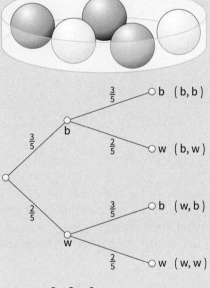

$P(b, b) = \frac{3}{5} \cdot \frac{3}{5} = \frac{9}{25} = 0,36 = 36\,\%$

$P(b, w) = \frac{3}{5} \cdot \frac{2}{5} = \frac{6}{25} = 0,24 = 24\,\%$

$P(w, b) = \frac{2}{5} \cdot \frac{3}{5} = \frac{6}{25} = 0,24 = 24\,\%$

$P(w, w) = \frac{2}{5} \cdot \frac{2}{5} = \frac{4}{25} = 0,16 = 16\,\%$

Multiplikationsregel: Die Wahrscheinlichkeit für ein Ergebnis (einen Pfad) ist gleich dem Produkt der Wahrscheinlichkeiten längs des Pfades.

Additionsregel

1 Aus der abgebildeten Urne werden nacheinander zwei Kugeln mit Zurücklegen gezogen. Im Beispiel siehst du, wie du mithilfe des Baumdiagramms die Wahrscheinlichkeit für das Ereignis E_1 bestimmen kannst.

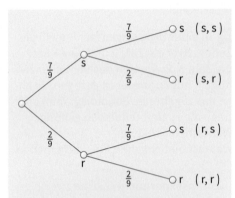

Ereignis E_1: Genau eine der gezogenen Kugeln ist schwarz.

$$E_1 = \{(s, r), (r, s)\}$$

$$P(s, r) = \frac{7}{9} \cdot \frac{2}{9} = \frac{14}{81}$$

$$P(r, s) = \frac{2}{9} \cdot \frac{7}{9} = \frac{14}{81}$$

$$P(E_1) = \frac{14}{81} + \frac{14}{81} = \frac{28}{81}$$

$$P(E_1) = \frac{28}{81} \approx 0{,}346 = 34{,}6\,\%$$

a) Begründe die Rechnung.
b) Berechne die Wahrscheinlichkeit des folgenden Ereignisses:
E_2: Genau eine der gezogenen Kugeln ist rot.
E_3: Die zweite gezogene Kugel ist rot.
E_4: Mindestens eine der gezogenen Kugeln ist schwarz.

2 In einer Urne befinden sich vier weiße und sechs rote gleichartige Kugeln. Es werden nacheinander drei Kugeln mit Zurücklegen gezogen.
a) Zeichne das zugehörige Baumdiagramm mit den entsprechenden Wahrscheinlichkeiten.
b) Berechne die Wahrscheinlichkeit dafür, dass genau eine gezogene Kugel rot ist.

3 In einer Urne befinden sich drei weiße, zwei rote und fünf schwarze gleichartige Kugeln. Es werden nacheinander zwei Kugeln mit Zurücklegen gezogen.
a) Zeichne das zugehörige Baumdiagramm und schreibe an die Teilpfade die entsprechenden Wahrscheinlichkeiten.
b) Gib die Ergebnismenge S an und berechne die Wahrscheinlichkeiten aller Ergebnisse.
c) Berechne die Wahrscheinlichkeit des folgenden Ereignisses: Genau eine gezogene Kugel ist schwarz. (Es werden zwei Kugeln unterschiedlicher Farbe gezogen.)

Zufallsexperiment: Ziehen zweier Kugeln mit Zurücklegen.

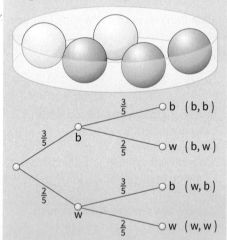

Ereignis E: Genau eine der gezogenen Kugeln ist blau.

$$E = \{(b, w), (w, b)\}$$

$$P(b, w) = \frac{3}{5} \cdot \frac{2}{5} = \frac{6}{25}$$

$$P(w, b) = \frac{2}{5} \cdot \frac{3}{5} = \frac{6}{25}$$

$$P(E) = \frac{6}{25} + \frac{6}{25} = \frac{12}{25} = 0{,}48 = 48\,\%$$

Additionsregel: Die Wahrscheinlichkeit für ein Ereignis ist gleich der Summe der Wahrscheinlichkeiten der zugehörigen Ergebnisse (Pfade).

Mit Wahrscheinlichkeiten rechnen

kompakt

Versuche, bei denen sich die **Ergebnisse** nicht sicher vorhersagen lassen, sondern zufällig zustande kommen, heißen **Zufallsexperimente**.

Zufallsexperiment: Ziehen einer Kugel aus der Urne.

Mögliche Ergebnisse: 1, 2, 3, 4

Die Menge aller möglichen Ergebnisse wird **Ergebnismenge S** genannt.

$S = \{1, 2, 3, 4\}$

Bei einem Zufallsexperiment wird die **erwartete relative Häufigkeit** eines Ergebnisses die **Wahrscheinlichkeit** des Ergebnisses genannt.
Die Wahrscheinlichkeit lässt sich oft mithilfe eines Anteils bestimmen.

Anteil der Kugeln, die die Ziffer 1 tragen: $\frac{4}{10} = 0{,}4 = 40\,\%$

Die Wahrscheinlichkeit für das Ziehen einer 1: $P(1) = 0{,}4 = 40\,\%$.

Ein **Ereignis** ist eine **Teilmenge** der Ergebnismenge S.

E: Die gezogene Zahl ist ungerade. $\qquad E = \{1, 3\}$

$P(E) = P(1) + P(3) = 0{,}4 + 0{,}2 = 0{,}6 = 60\,\%$

Die Wahrscheinlichkeit für das Ziehen einer ungeraden Zahl: $P(E) = 0{,}6 = 60\,\%$.

Die Wahrscheinlichkeit eines Ereignisses wird berechnet, indem die Wahrscheinlichkeiten der zugehörigen Ergebnisse addiert werden.

Sind bei einem Zufallsexperiment alle Ergebnisse gleichwahrscheinlich, so beträgt die Wahrscheinlichkeit für jedes Ereignis E:

$$P(E) = \frac{\text{Anzahl der günstigen Ergebnisse}}{\text{Anzahl aller Ergebnisse}}$$

Laplace-Regel

Diese Regel wird Laplace-Regel genannt.

Können die Wahrscheinlichkeiten nicht mithilfe geeigneter Anteile bestimmt werden, betrachtet man bereits erfolgte Durchführungen des Zufallsexperiments. Als Schätzwert für die Wahrscheinlichkeit eines Ergebnisses wird dann die vorher ermittelte relative Häufigkeit des Ergebnisses genommen.

Zufallsexperiment: Ein zufällig ausgewählter Pkw wird auf seine Verkehrssicherheit hin überprüft.

Ergebnis bei 1000 überprüften Pkw:

Ergebnis	absolute Häufigkeit
keine Mängel	815
leichte Mängel	154
schwere Mängel	31

Ergebnis: Der Pkw hat leichte Mängel.

Wahrscheinlichkeit für das Ergebnis:

$P(\text{leichte Mängel}) = \frac{154}{1000} = 0{,}154$
$= 15{,}4\,\%$

Mit Wahrscheinlichkeiten rechnen

Zufallsexperiment:
Das abgebildete Glücksrad wird zweimal gedreht.

Die **Menge aller möglichen Ergebnisse**
wird **Ergebnismenge S** genannt.

$S = \{(w, w), (w, b), (w, r), (b, w), (b, b),$
$(b, r), (r, w), (r, b), (r, r)\}$

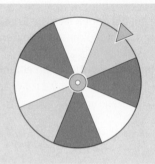

Bei **mehrstufigen Zufallsexperimenten** kann die Ergebnismenge S mithilfe eines **Baumdiagramms** ermittelt werden.

Jedes Ergebnis entspricht **einem Pfad** im Baumdiagramm.

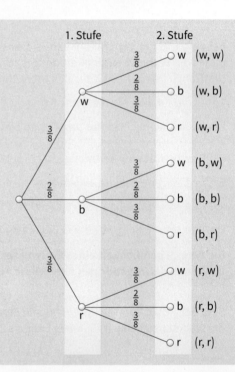

Multiplikationsregel:
Die Wahrscheinlichkeit für ein Ergebnis (einen Pfad) ist gleich dem Produkt der Wahrscheinlichkeiten längs des Pfades.

Ergebnis: (w, b)

$P(w, b) = \frac{3}{8} \cdot \frac{2}{8} = \frac{6}{64}$

Ein **Ereignis** ist eine Teilmenge der Ergebnismenge S.

Ereignis E: Das zweite Feld ist blau.

Additionsregel:
Die Wahrscheinlichkeit für ein Ereignis ist gleich der Summe der Wahrscheinlichkeiten der zugehörigen Ergebnisse (Pfade).

$E = \{(w, b), (b, b), (r, b)\}$

$P(E) = P(w, b) + P(b, b) + P(r, b)$

$= \frac{6}{64} + \frac{4}{64} + \frac{6}{64}$

$= \frac{16}{64} = \frac{1}{4} = 0{,}25 = 25\,\%$

Üben und Vertiefen: Ziehen mit Zurücklegen

1 In einer Urne befinden sich zwei weiße, drei blaue und fünf rote gleichartige Kugeln. Es wird zweimal nacheinander eine Kugel gezogen, die Farbe der Kugel notiert und die Kugel wieder zurückgelegt. Nach jeder Ziehung werden die Kugeln in der Urne neu durchmischt.

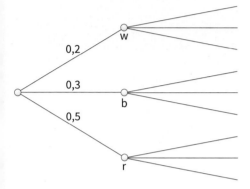

a) Übertrage das Baumdiagramm in dein Heft und vervollständige es.
b) Gib die Ergebnismenge S an und berechne die Wahrscheinlichkeiten aller Ergebnisse.

> E: Es wird genau eine weiße Kugel gezogen.
>
> $E = \{(w, b), (w, r), (b, w), (r, w)\}$
>
> $P(E) = 0,2 \cdot 0,3 + 0,2 \cdot 0,5 + 0,3 \cdot 0,2 + 0,5 \cdot 0,2$
>
> $P(E) = 0,32 = 32\,\%$

c) Gib die folgenden Ereignisse jeweils als Teilmenge von S an und berechne ihre Wahrscheinlichkeiten wie im Beispiel:
E_1: Es wird genau eine rote Kugel gezogen.
E_2: Es wird keine weiße Kugel gezogen.
E_3: Es werden höchstens zwei blaue Kugeln gezogen.
E_4: Es wird mindestens eine weiße Kugel gezogen.
E_5: Es werden Kugeln unterschiedlicher Farben gezogen.

2 Ein Würfel wird zweimal nacheinander geworfen.
a) Zeichne das zugehörige Baumdiagramm und berechne die Wahrscheinlichkeiten folgender Ereignisse:
E_1: Die Summe der Augenzahlen ist neun.
E_2: Die Differenz der Augenzahlen ist zwei.
E_3: Es wird Pasch gewürfelt.
b) Stelle dieses Zufallsexperiment auch als Urnenexperiment dar.

> Beantworte dazu die folgenden Fragen:
> Wie oft muss dazu eine Kugel aus der abgebildeten Urne gezogen werden?
> Muss die gezogene Kugel nach jeder Ziehung wieder in die Urne zurückgelegt werden?

3 Ein Glücksrad mit zwei gelben, drei blauen und vier roten gleich großen Kreisausschnitten wird zweimal gedreht.
a) Stelle das Zufallsexperiment als Urnenexperiment dar. Zeichne das zugehörige Baumdiagramm.
b) Berechne jeweils die Wahrscheinlichkeiten der unten angegebenen Ereignisse. Beachte, dass es wie im Beispiel oft einfacher ist, mit der Wahrscheinlichkeit des Gegenereignisses zu rechnen.

> Das Gegenereignis $\overline{E}$ tritt immer genau dann ein, wenn das Ereignis E nicht eintritt.
>
> Es gilt immer:
> $P(E) + P(\overline{E}) = 1$

> Ereignis E: Der Zeiger zeigt höchstens einmal auf ein gelbes Feld.
>
> $E = \{(g,b), (g,r), (b,g), (b,b), (b,r), (r,g), (r,b), (r,r)\}$
>
> Gegenereignis $\overline{E}$:   Der Zeiger zeigt genau zweimal auf ein gelbes Feld.
>
> $\overline{E} = \{(g,g)\}$ $P(\overline{E}) = \frac{2}{9} \cdot \frac{2}{9} = \frac{4}{81}$
>
> $P(\overline{E}) + P(E) = 1$
>
> $P(E) = 1 - P(\overline{E}) = 1 - \frac{4}{81} = \frac{77}{81}$

E_1: Der Zeiger zeigt höchstens einmal auf ein blaues Feld.
E_2: Der Zeiger zeigt mindestens einmal auf ein rotes Feld.

Ziehen ohne Zurücklegen

1 In einer Urne befinden sich zwei weiße, drei blaue und fünf rote gleichartige Kugeln. Es werden nacheinander zwei Kugeln gezogen. Die Farbe jeder Kugel wird notiert, die Kugeln werden nicht in die Urne zurückgelegt.

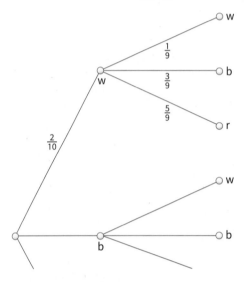

2 Larissa, Melissa, Christina und Olessja machen Campingurlaub. Sie losen aus, welche beiden Mädchen das Zelt aufbauen müssen.
a) Wie kann man das mithilfe eines Urnenexperiments entscheiden?
b) Zeichne das zugehörige Baumdiagramm mit den entsprechenden Wahrscheinlichkeiten.
c) Wie groß ist die Wahrscheinlichkeit, dass Melissa mit aufbauen muss?

a) Übertrage das Baumdiagramm in dein Heft und vervollständige es. Beachte, dass nach der ersten Ziehung nur noch neun Kugeln in der Urne sind.

3 Unter zehn Reisenden befinden sich drei Schmuggler. Zwei der Reisenden werden zufällig ausgewählt und vom Zoll kontrolliert.
a) Beschreibe das Zufallsexperiment mithilfe eines Urnenexperiments.

> E: Es wird genau eine weiße Kugel gezogen.
>
> $E = \{(w, b), (w, r), (b, w), (r, w)\}$
>
> $P(E) = \frac{2}{10} \cdot \frac{3}{9} + \frac{2}{10} \cdot \frac{5}{9} + \frac{3}{10} \cdot \frac{2}{9} + \frac{5}{10} \cdot \frac{2}{9}$
>
> $P(E) = \frac{32}{90} \approx 0,356 = 35,6\,\%$

b) Vervollständige das Baumdiagramm in deinem Heft.

b) Gib die Ergebnismenge S an und berechne die Wahrscheinlichkeiten aller Ergebnisse wie im Beispiel.
E_1: Es wird genau eine weiße Kugel gezogen.
E_2: Es wird keine blaue Kugel gezogen.
E_3: Es werden höchstens zwei rote Kugeln gezogen.
E_4: Es wird mindestens eine blaue Kugel gezogen.
E_5: Es werden Kugeln unterschiedlicher Farben gezogen.

> Hier ist es manchmal einfacher, mit der Wahrscheinlichkeit des Gegenereignisses zu rechnen.

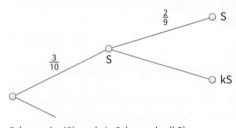

Schmuggler (S)   kein Schmuggler (kS)

c) Bestimme die Wahrscheinlichkeit dafür, dass unter den kontrollierten Personen kein (ein) Schmuggler ist.

Ziehen bei großer Grundgesamtheit

1 In dem Beispiel wird aus einer Urne mit sehr vielen Kugeln gezogen.

Zufallsexperiment: Zweimal Ziehen aus einer Urne mit 7000 weißen und 3000 roten gleichartigen Kugeln.

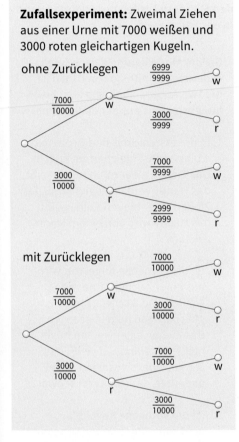

ohne Zurücklegen

mit Zurücklegen

Berechne die Wahrscheinlichkeiten dafür, dass zwei rote Kugeln gezogen werden, wenn ohne Zurücklegen gezogen wird und wenn mit Zurücklegen gezogen wird. Gib die Wahrscheinlichkeit jeweils als Dezimalzahl, auf drei Nachkommastellen gerundet an. Vergleiche die Ergebnisse miteinander. Was stellst du fest?

Bei einer großen Grundgesamtheit unterscheiden sich die Wahrscheinlichkeiten beim Ziehen mit und ohne Zurücklegen kaum. Wir können den Unterschied vernachlässigen und auf allen Stufen mit den gleichen Wahrscheinlichkeiten rechnen.

2 90 % aller Bundesbürger kennen den Bundespräsidenten. Bei einer Meinungsumfrage wird unter anderem auch gefragt, wie der Bundespräsident heißt. Zwei Personen werden nacheinander befragt.
a) Begünde, dass du auf beiden Stufen mit den gleichen Wahrscheinlichkeiten rechnen kannst.
b) Wie lässt sich das Zufallsexperiment mithilfe einer Urne modellieren?
c) Vervollständige das Baumdiagramm in deinem Heft.

In der Bundesrepublik leben ungefähr 82 Millionen Menschen.

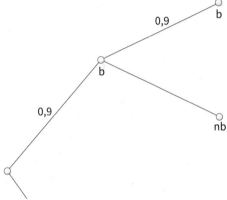

d) Wie groß ist die Wahrscheinlichkeit, dass zwei der befragten Personen den Bundespräsidenten nicht kennen?

3 Zwei zufällig ausgewählte Europäer werden auf ihre Blutgruppe untersucht.

Verteilung der Blutgruppen in Europa	
Blutgruppe A	44 %
Blutgruppe AB	6 %
Blutgruppe B	14 %
Blutgruppe 0	36 %

a) Modelliere den Sachverhalt mithilfe eines Urnenexperiments.
b) Berechne die Wahrscheinlichkeiten folgender Ereignisse:
E_1: Beide Personen haben Blutgruppe A (B, AB, 0).
E_2: Eine Person hat Blutgruppe B, die andere Person Blutgruppe 0.
E_3: Beide Personen haben unterschiedliche Blutgruppen.

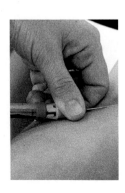

Ziehen aus verschiedenen Urnen

1 Bei der Behandlung von Bluthochdruck wird in der Regel eine Kombination mehrerer Medikamente eingesetzt. Das Medikament M1 einer bestimmten Wirkstoffgruppe bewirkt bei 80 % aller Patienten mit Bluthochdruck bereits allein eine ausreichende Senkung des Blutdrucks, das Medikament M2 einer anderen Wirkstoffgruppe bewirkt allein bei 70 % aller Patienten mit Bluthochdruck eine ausreichende Senkung. Beide Medikamente sollen nun bei Bluthochdruckpatienten gleichzeitig eingesetzt werden.

a) Die Einnahme von Medikament M1 kann durch das Ziehen einer Kugel aus Urne 1 modelliert werden.

Urne 1

rot: M1 wirkt   weiß: M1 wirkt nicht

Modelliere die Einnahme von Medikament M2.

b) Vervollständige das zugehörige Baumdiagramm in deinem Heft.

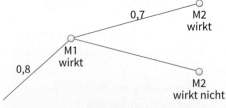

c) Wie groß ist die Wahrscheinlichkeit dafür, dass eine ausreichende Senkung des Bluthochdrucks stattfindet?

2 Bei dem Schutz vor einer Malariaerkrankung wird auch eine Kombination von Arzneimitteln eingesetzt. Das Medikament A schützt allein in 60 % aller Fälle, Medikament B allein in 75 % aller Fälle.

a) Zeichne das zugehörige Baumdiagramm.

b) Wie groß ist die Wahrscheinlichkeit dafür, dass beide Medikamente zusammen vor einer Malariaerkrankung schützen?

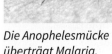

Die Anophelesmücke überträgt Malaria.

3 Das Handymodell eines bestimmten Herstellers wird zu 60 % an Frauen verkauft, davon 70 % in der Farbe Weiß. Von den Männern kaufen nur 50 % das Handy in der Farbe Weiß.

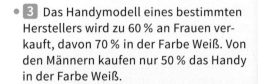

Bei der Modellierung dieses Zufallsexperiments mithilfe von Urnen ist die zweite Urne abhängig vom Ziehungsergebnis aus der ersten Urne.

1. In der ersten Urne sind 6 rote und 4 blaue sonst gleichartige Kugeln. Das Ziehen einer roten Kugel heißt, das Handy wird von einer Frau, das Ziehen einer blauen Kugel heißt, das Handy wird von einem Mann gekauft.

2a. Ist die gezogene Kugel rot, wird aus einer zweiten Urne mit 7 weißen und 3 schwarzen sonst gleichartigen Kugeln gezogen. Das Ziehen einer weißen Kugel heißt, das Handy ist weiß, das Ziehen einer schwarzen Kugel bedeutet, das Handy ist schwarz.

2b. Ist die gezogene Kugel blau, wird aus einer zweiten Urne mit 5 weißen und 5 schwarzen sonst gleichartigen Kugeln gezogen.

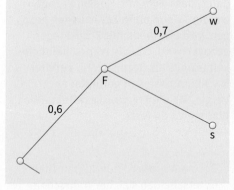

a) Vervollständige das zugehörige Baumdiagramm in deinem Heft.

b) Wie groß ist die Wahrscheinlichkeit, dass ein ausgeliefertes Modell weiß ist?

Lösungen zu Aufgabe 1 bis 3:
0,62 0,94 0,90

Methode

Urnenmodelle

Viele Zufallsexperimente lassen sich durch das Ziehen von Kugeln aus Urnen modellieren. Dazu ist die Beantwortung der folgenden Fragen sinnvoll.

1. Wird ein- oder mehrmals aus derselben Urne gezogen?

2. Wird mit oder ohne Zurücklegen aus der Urne gezogen?

3. Ist die Anzahl der Kugeln in der Urne so groß, dass sich Ziehungen mit und Ziehungen ohne Zurücklegen nur unwesentlich unterscheiden?

4. Wird aus unterschiedlichen Urnen gezogen? Entscheidet das Ziehungsergebnis aus der ersten Urne darüber, aus welcher zweiten Urne gezogen wird?

> Bearbeitet die folgenden Aufgaben in Partner- oder Gruppenarbeit. Überlegt zunächst, wie ihr das Zufallsexperiment durch ein Urnenexperiment modellieren könnt.

1 Aus sechs Kandidaten für eine Quizshow werden zwei ausgelost. Wie groß ist die Wahrscheinlichkeit dafür, dass Kandidat B in die erste Quizrunde und Kandidat F in die zweite Quizrunde kommt?

3 Aus zwei Großbuchstaben des Alphabets wird der Mittelteil eines Kfz-Kennzeichens zufällig gebildet. Wie groß ist die Wahrscheinlichkeit für die Kombination „XX"?

4 Für eine statistische Erhebung sollen aus jeder Klasse zwei Personen per Los ausgewählt werden. Jannis und Elena sind in der 10 b. Wie groß ist die Wahrscheinlichkeit, dass sie aus den 27 Schülerinnen und Schülern der 10 b ausgelost werden?

2 In einer Porzellanmanufaktur werden Vasen hergestellt. Von den hergestellten Vasen sind 60 % ohne Mängel, 30 % haben leichte Mängel und 10 % sind Ausschuss.
Zwei Vasen werden der Produktion entnommen. Bestimme mithilfe des zugehörigen Baumdiagramms die Wahrscheinlichkeit dafür, dass eine Vase ohne Mängel ist und die andere nur leichte Mängel aufweist.

5 95 % aller Jugendlichen unter 19 Jahren kennen Michael Jackson. Zwei zufällig ausgewählte Jugendliche werden gefragt, ob sie Michael Jackson kennen. Wie groß ist die Wahrscheinlichkeit dafür, dass mindestens einer diese Frage mit „ja" beantwortet?

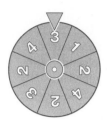

6 Das abgebildete Glücksrad wird zweimal nacheinander gedreht.
a) Zeichne das zugehörige Baumdiagramm und trage die zu den Teilpfaden gehörigen Wahrscheinlichkeiten ein.
b) Berechne die Wahrscheinlichkeiten der folgenden Ereignisse:
E_1: Eine Gewinnzahl ist die Zahl 3.
E_2: Keine Gewinnzahl ist eine 4.

7 Nico, Julia, Doreen, Christian, Michael und Anja haben in einem Preisausschreiben gewonnen. Unter ihnen werden zusätzlich zwei Reisen nach Italien und Irland verlost. Wie groß ist die Wahrscheinlichkeit dafür, dass Julia nach Italien und Christian nach Irland reisen darf?

8 Die Albert-Schweitzer-Schule wird von 270 Mädchen und 330 Jungen besucht. 60 % aller Schülerinnen und Schüler kommen mit öffentlichen Verkehrsmitteln zur Schule.
Aus allen Schülerinnen und Schülern wird eine Person zufällig ausgewählt.
a) Wie groß ist die Wahrscheinlichkeit dafür, dass es ein Schüler ist, der mit öffentlichen Verkehrsmitteln zur Schule kommt?
b) Wie groß ist die Wahrscheinlichkeit dafür, dass es eine Schülerin ist, die nicht mit öffentlichen Verkehrsmitteln zur Schule kommt?

9 Der Rhesusfaktor ist eine Eigenschaft der roten Blutkörperchen, die 1940 zuerst bei Rhesusaffen entdeckt wurde.
17 % aller Mitteleuropäer sind rhesusnegativ. Für eine Blutspende werden zwei Spender auf ihren Rhesusfaktor getestet.
a) Wie groß ist die Wahrscheinlichkeit dafür, dass keiner rhesus-negativ ist?
b) Wie groß ist die Wahrscheinlichkeit dafür, dass höchstens einer rhesus-negativ ist?

10 In einem deutschen Bundesland betrug der Anteil der ausländischen Schülerinnen und Schüler im Schuljahr 2016/2017 rund 11 %. Davon besuchten 16 % die Realschule, 5 % das Gymnasium, die übrigen eine andere Schulform. Von den deutschen Schülerinnen und Schülern besuchten 20 % die Realschule und 30 % das Gymnasium.
Ein zufällig ausgewählter Schüler des Gymnasiums (der Realschule) wird nach seiner Nationalität gefragt. Wie groß ist die Wahrscheinlichkeit, dass er Ausländer ist?

11 22 % aller Studierenden in Deutschland möchten Lehrer werden.
Rund 65 % der Lehramtsstudenten sind Frauen, während der Frauenanteil in den anderen Studiengängen nur rund 37 % beträgt.
Eine Person, die in Deutschland studiert, wird zufällig ausgewählt.
a) Wie groß ist die Wahrscheinlichkeit dafür, dass es eine Lehramtsstudentin ist?
b) Wie groß ist die Wahrscheinlichkeit, dass es ein Mann ist?

Vereinfachte Baumdiagramme

1 Bei einem Würfelspiel mit einem Würfel hat Jakob drei Versuche, um eine Sechs zu werfen. Werden in dem zugehörigen Baumdiagramm alle unterschiedlichen Ausgänge berücksichtigt, besteht das Baumdiagramm aus $6 \cdot 6 \cdot 6 = 216$ Pfaden.

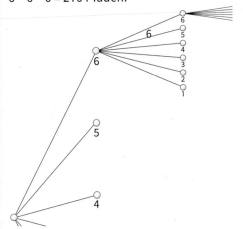

Für das Spiel ist es aber nicht wichtig, ob eine Fünf, Vier, Drei, Zwei oder Eins gewürfelt wird. Deshalb lässt sich das Baumdiagramm vereinfachen.

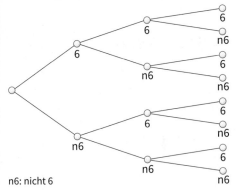

n6: nicht 6

Da Jakob nach der ersten 6 aufhört zu würfeln, ist eine weitere Vereinfachung möglich.

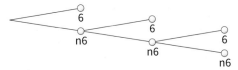

a) Übertrage das Baumdiagramm in dein Heft und ergänze die Wahrscheinlichkeiten an den Teilpfaden.
b) Berechne die Wahrscheinlichkeit dafür, dass Jakob beim ersten (zweiten, dritten) Versuch eine Sechs würfelt.

2 Bei dem abgebildeten Glücksrad gibt es nur dann einen Gewinn, wenn der Zeiger auf Herz zeigt.

Michelle hat höchstens drei Versuche, einen Gewinn zu erzielen.
a) Zeichne das zugehörige vereinfachte Baumdiagramm.
b) Berechne die Wahrscheinlichkeit dafür, dass Michelle einen Gewinn erhält.

3 Von sechs elektronischen Bauteilen einer Warensendung sind zwei defekt. Ein funktionsfähiges Bauteil soll herausgefunden werden.
a) Wie viele Bauteile müssen höchstens getestet werden, bis man ein funktionsfähiges findet?
b) Zeichne das vereinfachte Baumdiagramm.
c) Berechne die Wahrscheinlichkeit dafür, dass bereits das erste (das zweite, das dritte) getestete Bauteil funktionsfähig ist.

4 Beim Lotto werden sechs von 49 Kugeln aus der Urne gezogen.

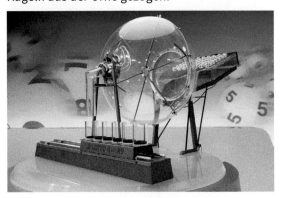

Berechne die Wahrscheinlichkeit dafür, dass die „13" als erste (zweite, dritte, …, sechste) Kugel gezogen wird.
Zeichne dazu zunächst ein vereinfachtes Baumdiagramm.

Kombinatorisches Zählen

1 Julia hat fünf T-Shirts, vier Hosen und drei Paar Schuhe, die sie alle miteinander kombinieren kann. Julia lässt bei ihrer Auswahl den Zufall entscheiden.

a) Beschreibe das zugehörige Baumdiagramm. Wie viele Teilpfade gehören zu jedem Pfad? Wie viele Ausgänge gibt es auf den einzelnen Stufen?

b) Wie viele Kombinationsmöglichkeiten hat Julia? Wie groß ist die Wahrscheinlichkeit, dass ihre Freundin Marie die richtige Kombination errät?

2 Neles Mutter möchte sich ein neues Auto kaufen. Der von ihr ausgewählte Fahrzeugtyp wird in den Ausstattungsvarianten Elegant, Modern und Komfort angeboten. Jede Ausstattungsvariante ist in 12 Farben und mit sechs unterschiedlichen Motoren lieferbar.

a) Wie viele unterschiedliche Möglichkeiten hat Neles Mutter? Gehe von dem zugehörigen Baumdiagramm aus, bestimme die Anzahl der Stufen und die Anzahl der Ausgänge auf den einzelnen Stufen.

b) Jans Vater hat sich für den gleichen Typ entschieden. Wie groß ist die Wahrscheinlichkeit dafür, dass er genau das gleiche Auto wählt?

3 Aus sechs Urnen soll jeweils eine Kugel in festgelegter Reihenfolge gezogen werden.

Urne 1 und Urne 2 enthalten jeweils 26 gleichartige Kugeln mit den Großbuchstaben des Alphabets, Urne 3, 4, 5 und 6 enthalten jeweils zehn Kugeln mit den Ziffern von 0 bis 9. Die gezogene Kombination soll als Autokennzeichen einer bestimmten Stadt dienen.

A B 0 1 0 5 → AB 105

A B 0 0 2 3 → AB 23

A B 0 0 0 7 → AB 7

a) Wie viele unterschiedliche Autokennzeichen können auf diese Weise vergeben werden?

b) Die Buchstabenkombinationen HJ, KZ, NS, SA und SS werden nicht vergeben.

Wie viele Kombinationen müssen subtrahiert werden?

Allgemeines Zählprinzip

Bei mehrstufigen Zufallsexperimenten betrachten wir das zugehörige Baumdiagramm.

Wir erhalten die Anzahl aller Pfade (aller möglichen Ergebnisse), wenn wir die Anzahl der Ausgänge auf den einzelnen Stufen miteinander multiplizieren.

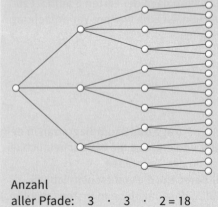

Anzahl
aller Pfade: $3 \cdot 3 \cdot 2 = 18$

Ziehen mit Zurücklegen, mit Reihenfolge

1 Auf einem Lottoschein kann zusätzlich in einem Kästchen das „Spiel 77" angekreuzt werden. Gewinnzahl ist dann eine siebenstellige Zahl, die auf dem Tippschein steht.

Milkia und Kevin möchten die Wahrscheinlichkeit dafür berechnen, dass sie bei „Spiel 77" die richtige Zahl tippen. Sie überlegen zunächst, wie sie das Zufallsexperiment mithilfe von Urnen nachspielen können.

Kevin schlägt vor, in sieben Urnen jeweils zehn gleichartige Kugeln mit den Ziffern von 0 bis 9 zu legen und dann aus jeder Urne einmal eine Kugel zu ziehen.

Milkia empfiehlt, in nur eine Urne zehn gleichartige Kugeln mit den Ziffern 0 bis 9 zu legen. Dann soll siebenmal hintereinander gemischt, eine Kugel aus der Urne gezogen, die zugehörige Ziffer notiert und die Kugel wieder zurückgelegt werden.

1. Ziffer: 7
2. Ziffer: 0
3. Ziffer: 0
4. Ziffer: 1
5. Ziffer: 5
6. Ziffer: 6
7. Ziffer:

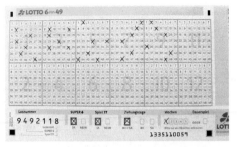

a) Eignen sich beide Vorschläge dazu, das Zufallsexperiment nachzuspielen? Welcher Vorschlag ist deiner Meinung nach besser? Begründe.

b) Wie sieht das vollständige Baumdiagramm aus, das zu diesem Zufallsexperiment gehört?
Wie viele Teilpfade gehören zu jedem Pfad? Wie viele Pfade hat das Baumdiagramm insgesamt?
Wie viele unterschiedliche Ergebnisse gehören zu dem Zufallsexperiment?

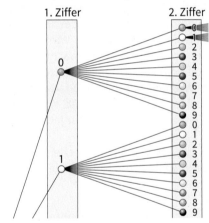

c) Wie groß ist die Wahrscheinlichkeit für jedes Ergebnis (jeden Pfad)?

d) Wie groß ist die Wahrscheinlichkeit, bei „Spiel 77" die richtige Zahl zu tippen?

2 In einer Urne befinden sich fünf gleichartige Kugeln, die die Ziffern von 1 bis 5 tragen. Aus der Urne wird viermal mit Zurücklegen unter Beachtung der Reihenfolge eine Kugel gezogen.

a) Wie viele unterschiedliche Ergebnisse (Pfade) gehören zu dem Zufallsexperiment?

b) Wie groß ist die Wahrscheinlichkeit für jedes Ergebnis (jeden Pfad)?

Ziehen mit Zurücklegen, mit Reihenfolge

3 Beim Fußballtoto müssen die Ergebnisse von Fußballspielen vorher getippt werden. Dabei bedeutet die Ziffer 1 „die Heimmannschaft gewinnt", die Ziffer 2 „die Auswärtsmannschaft gewinnt" und die Ziffer 0 „das Spiel endet unentschieden".
Arne kennt sich im Fußball nicht aus, er lässt den Zufall entscheiden.
a) Beschreibe ein Zufallsexperiment, bei dem du mithilfe einer Urne den Tippschein ausfüllen kannst. Wie viele Kugeln befinden sich in der Urne? Wie sind sie gekennzeichnet? Wie oft wird mit Zurücklegen unter Beachtung der Reihenfolge aus der Urne gezogen?
b) Wie viele Ergebnisse (Pfade) gehören zu dem Zufallsexperiment? Wie groß ist die Wahrscheinlichkeit für jedes Ergebnis (jeden Pfad)?
c) Wie groß ist die Wahrscheinlichkeit, beim Fußballtoto zufällig alle Ergebnisse richtig zu tippen?

4 Am Zahlenkombinationsschloss des Safes müssen vier Zahlen von 01 bis 99 richtig eingestellt werden, damit sich der Safe öffnen lässt.

a) Wie viele Möglichkeiten gibt es?
b) Wie groß ist die Wahrscheinlichkeit, die richtige Kombination zu erraten?

5 Mit den 26 Großbuchstaben des Alphabets soll eine Buchstabenkombination aus drei Buchstaben gebildet werden. Jeder Buchstabe darf mehrmals vorkommen.

ABC   BAC   AAC   CAA   ACA
XYZ   ZAY   . . .   . . .

a) Beschreibe ein Zufallsexperiment, bei dem du mithilfe einer Urne die Buchstabenkombination zufällig bestimmst. Wie viele Kugeln befinden sich in der Urne? Wie sind sie gekennzeichnet? Wie oft wird mit Zurücklegen unter Beachtung der Reihenfolge aus der Urne gezogen?
b) Wie viele Ergebnisse (Pfade) gehören zu dem Zufallsexperiment? Wie viele unterschiedliche Buchstabenkombinationen gibt es?
c) Wie groß ist die Wahrscheinlichkeit, eine Buchstabenkombination zufällig zu erraten?

6 In einer Urne befinden sich gleichartige Kugeln, die die Zahlen von 1 bis n tragen.
Es wird mehrmals (k-mal) eine Kugel mit Zurücklegen unter Beachtung der Reihenfolge gezogen.

Anzahl der Kugeln n	8	6	10	12	3	2	7
Anzahl der Ziehungen k	5	3	4	7	8	10	8

a) Wie viele Ergebnisse (Pfade) gehören zu dem Zufallsexperiment?
b) Wie groß ist die Wahrscheinlichkeit für jedes Ergebnis (jeden Pfad)?

Ziehen mit Zurücklegen, mit Reihenfolge

Anzahl der Kugeln:	11
Anzahl der Ziehungen:	4
Anzahl der Ergebnisse:	11^4
	$= 14\,641$
Wahrscheinlichkeit für jedes Ergebnis:	$\frac{1}{14\,641}$

Ziehen ohne Zurücklegen, mit Reihenfolge

1 Bei Pferderennen wird häufig gewettet. Bei der Dreierwette müssen die ersten drei Pferde in der richtigen Reihenfolge getippt werden.
Es sind acht Pferde am Start, die Startnummern von 1 bis 8 tragen.
Da Fidan sich im Pferderennsport nicht auskennt, lässt sie den Zufall entscheiden.
a) Beschreibe ein Zufallsexperiment, bei dem du mithilfe einer Urne eine Dreierwette abgeben kannst.
b) Wie sieht das zugehörige Baumdiagramm aus? Wie viele Teilpfade gehören zu jedem Pfad? Wie viele Pfade hat das Baumdiagramm insgesamt? Wie viele Ergebnisse gehören zu dem Zufallsexperiment?
c) Wie groß ist die Wahrscheinlichkeit für jedes Ergebnis (jeden Pfad)?

2 Lukas soll aus den abgebildeten Buchstabenkärtchen eine Kombination aus vier Buchstaben legen. Anna soll diese Kombination dann erraten.

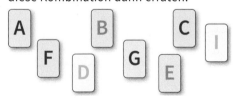

a) Beschreibe ein Zufallsexperiment, bei dem du mithilfe einer Urne die Buchstabenkombination zufällig bestimmst.
b) Wie viele Ergebnisse (Pfade) gehören zu dem Zufallsexperiment?
c) Wie groß ist die Wahrscheinlichkeit, eine Buchstabenkombination zufällig zu erraten?

3 Aus zehn Kandidaten für eine Quizshow werden drei ausgelost. Einer kommt in die erste, einer in die zweite und einer in die dritte Fragerunde.

Wie groß ist die Wahrscheinlichkeit dafür, dass Kandidat A in die erste, Kandidat C in die zweite und Kandidat H in die dritte Fragerunde kommt?

4 In einer Urne befinden sich gleichartige Kugeln, die die Zahlen von 1 bis n tragen.
Es wird mehrmals (k-mal) eine Kugel ohne Zurücklegen unter Beachtung der Reihenfolge gezogen.

Anzahl der Kugeln n	9	12	6	15	7
Anzahl der Ziehungen k	3	6	5	3	5

a) Wie viele Ergebnisse (Pfade) gehören zu dem Zufallsexperiment?
b) Wie groß ist die Wahrscheinlichkeit für jedes Ergebnis (jeden Pfad)?

Ziehen ohne Zurücklegen, mit Reihenfolge

Anzahl der Kugeln: 11
Anzahl der Ziehungen: 4

Anzahl der Ergebnisse: $11 \cdot 10 \cdot 9 \cdot 8$
                        $= 7920$

Wahrscheinlichkeit $\frac{1}{7920}$
für jedes Ergebnis:

5 Johanna soll aus den abgebildeten Kärtchen eine Zahl legen. Ercan soll die Zahl dann erraten.

a) Beschreibe ein Zufallsexperiment, bei dem du mithilfe einer Urne die Zahl zufällig bestimmst.
b) Wie viele Ergebnisse (Pfade) gehören zu dem Zufallsexperiment? Wie groß ist die Wahrscheinlichkeit für jedes Ergebnis (jeden Pfad)?
c) Wie groß ist die Anzahl der Ergebnisse und die Wahrscheinlichkeit für jedes Ergebnis, wenn als fünfte Ziffer die 9 hinzukommt?

6 Annika, Boris, Christian, Daria, Erik und Fatima haben für eine Theateraufführung sechs Karten in einer Sitzreihe gekauft.

a) Beschreibe ein Zufallsexperiment, bei dem du mithilfe einer Urne die Karten zufällig verteilen kannst.
b) Wie viele Ergebnisse (Pfade) gehören zu dem Zufallsexperiment?
c) Wie groß ist die Wahrscheinlichkeit für jedes Ergebnis (jeden Pfad)?

7 Unter den fünf Hauptgewinnern eines Preisausschreibens werden fünf Reisen in fünf Länder verlost.

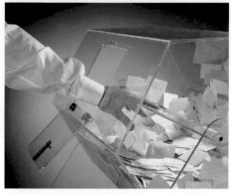

Wie viele unterschiedliche Ergebnisse gibt es?
Wie groß ist die Wahrscheinlichkeit dafür, dass Gewinner 1 nach Italien, Gewinner 2 nach Spanien, Gewinner 3 nach Irland, Gewinner 4 in die USA und Gewinner 5 nach Australien reisen kann?

8 In einer Urne befinden sich n gleichartige Kugeln, die die Zahlen von 1 bis n tragen.
Es soll nun n-mal ohne Zurücklegen unter Beachtung der Reihenfolge eine Kugel aus der Urne gezogen werden. Du erhältst eine zufällige Anordnung der Zahlen von 1 bis n.
a) Berechne die Anzahl der Ergebnisse (Pfade) für n = 7 (3; 8; 9; 2; 1) Kugeln.
b) Wie groß ist die Wahrscheinlichkeit für jedes Ergebnis (jeden Pfad)?

Zur Abkürzung für das Produkt
$n \cdot (n-1) \cdot (n-2) \cdot \ldots \cdot 3 \cdot 2 \cdot 1$
führen wir die Schreibweise n! ein:
(*lies:* n Fakultät) ein:

$$n \cdot (n-1) \cdot (n-2) \cdot \ldots \cdot 3 \cdot 2 \cdot 1 = n!$$
$$1! = 1 \qquad 0! = 1$$

Eine Anordnung von untereinander verschiedenen Elementen (Ziffern, Buchstaben, Personen, ...) heißt **Permutation** der gegebenen Elemente. Für n untereinander verschiedene Elemente gibt es n! Permutationen.

9 Aus einer Urne mit 25 gleichartigen Kugeln, die die Zahlen von 1 bis 25 tragen, wird fünfmal eine Kugel ohne Zurücklegen unter Beachtung der Reihenfolge gezogen.
Niklas berechnet die Anzahl aller möglichen Ergebnisse wie bisher.
Carla benutzt dabei die **x!-Taste** ihres Taschenrechners.

Niklas rechnet:

Anzahl der Ergebnisse:
$25 \cdot 24 \cdot 23 \cdot 22 \cdot 21 = 6\,375\,600$

Carla rechnet:

Anzahl der Ergebnisse:
$25 \cdot 24 \cdot 23 \cdot 22 \cdot 21$

$= \dfrac{25 \cdot 24 \cdot 23 \cdot 22 \cdot 21 \cdot \ldots \cdot 3 \cdot 2 \cdot 1}{20 \cdot 19 \cdot 18 \cdot \ldots \cdot 3 \cdot 2 \cdot 1}$

$= \dfrac{25!}{20!}$

$= 6\,375\,600$

Begründe, weshalb Carlas Rechenweg richtig ist. Welche Rechnung ist mithilfe eines Taschenrechners einfacher durchzuführen?

10 In einer Urne befinden sich n gleichartige Kugeln, die die Zahlen von 1 bis n tragen. Es wird k-mal eine Kugel ohne Zurücklegen unter Beachtung der Reihenfolge gezogen.

Anzahl der Kugeln n	25	30	35	42	18
Anzahl der Ziehungen k	7	8	6	10	9

a) Berechne die Anzahl der Ergebnisse mithilfe der **x!-Taste** deines Taschenrechners.
b) Wie groß ist die Wahrscheinlichkeit für jedes Ergebnis?

Zufallsexperiment:
Aus einer Urne mit n gleichartigen Kugeln, die die Zahlen von 1 bis n tragen, wird k-mal eine Kugel ohne Zurücklegen unter Beachtung der Reihenfolge gezogen.

Anzahl der Ergebnisse:

$$n \cdot (n-1) \cdot (n-2) \cdot \ldots \cdot (n-k+1)$$

$$= \frac{n \cdot (n-1) \cdot \ldots \cdot (n-k+1) \cdot (n-k) \cdot \ldots \cdot 3 \cdot 2 \cdot 1}{(n-k) \cdot \ldots \cdot 3 \cdot 2 \cdot 1}$$

$$= \frac{n!}{(n-k)!}$$

Wahrscheinlichkeit für jedes Ergebnis (jeden Pfad):

$$= \frac{1}{n \cdot (n-1) \cdot (n-2) \cdot \ldots \cdot (n-k+1)}$$

$$= \frac{1}{\frac{n!}{(n-k)!}}$$

11 Marie, Anna, Lukas und Tim nehmen jeweils mit einem Los an einer Tombola teil.
In der Lostrommel befinden sich 100 Losabschnitte. Wie groß ist die Wahrscheinlichkeit dafür, dass Marie den ersten Preis, Lukas den zweiten Preis, Tim den dritten Preis und Anna den vierten Preis bekommt?

12 Die Klasse 10a hat bei einem Wettbewerb drei Bücher gewonnen. Diese sollen unter den 25 Schülerinnen und Schülern verlost werden. Dabei soll jeder Gewinner aber nur ein Buch bekommen. Wie groß ist die Wahrscheinlichkeit dafür, dass Elena den Roman, Moritz das Sachbuch und Julius den Gedichtband gewinnt?

Aus einer Urne mit acht Kugeln, die die Ziffern von 1 bis 8 tragen, werden drei Kugeln ohne Zurücklegen gezogen. Die Reihenfolge soll dabei nicht beachtet werden.

Gewinn und Verlust bei Spielautomaten

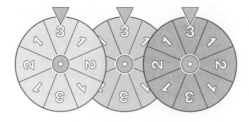

Du kannst die Pfadregeln auch anwenden, ohne ein Baumdiagramm zu zeichnen.

1 Lisa und Jonas betrachten nun wieder das vollständige Modell des Geldspielautomaten.
Jonas hat einen Teil des zugehörigen Baumdiagramms gezeichnet.

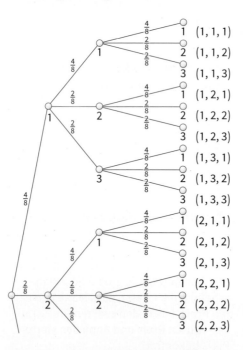

Lisa hat die Wahrscheinlichkeit eines Ergebnisses berechnet.

$$P(1, 3, 3) = \frac{4}{8} \cdot \frac{2}{8} \cdot \frac{2}{8} = \frac{16}{512}$$

$$P(1, 3, 3) = 0{,}03125$$

Der Automat wirft einen Gewinn aus, wenn genau zwei Zeiger auf die Zahl 3 zeigen.
Berechne die Wahrscheinlichkeit für das Ereignis E: Genau zwei Zeiger zeigen auf die Zahl 3.
Addiere dazu die Wahrscheinlichkeiten der zu E gehörigen Ergebnisse.

2 Der zugehörige Spielautomat wirft einen Gewinn aus, wenn mindestens ein Zeiger auf die Zahl 3 zeigt. Berechne die Wahrscheinlichkeit.

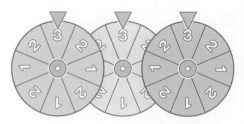

3 Die Räder dieses Spielautomatenmodells sind ebenfalls gleich eingeteilt und werden unabhängig voneinander gedreht. Zeigt mindestens ein Zeiger auf „Herz", wird ein Gewinn erzielt. Berechne die Wahrscheinlichkeit für einen Gewinn.

4 Maik hat festgestellt, dass man bei vielen Spielautomaten nur die Felder sehen kann, auf die die Zeiger zeigen. Er hat bei seinem Spielautomatenmodell die mittlere Scheibe so eingeteilt, dass nur auf einem Feld das Zeichen „€" steht. Ein Gewinn soll erzielt werden, wenn mindestens zwei Zeiger auf „€" zeigen.

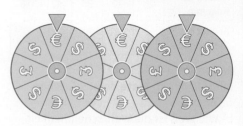

a) Berechne die Wahrscheinlichkeit für einen Gewinn.
b) Wird der Spieler hier getäuscht? Begründe deine Antwort.

Die goldene Sieben

Einsatz pro Spiel: **20 Cent**

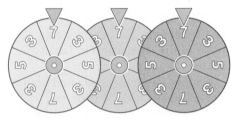

Gewinnkombinationen:

3 x 7 : 2,00 €
2 x 7 : 0,50 €

5 Anna und Nicole überlegen, wie sie bei der „goldenen Sieben" den zu erwartenden Gewinn berechnen können:

„Die Wahrscheinlichkeit für das Ereignis „3 x 7" beträgt $\frac{1}{64}$, die Wahrscheinlichkeit für „2 x 7" beträgt $\frac{9}{64}$. Das bedeutet, dass wir bei 640 Spielen ungefähr 10-mal einen Gewinn von 2,00 € und 90-mal einen Gewinn von 0,50 € machen könnten", rechnet Anna. „Du musst auch noch den Einsatz von 0,20 € pro Spiel berücksichtigen", wirft Nicole ein.

a) Überprüfe die Berechnungen von Anna. Treffen ihre Überlegungen für 640 Spiele immer zu? Begründe deine Antwort.
b) Was ergibt sich, wenn auch noch der Einsatz von 0,20 € pro Spiel berücksichtigt wird?
c) Würde ein solcher Automat nach der Spieleverordnung zugelassen werden?

Cherry-Slot

Einsatz pro Spiel: **50 Cent**

Gewinnkombinationen:

3 x Cherry : 40,00 €
2 x Cherry : 4,00 €
1 x Cherry : 0,40 €

6 Der abgebildete „virtuelle" Geldspielautomat besteht aus drei Walzen, die unabhängig voneinander gedreht werden. Jede Walze ist in zehn gleich große Felder eingeteilt, ein Feld auf jeder Walze trägt das Symbol „Kirsche".
a) Berechne die Wahrscheinlichkeiten für die drei Gewinnkombinationen.
b) Berechne den zu erwartenden Gewinn. Gehe dabei von 1000 durchgeführten Spielen aus.
c) Was ergibt sich, wenn du den Einsatz pro Spiel mitberücksichtigst?
d) Ein Spiel dauert an diesem Automaten nur 10 Sekunden. In welcher Zeit kann ein Spieler 500 € verlieren?

Ausgangstest 1

1 In einer Urne befinden sich vier gleichartige Kugeln, die die Buchstaben A, B, C und D tragen.

Aus der Urne werden zwei Kugeln nacheinander gezogen. Jede Kugel wird sofort nach ihrer Ziehung wieder zurückgelegt.
a) Zeichne das zugehörige Baumdiagramm.
b) Gib die folgenden Ereignisse jeweils als Teilmenge von S an und berechne ihre Wahrscheinlichkeiten:
E_1: Die erste gezogene Kugel trägt den Buchstaben A, die zweite den Buchstaben B.
E_2: Die zweite gezogene Kugel trägt den Buchstaben D.
E_3: Keine gezogene Kugel trägt den Buchstaben A.

2 In einer Fabrik für Herrenoberbekleidung werden Hemden genäht. Von den hergestellten Hemden sind 90 % ohne Mängel (OM), 9 % haben leichte Mängel (LM), der Rest ist Ausschuss (A). Der Produktion werden nacheinander zwei Hemden entnommen.
a) Vervollständige das zugehörige Baumdiagramm in deinem Heft.

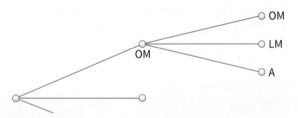

b) Bestimme die Wahrscheinlichkeit für die folgenden Ereignisse:
E_1: Ein Hemd ist ohne Mängel und ein Hemd ist Ausschuss.
E_2: Beide Hemden haben höchstens leichte Mängel.

3 In einer Urne befinden sich vier schwarze, drei rote und zwei gelbe sonst gleichartige Kugeln. Es werden nacheinander zwei Kugeln gezogen. Die Farbe jeder Kugel wird notiert, die Kugeln werden nicht wieder in die Urne zurückgelegt.
a) Zeichne das zugehörige Baumdiagramm und gib die Ergebnismenge S an.
b) Gib die folgenden Ereignisse jeweils als Teilmenge von S an und berechne ihre Wahrscheinlichkeiten:
E_1: Es wird genau eine gelbe Kugel gezogen.
E_2: Es wird keine schwarze Kugel gezogen.
E_3: Es wird mindestens eine rote Kugel gezogen.

4 Bei einem Tablet-PC haben 70 % der Geräte ein weißes Gehäuse, der Rest ist schwarz. Für jede Farbe beträgt der Anteil der Geräte, die mit einer 32-GB-Festplatte ausgestattet sind, 20 %, alle anderen Geräte haben eine 16-GB-Festplatte. Ein Tablet-PC wird zufällig der Produktion entnommen.
Zeichne das zugehörige Baumdiagramm und bestimme die Wahrscheinlichkeiten aller Ergebnisse.

5 Das Modell „Wolf" eines Autoherstellers wird zu 20 % an Frauen verkauft, davon 30 % in der Farbe Grau. Von den Männern kaufen aber 90 % den „Wolf" in der Farbe Grau.
a) Zeichne das zugehörige Baumdiagramm.
b) Wie groß ist die Wahrscheinlichkeit, dass ein ausgelieferter „Wolf" grau ist?

Ich kann	Aufgabe	Hilfen und Aufgaben
zu einem zweistufigen Zufallsexperiment das zugehörige Baumdiagramm zeichnen.	1 bis 5	Seite 106
Sachprobleme mit dem Urnenmodell modellieren und lösen.	2, 4, 5	Seite 115
bei zweistufigen Zufallsexperimenten Wahrscheinlichkeiten von Ergebnissen berechnen.	1 bis 5	Seite 107
bei zweistufigen Zufallsexperimenten Wahrscheinlichkeiten von Ereignissen berechnen.	1 bis 5	Seite 108

Ausgangstest 2

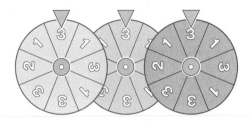

1 Die Räder dieses Spielautomatenmodells sind gleich eingeteilt und werden unabhängig voneinander gedreht.
a) Stelle das Zufallsexperiment als Urnenexperiment dar.
b) Zeichne das zugehörige Baumdiagramm.
c) Zeigt mindestens ein Zeiger auf die Zahl 2, wird ein Gewinn erzielt. Berechne die Wahrscheinlichkeit für einen Gewinn.

2 In einer Warensendung befinden sich acht funktionsfähige (f) und zwei defekte (d) elektronische Bauteile. Zwei dieser Bauteile werden getestet.
a) Zeichne das zugehörige Baumdiagramm.
b) Berechne die Wahrscheinlichkeit dafür, dass unter den getesteten Bauteilen mindestens ein funktionsfähiges ist.

3 Das Passwort für einen Internetzugang besteht aus fünf kleinen Buchstaben, gefolgt von drei Ziffern.
a) Wie viele unterschiedliche Möglichkeiten gibt es?
b) Wie groß ist die Wahrscheinlichkeit dafür, dass das Passwort sofort beim ersten Mal richtig geraten wird?

4 Aus einer Urne mit 30 gleichartigen Kugeln, die die Zahlen von 1 bis 30 tragen, werden fünf Kugeln gezogen.
a) Wie viele unterschiedliche Ergebnisse gibt es, wenn mit Zurücklegen gezogen wird und die Reihenfolge beachtet wird? Wie groß ist die Wahrscheinlichkeit für jedes Ergebnis?
b) Was verändert sich, wenn ohne Zurücklegen gezogen wird?

5 Bei einer Lotterie gewinnen 1 % der Lose 10 €, 2 % der Lose 5 €, 3 % der Lose 2 € und 4 % der Lose 1 €. Die restlichen Lose sind Nieten. Jedes Los kostet 0,50 €.
a) Welchen Gewinn kannst du erwarten, wenn du 200 Lose kaufst?
b) Wie viel Euro muss ein Los kosten, wenn der Lotterieveranstalter im Mittel pro Los 0,70 € verdienen will?

Ich kann	Aufgabe	Hilfen und Aufgaben
zu einem mehrstufigen Zufallsexperiment das zugehörige Baumdiagramm zeichnen.	1, 2, 3	Seite 106
Sachprobleme mit dem Urnenmodell modellieren und lösen.	1, 2, 3	Seite 115
bei mehrstufigen Zufallsexperimenten Wahrscheinlichkeiten von Ergebnissen berechnen.	1, 2, 3	Seite 107
bei mehrstufigen Zufallsexperimenten Wahrscheinlichkeiten von Ereignissen berechnen.	1, 2, 3	Seite 108
die Anzahl von Ergebnissen mithilfe der Kombinatorik berechnen.	3, 4	Seite 118 – 123
bei einem Glücksspiel den zu erwartenden Gewinn berechnen.	5	Seite 124, 125

Sachprobleme

Wie viele Reiskörner sind in diesem Sack?

Berechne den umbauten Raum des Gebäudes.

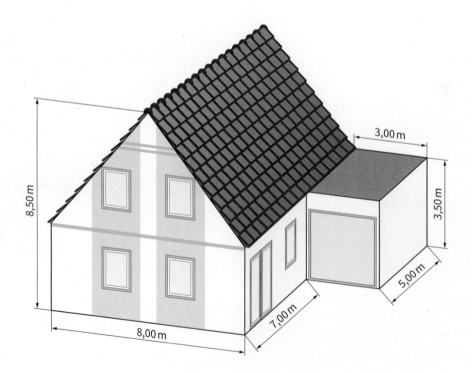

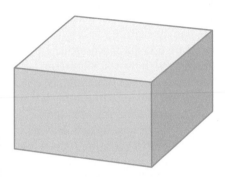

Welche ganzzahligen Kantenlängen kann ein Quader mit dem
Volumen 36 cm³ haben?

Wie viel Quadratmeter hat das Grundstück?

Wie viel Kubikzentimeter Wasser
passen in das Glas?

Welche Beträge muss ich monatlich ansparen, um in fünf
Jahren ein Auto für 20 000 Euro kaufen zu können?

Überlegt, wie ihr die Probleme lösen könnt.
Welche zusätzlichen Informationen braucht ihr?

Rund ums Auto

24 250 €

1 Frau Jürgens, eine Kauffrau im Außendienst, braucht ein neues Auto.
Der Händler macht ihr ein Leasing- und ein Finanzierungsangebot:

Leasing:
Das Auto wird für eine vereinbarte Zeit „gemietet". Nach Ablauf der Zeit kann man das Auto zurückgeben oder zum Restwert kaufen.

Leasingangebot	
Laufzeit	36 Monate
jährliche Fahrleistung	15 000 km
Sonderzahlung	5000 €
36 monatliche Raten à	276 €
Restwert	12 100 €

Finanzierungsangebot	
Laufzeit	36 Monate
jährliche Fahrleistung	15 000 km
Anzahlung	5000 €
36 monatliche Raten je	293 €
Schlussrate	11 350 €

Frau Jürgens kann bei beiden Angeboten das Auto nach Ablauf der Laufzeit zurückgeben oder den Restwert beziehungsweise die Schlussrate bezahlen, damit ihr das Auto gehört. Wenn sie das Auto zurückgibt, entstehen ihr keine weiteren Kosten. Welches Angebot ist günstiger, wenn Frau Jürgens das Auto nach 3 Jahren zurückgeben will (weiterfahren will)?

2 Frau Jürgens fährt von Berlin nach München. Für die 599 gefahrenen Kilometer ermittelt sie einen Benzinverbrauch von 49,8 Litern.
a) Berechne den durchschnittlichen Benzinverbrauch für 100 Kilometer.
b) Frau Janssen, eine Bekannte, ist mitgefahren. Wie viel Euro muss sie an Frau Jürgens zahlen, wenn sie vereinbart haben, die Benzinkosten zu teilen? Gehe dabei von einem Benzinpreis von 1,44 € pro Liter aus.

3 Frau Janssen überlegt, ob sie ihr neues Auto mit Benzin- oder Dieselmotor kaufen soll. Der Dieselmotor ist bei gleicher Leistung 1850 € teurer als der Benzinmotor.

Diesel: 1,24 €
Benzin: 1,44 €

Verbrauch pro 100 km
Dieselmotor: 6 Liter
Benzinmotor: 8,5 Liter

Für welchen Motortyp soll sie sich entscheiden, wenn sie von einer jährlichen Fahrleistung von 20 000 km ausgeht und das Fahrzeug drei Jahre fahren will?

4 In der Fahrschule lernt man eine Faustregel, nach der man den Bremsweg eines Autos auf trockener Straße berechnen kann: *Wenn man die Geschwindigkeit (in $\frac{km}{h}$) durch zehn dividiert und das Ergebnis quadriert, so erhält man den Bremsweg (in m).*
a) Berechne den Bremsweg für folgende Geschwindigkeiten: 40 $\frac{km}{h}$; 80 $\frac{km}{h}$; 160 $\frac{km}{h}$
b) Beschreibe die Faustregel durch eine Funktionsgleichung.
c) Wie schnell ist man gefahren, wenn nach einer Vollbremsung ein Bremsweg von 210,25 m gemessen wurde?

Tennis

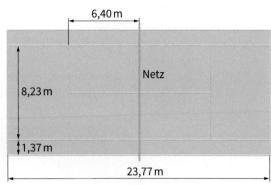

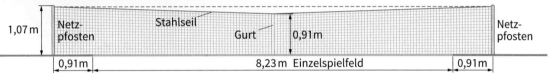

Das Einzelspielfeld hat eine Länge von 23,77 m und eine Breite von 8,23 m und wird in der Mitte durch das Netz getrennt. Das Doppelspielfeld ist an jeder Seite 1,37 m breiter als das Einzelspielfeld. Alle Außenlinien und die Aufschlagfelder werden durch weiße Linien markiert.

1 Herr Wiebeler betreibt eine Tennisanlage. Er möchte einen weiteren Platz in seiner Halle anlegen.
a) Wie viel Meter weiße Markierungslinie muss er verlegen?
b) Das Spielfeld soll mit blauem Teppichboden und der Platz außerhalb des Feldes mit grauem Teppichboden beklebt werden. Die Regeln schreiben seitlich der Außenlinien jeweils 3,05 m und hinter den Grundlinien jeweils 5,50 m „Auslaufbereich" vor. Wie viele Quadratmeter Teppichboden von jeder Farbe muss Herr Wiebeler bestellen?

2 Das Netz wird durch ein Stahlseil gehalten, das straff zwischen den beiden Netzpfosten gespannt wird.
Wie lang muss das Stahlseil sein, wenn man davon ausgeht, dass an jedem Netzpfosten 30 cm für die Spannvorrichtung benötigt werden?

3 Die Flugbahn des Balles, den Herr Janssen spielt, kann durch eine Parabel mit der Funktionsgleichung
$y = -0{,}05\,(x + 3)^2 + 5$ beschrieben werden.
a) Zeichne Netz und Grundlinie wie abgebildet in das Koordinatensystem ein. Die Länge des Platzes beträgt 23,77 m. Zeichne den Graphen der Funktion (0,5 cm ≙ 1 m).
b) Ermittle anhand des Graphen, in welcher Entfernung vom Netz der Ball den Boden berührt. Kommt der Ball noch im Spielfeld auf?
c) Bestimme die größte Höhe des Balles und in welcher Entfernung vom Netz er die größte Höhe erreicht.

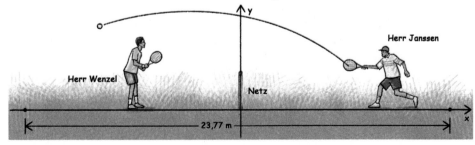

Dächer

1 a) Das Dach des Hauses soll mit Teerpappe eingedeckt werden. Der Dachdecker rechnet 56 € netto für einen Quadratmeter.
Berechne den Bruttopreis (mit 19 % MwSt.) für die Dachdeckerarbeiten.

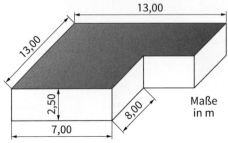

Maße in m

b) Für die Bestimmung der Baukosten soll der umbaute Raum in Kubikmeter berechnet werden.

2 Berechne den Inhalt der Dachfläche und den umbauten Raum des Gebäudes.

a)

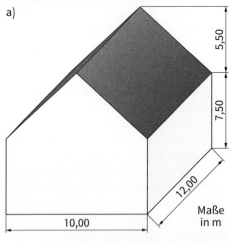

Maße in m

b)

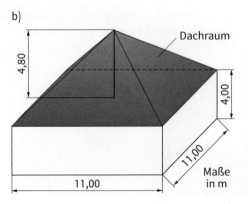

Dachraum

Maße in m

3 Das Dach des Turmes hat die Form eines Kegels. Die kreisförmige Grundfläche hat einen Durchmesser von 11,20 m.

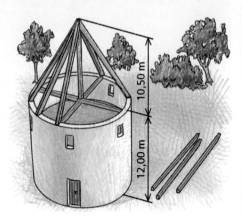

a) Das Dach soll einen Belag aus Kupferblech erhalten. Wie viel Quadratmeter Kupfer muss der Dachdecker einplanen?
b) Bestimme den umbauten Raum des ganzen Turms.

4 In einem Freizeitpark soll das abgebildete Gebäude errichtet werden.

Die Grundfläche des Hauses ist kreisförmig und hat einen Durchmesser von 6 m.
a) Das Dach hat die Form einer Halbkugel. Berechne den Oberflächeninhalt.
b) Die Außenwand soll gestrichen werden.
Für wie viel Quadratmeter muss der Maler Farbe einplanen, wenn er für Tür und Fenster 10 % abzieht?
c) Berechne den umbauten Raum des Gebäudes.

Haus und Garten

1 Familie Ehlbracht möchte ihr Haus renovieren. Alle Außenflächen sollen gereinigt, grundiert und weiß gestrichen werden.

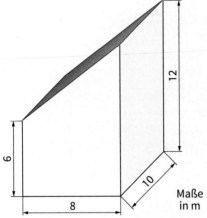

Maße in m

Der Malermeister nennt in seinem Kostenvoranschlag folgende Quadratmeterpreise (ohne Mehrwertsteuer) für die einzelnen Arbeitsgänge:

Reinigen der Fassade	3,90 €
Grundierung	4,10 €
Anstrich Weiß	6,90 €

a) Berechne die Nettokosten für den Anstrich der Außenflächen. Fenster und Türen werden bei der Berechnung nicht berücksichtigt.
b) Der Malermeister rechnet damit, die Arbeiten in 42 Stunden fertig zu stellen, wenn er drei Maler einsetzt. Kurzfristig wird ein Mitarbeiter auf einer anderen Baustelle benötigt. Wie lange dauern die Arbeiten jetzt?
c) Der Dachdecker verlangt für das Eindecken 68 € netto pro m². Für Verschnitt rechnet er 10 % der Fläche hinzu. Berechne den Nettopreis für das Eindecken des Daches.
d) Berechne die Gesamtkosten einschließlich Mehrwertsteuer, die Familie Ehlbracht vom Dachdecker und vom Maler in Rechnung gestellt werden.
e) Für die Berechnung der Heizung muss noch der umbaute Raum des Hauses bestimmt werden. Gib den umbauten Raum in Kubikmeter an.

2 Auch der Garten des Hauses soll neu gestaltet werden.
a) Ermittle den Maßstab der Grundstückszeichnung.

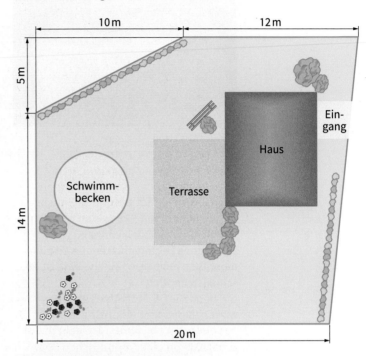

b) Berechne den Inhalt der gesamten Grundstücksfläche.
c) Der Eingangsbereich und die Terrasse sollen neu gepflastert werden. Ein quaderförmiger Pflasterstein ist 20 cm lang und 10 cm breit. Wie viele Steine muss die Landschaftsgärtnerin einkaufen, wenn sie 10 % Verschnitt dazurechnet?
d) Das Schwimmbecken hat eine kreisförmige Grundfläche.

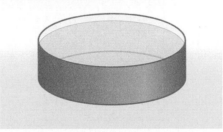

Berechne die Wassermenge für eine Füllung bei 0,8 m Wassertiefe.
e) Berechne den Inhalt der Rasenfläche in Quadratmeter.

Arbeiten mit dem Computer: Geld ansparen

1 Theo ist jetzt 4 Jahre alt. Seine Eltern wollen Geld ansparen, damit Theos Ausbildung finanziert werden kann. Zu Theos 19. Geburtstag möchten sie über einen Betrag von ungefähr 20 000 Euro verfügen können.

a) Welchen Betrag müssen die Eltern monatlich ansparen? Mache eine Überschlagsrechnung.

b) Theos Mutter möchte es genauer wissen und macht einen Sparplan für das erste von 15 Jahren. Sie geht dabei zunächst von einer monatlichen Sparrate von 84 Euro aus:

monatliche Sparrate:		84	€		
Zinssatz:			1	%	
Monat	Kontostand			Zinsen	
1	84 €			0,07 €	
2	168 €			0,14 €	
3	252 €			0,21 €	
4					
5					
6					
7					
8					
9					
10					
11					
12					
	Summe Zinsen:				
	Kontostand Jahresende:				

Erkläre die Tabelle, übertrage sie in dein Heft und berechne den Kontostand am Jahresende.
Wie hoch ist der Kontostand am Ende des zweiten (dritten) Jahres?

2 Schnell wird den Eltern klar, dass diese Rechnung bis zum 15. Jahr sehr mühsam ist und und sie tragen die Werte in eine Tabellenkalkulation ein.

	A	B	C
1	monatliche Sparrate		84,00 €
2	Zinssatz (%)		1
3	Kontostand		Jahr 1
4	Jahresanfang		0,00 €
5	nach Monat	Kontostand	Zinsen
6	1	84,00 €	0,07 €
7	2	168,00 €	0,14 €
8	3	252,00 €	
9	4		
10	5		
11	6		
12	7		
13	8		
14	9		
15	10		
16	11		
17	12		
18		Summe Zinsen	
19		Kontostand	
20		Jahresende	

	A	B	C
1	monatliche Sparrate	84	
2	Zinssatz (%)	1	
3	Kontostand	Jahr 1	
4	Jahresanfang	0	
5	nach Monat	Kontostand	Zinsen
6	1	=C4+$C$1	=B6*$C$2/100/12
7	2	=B6+$C$1	=B7*$C$2/100/12
8	3	=B7+$C$1	
9	4		

> Über die Hauptmenüleiste „Formeln" und den Button „Formeln anzeigen" kann zur Formeldarstellung gewechselt werden.

Die Tabelle soll so gestaltet werden, dass monatliche Rate und Zinssatz für eine Neuberechnung jederzeit geändert werden können.

a) Erkläre die Formeln in der unteren Darstellung. Welche Bedeutung haben die „$"-Zeichen in den Zellbezügen?

b) Wie kann ich eine Formel in die nächste Zeile (Spalte) übertragen?

c) Berechne den Kontostand am Ende des 1. Jahres. Formatiere alle Eurobeträge als Währung mit zwei Dezimalstellen.

Arbeiten mit dem Computer: Geld ansparen

Spreadsheet toolbar: Start | Layout | Tabellen | Diagramme | SmartArt | Formeln | Daten | Überprüfen

	A	B	C	D	E	F	G
1	monatliche Sparrate		84,00 €				
2	Zinssatz (%)		1				
3	Kontostand		Jahr 1		Kontostand		Jahr 2
4	Jahresanfang		0,00 €		Jahresanfang		1.013,46 €
5	nach Monat	Kontostand	Zinsen		nach Monat	Kontostand	Zinsen
6	1	84,00 €	0,07 €		1	1.097,46 €	0,91 €
7	2	168,00 €	0,14 €		2	1.181,46 €	0,98 €
8	3	252,00 €	0,21 €		3	1.265,46 €	1,05 €
9	4	336,00 €	0,28 €		4	1.349,46 €	1,12 €
10	5	420,00 €	0,35 €		5	1.433,46 €	1,19 €
11	6	504,00 €	0,42 €		6	1.517,46 €	1,26 €
12	7	588,00 €	0,49 €		7	1.601,46 €	1,33 €
13	8	672,00 €	0,56 €		8	1.685,46 €	1,40 €
14	9	756,00 €	0,63 €		9	1.769,46 €	1,47 €
15	10	840,00 €	0,70 €		10	1.853,46 €	1,54 €
16	11	924,00 €	0,77 €		11	1.937,46 €	1,61 €
17	12	1.008,00 €	0,84 €		12	2.021,46 €	1,68 €
18	Summe Zinsen		5,46 €		Summe Zinsen		15,59 €
19	Kontostand				Kontostand		
20	Jahresende		1.013,46 €		Jahresende		2.037,05 €

3 Um die Tabelle für das 2. Jahr zu erstellen, hat Theos Mutter die Tabelle des ersten Jahres markiert und bei Zelle E4 eingefügt.

a) Erkläre, welcher Schritt noch nötig war, um den Kontostand am Ende des 2. Jahres zu berechnen. Wie kann man die Jahreszahl bei weiteren Kopiervorgängen automatisch berechnen lassen?

b) Berechne den Kontostand am Ende des 3. (4.; 5.) Jahres.

c) Berechne den Kontostand am Ende des 15. Jahres. Wird der angestrebte Betrag erreicht?

d) Welchen Betrag müssen die Eltern monatlich ansparen, um auf ungefähr 20 000 Euro zu kommen?

e) Welchen monatlichen Betrag müssten sie aufbringen, wenn der Zinssatz auf 2 % steigt?

Kontostand		Jahr 7
Jahresanfang		6.234,82 €
nach Monat	Kontostand	Zinsen
1	6.318,82 €	5,27 €
2	6.402,82 €	5,34 €
3	6.486,82 €	5,41 €
4	6.570,82 €	5,48 €
5	6.654,82 €	5,55 €
6	6.738,82 €	5,62 €
7	6.822,82 €	5,69 €
8	6.906,82 €	5,76 €
9	6.990,82 €	5,83 €
10	7.074,82 €	5,90 €
11	7.158,82 €	5,97 €
12	7.242,82 €	6,04 €
Summe Zinsen		67,81 €
Kontostand		
Jahresende		7.310,63 €

Kontostand		Jahr 8
Jahresanfang		7.310,63 €
nach Monat	Kontostand	Zinsen
1	7.394,63 €	6,16 €
2	7.478,63 €	6,23 €
3	7.562,63 €	6,30 €
4	7.646,63 €	6,37 €
5	7.730,63 €	6,44 €
6	7.814,63 €	6,51 €
7	7.898,63 €	6,58 €
8	7.982,63 €	6,65 €
9	8.066,63 €	6,72 €
10	8.150,63 €	6,79 €
11	8.234,63 €	6,86 €
12	8.318,63 €	6,93 €
Summe Zinsen		78,57 €
Kontostand		
Jahresende		8.397,20 €

Kontostand		Jahr 9
Jahresanfang		8.397,20 €
nach Monat	Kontostand	Zinsen
1	8.481,20 €	7,07 €
2	8.565,20 €	7,14 €
3	8.649,20 €	7,21 €
4	8.733,20 €	7,28 €
5	8.817,20 €	7,35 €
6	8.901,20 €	7,42 €
7	8.985,20 €	7,49 €
8	9.069,20 €	7,56 €
9	9.153,20 €	7,63 €
10	9.237,20 €	7,70 €
11	9.321,20 €	7,77 €
12	9.405,20 €	7,84 €
Summe Zinsen		89,43 €
Kontostand		
Jahresende		9.494,63 €

Flughafen Frankfurt

Zahlen, Daten, Fakten zum Flughafen Frankfurt

Der Frankfurter Flughafen ist nach Passagierzahlen der größte in Deutschland, der viertgrößte Flughafen Europas und die Nummer elf weltweit.

2015 nutzten rund 61 032 022 Passagiere den Flughafen, 2016 waren es 60 792 308. Im Jahre 2017 wuchs das Passagieraufkommen um 6,1 % im Vergleich zum Vorjahr.

2016 nutzten ungefähr 61 % der Passagiere den Flughafen als Umsteiger. 89 % aller Passagiere entfielen auf den Auslandsverkehr. Die Pünktlichkeitsquote aller Landungen lag bei 82,3 %. Die Betankung der Flugzeuge geschieht über ein 60 km langes unterirdisches Rohrleitungssystem, in dem das Kerosin vom Tanklager zu den einzelnen Flugzeugparkpositionen gelangt. Die Tanks eines Airbussses A380 fassen beispielsweise 320 000 *l*. Die Fläche des Flughafens beträgt 2160 ha.

1 Berechne
a) die Anzahl der Passagiere im Jahr 2017,
b) die Anzahl der Umsteiger im Jahr 2016,
c) die Anzahl der Landungen, die unpünktlich waren,
d) die prozentuale Steigerung im Passagieraufkommen von 2015 bis 2017.

2 Wie viel Liter Kerosin befinden sich in einem 100 m langen Treibstoffrohr mit einem Innendurchmesser von 15 cm?

3 Vergleiche den Flächeninhalt des Flughafens mit dem eines Fußballfeldes (105 m lang, 68 m breit).

4 Die Treibhausgase der einzelnen Verkehrsmittel werden in sogenannte CO_2-Äquivalente umgerechnet.

CO_2-Emissionen der Verkehrsträger 2016 in Gramm pro Personenkilometer (g/Pkm)	
Pkw	140
Linienbus (Nahverkehr)	75
Straßen-, S- und U-Bahn	65
Eisenbahn (Nahverkehr)	63
Reisebus	32
Eisenbahn (Fernverkehr)	38
Flugzeug	214

a) Vergleiche die CO_2-Emissionen.
b) Erstelle ein Balkendiagramm.

5 Ein Sportflugzeug startet vom Frankfurter Flughafen mit einer Durchschnittsgeschwindigkeit von 180 $\frac{km}{h}$. Zwei Stunden später fliegt eine Lufthansa-Maschine in dieselbe Richtung mit einer Durchschnittsgeschwindigkeit von 900 $\frac{km}{h}$. Nach wie vielen Minuten holt sie das Sportflugzeug ein?

Urlaub

Baumuster B 757-300
Sitzplatzkapazität 252 Passagiere
Geschwindigkeiten Start 310 $\frac{km}{h}$,
Reise 850 $\frac{km}{h}$, Landung 260 $\frac{km}{h}$
maximale Flughöhe 12 500 m
Reichweite 5370 km
Kraftstoffkapazität 43 495 Liter
Nutzlast 24 000 kg
Länge/Höhe 54,08 m/13,60 m
Spannweite 38,00 m

1 Familie Kickert fliegt mit einer Boeing 757 an die türkische Reviera, um dort Urlaub zu machen. Das Flugzeug ist bis auf 3 Plätze voll besetzt.
a) Wie viel Kilogramm Gewicht muss der Kapitän beim Start für Passagiere und Gepäck berücksichtigen, wenn das Gesamtgewicht aller aufgegebenen Gepäckstücke 4880,4 kg beträgt und für einen Passagier ein durchschnittliches Körpergewicht von 75 kg gerechnet wird?
b) Das Flugzeug braucht für die Strecke von 2460 km 3 Stunden und 10 Minuten. Mit welcher durchschnittlichen Geschwindigkeit fliegt es?

2 Am Zielort tauscht Moritz in einer Bank 18 Euro in türkische Lira um. Die Bank berechnet eine Wechselgebühr von 3 %. Wie viel türkische Lira bekommt Moritz ausgezahlt?

Wechselkurs
1 Euro (EUR) = 3,96 Türkische Lire (TRY)

3 Moritz und Luke erhalten von ihrer Mutter Taschengeld für den Urlaub. Die Mutter verrät in Form eines Rätsels, wie viel Euro jeder bekommen hat. Wenn Luke 8 € mehr hätte, hätte er so viel Euro wie Moritz. Wenn Moritz 7 € mehr hätte, hätte er doppelt so viel Euro wie Luke. Wie viel Euro Taschengeld hat jeder erhalten?

4 Moritz steht am Meer und sieht am Horizont ein Schiff. Berechne, wie weit das Schiff von Moritz entfernt ist. Gehe bei Moritz von zwei Meter Augenhöhe über dem Meeresspiegel aus. (Mittlerer Erdradius = 6371 km)

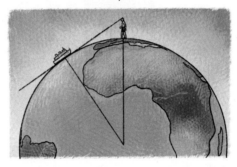

5 Herr Kickert betreibt „Parasailing". Er hängt an einem Fallschirm, der von einem Boot gezogen wird. Das Seil ist 50 m lang und der Winkel α beträgt 37°. Wie viel Meter befindet sich Herr Kickert über dem Meeresspiegel? Wir nehmen dabei an, dass das Seil straff gespannt und 1,20 m über dem Meeresspiegel am Boot befestigt ist.

Verpackungen

1 Eine Schokolinsenpackung hat die Form eines Zylinders. Die 40-g-Packung hat einen Durchmesser von 2,4 cm und eine Höhe von 13,6 cm. Boden und Deckel sind jeweils um 5 mm nach innen versenkt.

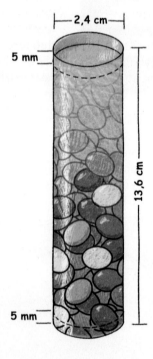

a) Wie viel Quadratzentimeter Pappe werden für die 40-g-Packung benötigt?
b) Berechne das Volumen der Packung.
c) Der Hersteller möchte 100-g-Packungen auf den Markt bringen. Welches Volumen müsste diese Packung haben? Begründe deine Meinung.
d) Aus verpackungstechnischen Gründen muss der Durchmesser der 100-g-Packung 4 cm betragen. Berechne die äußere Höhe der Packung und den Materialverbrauch in Quadratzentimeter. Runde sinnvoll.

2 Eine 60-g-Packung Schokolinsen wird vom Hersteller für 0,35 € an die Lebensmittelhändler verkauft. Was muss der Kunde bezahlen, wenn der Lebensmittelhändler 32 % für Kosten und Gewinn und anschließend 7 % Mehrwertsteuer aufschlägt?

3 In der Weihnachtszeit sollen vier 40-g-Röhrchen als Geschenkverpackung verkauft werden. Wie viel Quadratzentimeter Pappe werden für die abgebildete Umverpackung benötigt? Finde weitere Möglichkeiten für eine quaderförmige Umverpackung. Fertige jeweils eine Skizze an und berechne den Materialbedarf und vergleiche.

4 Die Herstellerfirma möchte auch größere Mengen Schokolinsen verpacken.
a) Wie ändert sich das Volumen einer zylinderförmigen Packung, wenn die Höhe verdoppelt wird?
b) Wie ändert sich das Volumen der Packung, wenn der Durchmesser verdoppelt (verdreifacht) wird? Begründe.

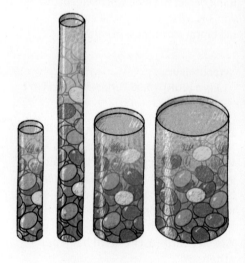

Verpackungen

5 In der Abbildung siehst du eine Tube und eine Verpackung.

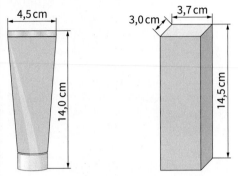

a) Passt die Tube in die Verpackung? Begründe rechnerisch.
b) Eine Tube ist 6,1 cm breit. Eine Seite der rechteckigen Grundfläche der Verpackung ist 2,3 cm. Wie groß muss die zweite Seite mindestens sein?

6 Jedem Arzneimittel muss ein Beipackzettel beigelegt werden, der unter anderem über Risiken und Nebenwirkungen informiert. Deshalb müssen zum Beispiel Tropfenfläschchen zusätzlich in eine quaderförmige Pappschachtel gepackt werden.
a) Gib die Mindestmaße für eine solche Schachtel mit quadratischer Grundfläche an. Beachte, dass der Beipackzettel u-förmig um die Flasche gelegt wird. Er hat eine Dicke von 2 mm.
b) Zeichne ein Netz dieses Quaders.
c) Berechne den Materialbedarf für die Schachtel. Für Klebefalze und Überlappungen sind 10 % hinzuzurechnen.
d) Der Inhalt des Tropfenfläschchens ist mit 50 ml angegeben. Vergleiche mit dem Volumen der Verpackung.

7 Die Besucher eines Multiplex-Kinos mit 4000 Plätzen essen an einem durchschnittlichen Samstag 2000 ℓ Popcorn.
a) Eine kleine Portion enthält 3 ℓ Popcorn und kostet 3,50 €. Wie viele Portionen wurden verkauft? Welcher Umsatz wurde erzielt?
b) Würde man das gesamte Popcorn auf einen Haufen schütten, so ergäbe sich ein Kegel mit einem Radius von 1,5 m. Wie hoch ist dieser Kegel?
c) Das Popcorn wird aus Maiskörnern hergestellt. Dabei vergrößert sich das Volumen sehr stark. Das Volumen des fertigen Popcorns beträgt 37,3 ml pro Gramm. Die Maiskörner werden in Säcken zu je 22,68 kg geliefert. Wie viele Säcke werden für die Herstellung von 2000 ℓ Popcorn benötigt?

Sachprobleme lösen

Es gibt zu diesen Aufgaben unterschiedliche Lösungswege. Schau auf den Seiten 191 und 192 nach.

1 Welche ganzzahligen Kantenlängen kann ein Quader mit einem Volumen von 30 cm³ haben?

2 Eine rechteckige Viehweide mit einer Fläche von 648 m² soll eingezäunt werden. Die Weide ist doppelt so lang wie breit. Für das Tor sollen 3 m freigelassen werden. Wie viel Meter Zaun werden benötigt?

3 Anton braucht 4 Stunden, um sein Zimmer zu streichen. Laura schafft die Arbeit in 2 Stunden. Wie lange brauchen beide zusammen, um das Zimmer zu streichen?

4 Wie viel Quadratmeter können auf der Litfaßsäule als Werbefläche genutzt werden?

5 Wenn man einen Tennisball auf einen harten Boden fallen lässt, erreicht er eine Sprunghöhe von ungefähr 55 % der Fallhöhe. Ein Ball hat nach dem 5. Auftreffen auf dem Boden noch eine Sprunghöhe von 10 cm.
a) Aus welcher Höhe wurde er fallengelassen?
b) Welchen Weg hat der Ball insgesamt zurückgelegt?

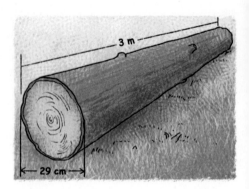

6 Wie viele Holzlatten (20 cm breit, 5 cm dick und 2,90 m lang) kann die Holzfirma Meyer höchstens aus einem 29 cm starken Baumstamm sägen?

7 Bei einem Radiogewinnspiel soll eine vierstellige Zahl erraten werden. Es wird der Hinweis gegeben, dass die Ziffern 5, 7, 0 und 2 vorkommen. Wie viele Kombinationen sind möglich?

8 Berechne das Volumen des Körpers.

a)

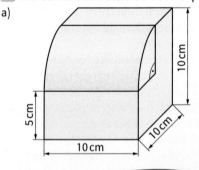

b)

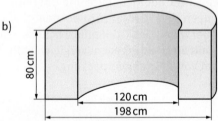

9 Zwei Arbeiter brauchen zusammen vier Stunden, um einen LKW zu entladen. Nach einer Stunde fällt einer der Arbeiter aus. Wie lange braucht der andere Arbeiter ab diesem Zeitpunkt, um die Restarbeiten auszuführen?

Messen und Überschlagen bei Fermi

ENRICO FERMI war ein bekannter Physiker und Mathematiker.
(*29. September 1901 in Rom, Italien † 29. November 1954 in Chicago, USA) 1938 hat er den Nobelpreis für Physik bekommen. FERMI spielte eine wichtige Rolle bei Entwicklung und Bau der ersten Atombomben in den USA.

FERMI sagte, dass jeder vernünftig denkende Mensch zu jeder Frage auch eine Antwort finden müsse. Er hat seinen Studenten oft Fragen gestellt, die auf den ersten Blick sonderbar erscheinen:

Wie viele Klavierstimmer gibt es in Chicago?
Wie viele Reiskörner isst ein Chinese in seinem Leben?
Wie viele Haare hat der Mensch auf seinem Kopf?

Für diese Fragen gibt es keine richtige und keine falsche Lösung, sondern ein nachvollziehbares oder nicht nachvollziehbares Ergebnis. Die Studenten sollten lernen,
– Daten zu erheben oder zu schätzen,
– Annahmen zu formulieren und zu diskutieren,
– Ergebnisse zu überprüfen und zu bewerten.

1 Beurteile die folgenden Ergebnisse von Fermi-Aufgaben:
a) Ein Mensch isst 3,5 Jahre lang in seinem Leben, telefoniert 2,5 Jahre lang, verbringt mehr als 12 Jahre mit Sprechen und mehr als 6 Monate auf der Toilette.
b) Das Herz eines Menschen schlägt durchschnittlich drei Milliarden Mal.
c) Die Kopfhaare einer Frau wachsen 10 m lang.

2 Bearbeitet die folgenden Aufgaben als Ich-du-wir-Aufgabe:
a) Wie viele Kilometer haben alle Schüler der Klasse zusammen heute morgen auf dem Weg zur Schule zurückgelegt?
b) Wie viele Grashalme wachsen auf dem Sportplatz der Schule?
c) Wie viele Seiten werden in der Schule pro Jahr fotokopiert?

 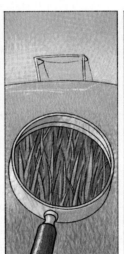 

3 Entwickelt selbst Fermi-Aufgaben.

Schätzen, Messen und Überschlagen

1. Überlege, welche Angaben du für eine Überschlagsrechnung benötigst.

2. Prüfe, ob du alle Angaben den vorhandenen Informationen entnehmen kannst. Wenn nötig, verschaffe dir weitere Angaben über eine Messung oder eine Schätzung.

3. Führe die Überschlagsrechnung aus. Wähle dazu ein geeignetes Rechenverfahren.

4. Überlege, ob das Ergebnis deiner Rechnung sinnvoll ist.

7 *Wachstums-prozesse*

Auf den ersten beiden Seiten dieses Kapitels werden Sachzusammenhänge dargestellt. Dabei geht es um die Zu- oder Abnahme von Größen. Mathematisch können diese Sachzusammenhänge mithilfe von Funktionen beschrieben werden.
Erläutere jeweils den Sachzusammenhang.
Welche Größen werden einander zugeordnet?

Für den Bremsweg eines Autos gilt die Faustregel: Dividiere die Geschwindigkeit durch 10 und quadriere das Ergebnis.

Die Grundgebühr für eine Taxifahrt beträgt vier Euro. Ein Kilometer Fahrt kostet zwei Euro.

Eine 18 cm hohe Kerze brennt pro Stunde ein Zentimeter ab.

Die Anzahl der Bakterien in einer Petrischale verdreifacht sich in einer Stunde.

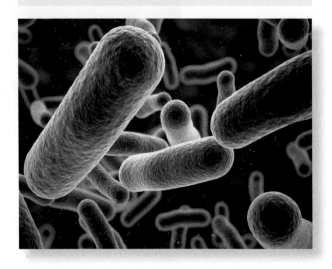

Im Physikunterricht werden Experimente zum freien Fall durchgeführt. Dabei fällt eine Metallkugel in einer luftleeren Röhre zu Boden.

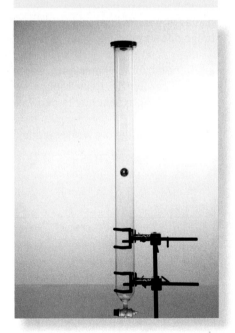

Radioaktives Jod 131 hat eine Halbwertszeit von acht Tagen und wird in der Strahlentherapie eingesetzt.

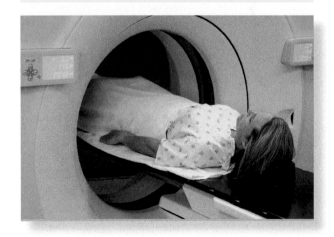

Gib jeweils an, ob der Sachzusammenhang mithilfe einer linearen Funktion, einer quadratischen Funktion oder einer Exponentialfunktion beschrieben werden kann.

Lineares Wachstum

1 Morgens um 7 Uhr startet Frau Lüttke in Kiel und fährt mit ihrem Wagen über die Autobahn nach Düsseldorf. Im Koordinatensystem kannst du die Entfernung ablesen, die sie von Kiel aus zurückgelegt hat.

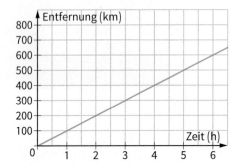

a) Beschreibe den Verlauf des Graphen.
b) Lies aus dem Koordinatensystem ab, wie weit Frau Lüttke um 8 Uhr (9 Uhr, 10 Uhr, 11 Uhr) von Kiel entfernt ist.
c) Gib die Gleichung der Funktion f „Zeit (h) → Entfernung von Kiel (km)" an.
d) Erläutere, warum die Zunahme der Entfernung von Kiel als **lineares Wachstum** bezeichnet wird.
e) Vervollständige die Tabelle.

Zeitspanne	Zunahme der Entfernung (km)
von 7 Uhr bis 8 Uhr	▨
von 8 Uhr bis 9 Uhr	▨
von 9 Uhr bis 10 Uhr	▨
von 10 Uhr bis 11 Uhr	▨

Was stellst du fest?
f) Die Entfernung von Kiel nach Düsseldorf beträgt 475 km. Wann erreicht Frau Lüttke Düsseldorf?

2 Ein Aquarium wird mit Wasser gefüllt. Es enthält bereits 20 l Wasser. Pro Minute kommen neun Liter Wasser hinzu.
a) Wie viel Liter Wasser enthält das Aquarium nach einer Minute, wie viel nach zwei (drei, vier, fünf) Minuten? Vervollständige die Wertetabelle.

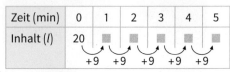

Zeit (min)	0	1	2	3	4	5
Inhalt (l)	20	▨	▨	▨	▨	▨

+9 +9 +9 +9 +9

Ich berechne den Inhalt des Aquariums mit der Gleichung $y = 20 + 9 \cdot x$.

b) Begründe Laras Behauptung.
c) Zeichne den Graphen der Funktion f „Zeit (min) → Inhalt des Aquariums (l)" in ein Koordinatensystem.
d) Das Aquarium fasst 200 l Wasser. Wie lange dauert es, bis es ganz gefüllt ist?

3 Der Benzintank eines Autos enthält noch 8 Liter Benzin. Beim Tanken werden 0,5 Liter pro Sekunde in den Tank eingefüllt.
a) Vervollständige die Wertetabelle.

Zeit (s)	0	1	2	3	4	5
Inhalt (l)	8	▨	▨	▨	▨	▨

+▨ +▨ +▨ +▨ +▨

b) Bestimme die Gleichung der Funktion f „Zeit (s) → Tankinhalt (l)".
c) Der Tank des Autos fasst 42 Liter. Wie lange dauert es, bis er ganz gefüllt ist?

4 Um 6 Uhr morgens startet in Frankfurt ein Airbus 340-600 nach New York. Der Tank des Flugzeugs enthält 70 t Kerosin. Pro Flugstunde werden 7 t Kerosin verbraucht.

a) Berechne den Tankinhalt nach einer Flugstunde (nach zwei, drei, vier, fünf Flugstunden).
Vervollständige dazu die Wertetabelle.

Zeit (h)	0	1	2	3	4	5
Tankinhalt (t)	70					

$-7 \ -\blacksquare \ -\blacksquare \ -\blacksquare \ -\blacksquare$

b) Bestimme die Gleichung der Funktion f „Zeit (h) → Tankinhalt (t)".
c) Zeichne den Graphen von f in ein Koordinatensystem.
d) Warum wird die Veränderung des Tankinhalts als lineare Abnahme bezeichnet?
e) Die Flugzeit beträgt acht Stunden. Wie viel Tonnen Kerosin enthält der Tank des Flugzeugs nach der Landung?

5 Ein Schwimmbecken enthält 800 m³ Wasser. Um es zu reinigen, wird das Wasser abgelassen. Dabei fließen pro Minute 3,2 m³ Wasser ab.
a) Gib die Gleichung der Funktion f „Zeit (min) → Inhalt des Schwimmbeckens (l)" an.
b) Wie viel Kubikmeter Wasser befinden sich nach 20 Minuten (einer Stunde, zwei Stunden) im Schwimmbecken?
c) Nach wie viel Minuten ist das Becken leer?

6 Begründe, dass der Sachverhalt mithilfe einer linearen Funktion beschrieben werden kann.
Gib die Funktionsgleichung an.
a) Ein Schwimmbecken enthält bereits 4000 l Wasser. Pro Minute werden 100 l Wasser eingefüllt.
b) Eine 40 cm hohe Kerze brennt pro Stunde um 2 cm ab.
c) Die Grundgebühr für eine Fahrt mit dem Taxi beträgt 3 €. Pro Kilometer kommen 2,20 € hinzu.

Lineares Wachstum

Lineares Wachstum kann durch eine lineare Funktion f
f: $\quad y = a\,x + k \qquad (a, k \in \mathbb{R})$
beschrieben werden.

Eine Größe nimmt linear zu, wenn sie in gleichen Zeitspannen um den gleichen Betrag zunimmt.

f: Zeit (h) → Inhalt (l)

Zeit (min)	0	1	2	3	4	5
Inhalt (l)	5	9	13	17	21	25

$+4 \quad +4 \quad +4 \quad +4 \quad +4$

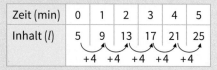

$f(x) = 4x + 5$

Eine Größe nimmt linear ab, wenn sie in gleichen Zeitspannen um den gleichen Betrag abnimmt.

f: Zeit (h) → Höhe (m)

Zeit (h)	0	1	2	3	4	5
Höhe (m)	20	17	14	11	8	5

$-3 \quad -3 \quad -3 \quad -3 \quad -3$

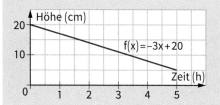

$f(x) = -3x + 20$

Quadratisches Wachstum

1 Beim Anfahren beschleunigt Linda ihr Fahrrad gleichmäßig. Im Koordinatensystem siehst du, welche Strecke sie nach einer Sekunde (nach zwei, drei, … sieben Sekunden) zurückgelegt hat.

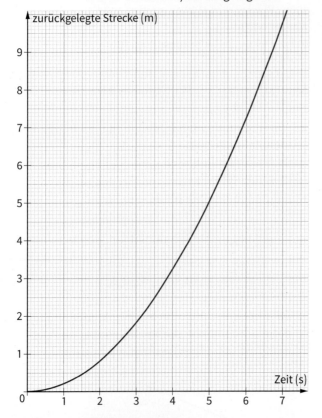

a) Vervollständige die Wertetabelle.

	nach			
	0 s	1 s	2 s	3 s
zurückgelegte Strecke (m)	0	0,2	0,8	▦

	nach			
	4 s	5 s	6 s	7 s
zurückgelegte Strecke (m)	▦	▦	▦	▦

b) Überprüfe mithilfe der Wertetabelle, dass die Funktion f „Zeit(s) → zurückgelegte Strecke (m)" die Gleichung $f(x) = 0,2x^2$ hat.
c) Erläutere, warum die Zunahme der Strecke als **quadratisches Wachstum** bezeichnet wird.
d) Berechne mithilfe der Gleichung, wie viel Meter Linda nach 8 s (9 s; 1,5 s; 5,5 s; 7,5 s) zurückgelegt hat.

2 An einer Kreuzung wird die Zufahrt zur Autobahn durch eine Ampel geregelt.

Bei Grün beschleunigt Herr Krins sein Auto und fährt auf die Autobahn.
In der Wertetabelle ist die Strecke angegeben, die Herr Krins nach dem Start zurückgelegt hate.

	nach				
	0 s	1 s	2 s	3 s	4 s
zurückgelegte Strecke (m)	0	2	8	18	32

	nach				
	5 s	6 s	7 s	8 s	9 s
zurückgelegte Strecke (m)	50	72	98	128	162

a) Bestimme mithilfe der Wertetabelle jeweils die Zunahme der Strecke.

	Zunahme der zurückgelegten Strecke (m)
in der ersten Sekunde	2 ⟩ +4
in der zweiten Sekunde	6 ⟩ +4
in der dritten Sekunde	10 ⟩ +4
in der vierten Sekunde	14 ⟩ +4
in der fünften Sekunde	▦ ⟩ +▦
in der sechsten Sekunde	▦ ⟩ +▦
in der siebten Sekunde	▦ ⟩ +▦
in der achten Sekunde	▦ ⟩ +▦
in der neunten Sekunde	▦

b) Berechne die Zunahme der Strecke in der zehnten (elften, zwölften) Sekunde.
c) Gib an, welche Strecke Herr Krins nach zehn (elf, zwölf) Sekunden zurückgelegt hat.
d) Gib die Gleichung der Funktion f: „Zeit (s) → zurückgelegte Strecke (m)" an.

Quadratisches Wachstum

3 Ein Skispringen wird auf einer 54 Meter langen Sprungschanze ausgetragen. In der Wertetabelle ist angegeben, welche Strecke ein Skispringer nach einer (zwei, drei,... sechs) Sekunden auf dem Schanzentisch zurückgelegt hat.

Zeit (s)	0	1	2	3	4	5	6
Strecke (m)	0	1,5	6	13,5	24	37,5	54
Zunahme der Strecke (m)		+ ☐	+ ☐	+ ☐	+ ☐	+ ☐	+ ☐
			+ ☐	+ ☐	+ ☐	+ ☐	+ ☐

a) Bestimme die Zunahme der zurückgelegten Strecke in der ersten (zweiten, dritten, ... sechsten) Sekunde. Gib an, um welchen Betrag die Zunahme jeweils zunimmt. Ergänze dazu die Platzhalter.
b) Gib die Gleichung der Funktion f „Zeit(s) → zurückgelegte Strecke (m)" an.
c) Welche Strecke hat der Skispringer nach 1,5 s (3,5 s; 5,5 s) zurückgelegt?

4 In einer 20 m hohen luftleeren Röhre werden Experimente zum freien Fall durchgeführt. Im Koordinatensystem ist die Entfernung einer fallenden Kugel vom Boden der Röhre dargestellt.

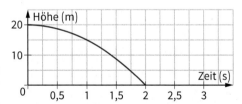

a) Wie groß ist die Entfernung der Kugel vom Boden nach einer Sekunde? Wann erreicht die Kugel den Boden der Röhre?
b) Begründe, dass die Funktion f: „Zeit (s) → Höhe der Kugel (m)" die Gleichung $f(x) = -5x^2 + 20$ hat.
c) Berechne die Höhe der Kugel nach $\frac{1}{2}$ s.

5 Tom wirft einen Schlagball senkrecht nach oben und fängt ihn dann wieder auf. Die Funktion f: „Zeit (s) → Höhe des Balles (m)" hat die Gleichung $f(x) = 10x - 5x^2$.
a) Berechne die Höhe des Balls 0,5 s (1 s, 1,5 s) nach dem Abwurf.
b) Nach wie viel Sekunden fängt Tom den Ball wieder auf?

Quadratisches Wachstum
Quadratisches Wachstum kann durch eine Funktion
f: $y = ax^2 + k$ $(a, k \in \mathbb{R}, a \neq 0)$
beschrieben werden.

Eine Größe nimmt quadratisch zu, wenn ihre Zunahme in gleichen Zeitspannen um den gleichen Betrag zunimmt.

f: Zeit (s) → Strecke (m)

Zeit (s)	0	1	2	3	4	5
Strecke (m)	5	6	9	14	21	30
		+1	+3	+5	+7	+9
			+2	+2	+2	+2

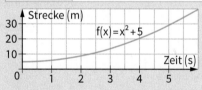

Eine Größe nimmt quadratisch ab, wenn ihre Abnahme in gleichen Zeitspannen um den gleichen Betrag abnimmt.

f: Zeit (h) → Höhe (m)

Zeit (h)	0	1	2	3	4	5
Höhe (m)	30	29	26	21	14	5
		−1	−3	−5	−7	−9
			−2	−2	−2	−2

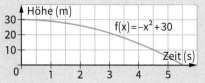

Exponentielles Wachstum

1 Wasserlinsen sind die am schnellsten wachsenden Pflanzen. Bei günstigen Bedingungen verdoppelt sich die von ihnen bedeckte Fläche an jedem Tag.

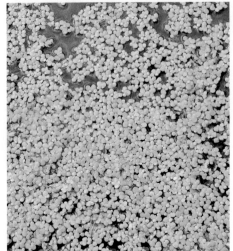

Lea beobachtet, dass ein Quadratmeter der Oberfläche eines Teiches von Wasserlinsen bedeckt ist.
a) Wie viel Quadratmeter der Oberfläche bedecken die Wasserlinsen einen Tag später?
Wie viel Quadratmeter sind es zwei (drei, vier, fünf) Tage nach Leas Beobachtung? Vervollständige die Wertetabelle.

Zeit (d)	0	1	2	3	4	5
Flächeninhalt (m²)	1					

·2 ·2 ·2 ·2 ·2

b) Stelle den Graphen der Funktion f: „Zeit (d) → Inhalt der von Wasserlinsen bedeckten Fläche (m²) " in einem Koordinatensystem dar.
c) Begründe, dass die Funktion f: „Zeit (d) → Inhalt der von Wasserlinsen bedeckten Fläche (m²)" die Gleichung $f(x) = 2^x$ hat.
d) Erläutere, warum die Zunahme der von Wasserlinsen bedeckten Fläche als **exponentielles Wachstum** bezeichnet wird.
e) Berechne mithilfe der Gleichung, wie viel Quadratmeter des Teiches sieben (acht, neun, zehn) Tage nach Leas erster Beobachtung der Wasserlinsen bedeckt sind.

2 Die Masse einer Bakterienkultur verdreifacht sich innerhalb einer Stunde. Zu Beginn der Beobachtung beträgt ihre Masse ein Gramm.
a) Wie groß ist die Masse nach einer Stunde? Gib die Masse der Bakterien nach zwei (drei, vier, fünf) Stunden an. Vervollständige die Wertetabelle.

Zeit (h)	0	1	2	3	4	5
Masse (g)	1					

·3 ·3 ·3 ·3 ·3

b) Bestimme die Gleichung der Funktion „Zeit (h) → Masse der Bakterien (g)".
c) Berechne mithilfe der Funktionsgleichung die Masse der Bakterien nach sechs (acht, zehn) Stunden.

3 Braunalgen wachsen sehr schnell. Ihre Höhe verdoppelt sich in einer Woche.
a) Eine Alge ist zu Beginn der Beobachtung drei Meter hoch.
Wie hoch ist sie eine Woche später? Welche Höhe erreicht sie nach zwei (drei, vier, fünf) Wochen?
Vervollständige die Tabelle.

Zeit (Woche)	0	1	2	3	4	5
Höhe (m)	3					

·2 ·2 ·2 ·2 ·2

b) Begründe, dass die Funktion f „Zeit (Wochen) → Höhe der Alge (m)" die Gleichung $f(x) = 3 \cdot 2^x$ hat.
c) Eine Braunalge ist zu Beginn der Beobachtung 1,50 m (3,50 m, 0,80 m) hoch. Gib die Gleichung der Funktion „Zeit (Wochen) → Höhe der Braunalge (m)" an.

Exponentielles Wachstum

4 Bestimme die Gleichung der Funktion „Zeit (h) → Anzahl der Bakterien".
a) Zu Beginn werden 300 Exemplare des Bacillus subtilis festgestellt.
Diese Bakterienart verdreifacht ihre Anzahl in einer Stunde.
b) Bei 37 °C ist die Anzahl von Bakterien der Art Escherichia coli nach einer Stunde achtmal so groß wie zuvor.
Zu Beginn sind 120 Bakterien vorhanden.
c) In einer Petrischale wird eine Kultur mit 200 Kolibakterien angelegt. Eine Stunde später werden 1000 Bakterien gezählt.
d) Zunächst werden 100 Exemplare des Choleraerregers beobachtet, eine Stunde später sind es 400.
e) Zu Beginn werden 100 Milchsäurebakterien gezählt. In einer Stunde nimmt die Anzahl auf 200 Bakterien zu.

5 Ein Körper mit einer Temperatur von 160 °C wird zum Abkühlen in einen Raum mit einer konstanten Temperatur von 0 °C gebracht.
Nach einer Stunde beträgt die Temperatur jeweils die Hälfte des Wertes, den sie zu Beginn der Stunde hatte.
a) Welche Temperatur hat der Körper nach einer Stunde, welche Temperatur hat er nach zwei (drei, vier, fünf) Stunden?
Vervollständige die Wertetabelle.

Zeit (h)	0	1	2	3	4	5
Temperatur (°C)						

$\cdot \frac{1}{2}$ $\cdot \frac{1}{2}$ $\cdot \frac{1}{2}$ $\cdot \frac{1}{2}$ $\cdot \frac{1}{2}$

b) Begründe, dass die Funktion f: „Zeit (h) → Temperatur des Körpers (°C)" die Gleichung $f(x) = 160 \cdot \left(\frac{1}{2}\right)^x$ hat.
c) Erläutere, warum die Verringerung der Temperatur als exponentielle Abnahme bezeichnet wird.

6 Bestimme die Gleichung der Funktion „Zeit (h) → Temperatur des Körpers (°C)".
a) Ein Körper mit einer Temperatur von 200 °C kühlt in einem Raum mit einer konstanten Temperatur von 0 °C ab.
Nach einer Stunde beträgt die Temperatur jeweils ein Viertel des Wertes, den sie zu Beginn der Stunde hatte.
b) Ein Körper hat zu Beginn eine Temperatur von 100 °C. Nach einer Stunde beträgt seine Temperatur jeweils 20 % des Wertes, den sie zu Beginn der Stunde hatte.

Exponentielles Wachstum
Exponentielles Wachstum kann durch eine Funktion
f: $\quad y = ka^x \quad$ (a, k ∈ ℝ, a > 0, k > 0)
beschrieben werden.

Eine Größe nimmt exponentiell zu, wenn sie in gleichen Zeitspannen um den gleichen Faktor zunimmt.
f: Zeit (h) → Höhe (m)

Zeit (h)	0	1	2	3	4	5
Höhe (m)	3	6	12	24	48	96

$\cdot 2$ $\quad \cdot 2$ $\quad \cdot 2$ $\quad \cdot 2$ $\quad \cdot 2$

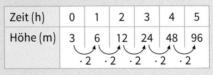

Eine Größe nimmt exponentiell ab, wenn sie in gleichen Zeitspannen um den gleichen Faktor abnimmt.
g: Zeit (h) → Temperatur (°C)

Zeit (h)	0	1	2	3	4	5
Temperatur (°C)	80	40	20	10	5	2,5

$\cdot \frac{1}{2}$ $\quad \cdot \frac{1}{2}$ $\quad \cdot \frac{1}{2}$ $\quad \cdot \frac{1}{2}$ $\quad \cdot \frac{1}{2}$

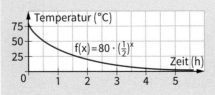

Ein 3500 m² großer Platz erhält ein neues Pflaster. 600 m² sind bereits fertig. Stündlich werden 30 m² zusätzlich gepflastert.

1. Welche Größe verändert sich im Verlauf der Zeit?

Zeit (h) → gepflasterte Fläche (m²)

2. Ist es eine Zunahme oder eine Abnahme?

Die gepflasterte Fläche nimmt zu.

3. Wie nimmt die Größe in gleichen Zeitspannen zu?

Zeit (h)	0	1	2	3	4
gepflasterte Fläche (m²)	600	630	660	690	720

+30   +30   +30   +30

Die Größe nimmt um den gleichen Betrag zu.

4. Welches Modell beschreibt den Sachverhalt?   Lineares Wachstum
5. Wie lautet die Funktionsgleichung? $f(x) = 600 + 30x$
6. Beschreibt die Funktion den Sachverhalt?   ja, denn $f(2) = 660$ und $f(4) = 720$

Beim Anfahren beschleunigt Frau Ohm ihr Auto gleichmäßig. Nach einer Sekunde hat sie 1,50 m zurückgelegt, nach zwei Sekunden 6 m, nach drei Sekunden 13,50 m und nach vier Sekunden 24 m.

1. Welche Größe verändert sich im Verlauf der Zeit?

Zeit (s) → zurückgelegte Strecke (m)

2. Ist es eine Zunahme oder eine Abnahme?

Die zurückgelegte Strecke nimmt zu.

3. Wie nimmt die Größe in gleichen Zeitspannen zu?

Zeit (s)	0	1	2	3	4
zurükgelegte Strecke (m)	0	1,50	6	13,50	24

+1,5   +4,5   +7,5   +10,5

+3   +3   +3

Die Zunahme der Größe wächst um den gleichen Betrag.

4. Welches Modell beschreibt den Sachverhalt?   Quadratisches Wachstum
5. Wie lautet die Funktionsgleichung? $f(x) = 1,5x^2$
6. Beschreibt die Funktion den Sachverhalt?   ja, denn $f(1) = 1,50$ und $f(2) = 6$

Die Masse einer Kultur von Milchsäurebakterien verdoppelt sich innerhalb einer Stunde. Zu Beginn der Beobachtung beträgt die Masse 0,5 g.

1. Welche Größe verändert sich im Verlauf der Zeit?

Zeit (h) → Masse der Bakterien (mg)

2. Ist es eine Zunahme oder eine Abnahme?

Die Masse der Bakterien nimmt zu.

3. Wie nimmt die Größe in gleichen Zeitspannen zu?

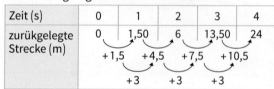

Zeit (h)	0	1	2	3	4
Masse der Bakterien (m²)	0,5	1	2	4	8

·2   ·2   ·2   ·2

Die Größe nimmt um den gleichen Faktor zu.

4. Welches Modell beschreibt den Sachverhalt?   Exponentielles Wachstum
5. Wie lautet die Funktionsgleichung? $f(x) = 0,5 \cdot 2^x$
6. Beschreibt die Funktion den Sachverhalt?   ja, denn $f(3) = 4$ und $f(4) = 8$

Lineares, quadratisches und exponentielles Wachstum unterscheiden

1 Entscheide jeweils, mit welchem Modell das Wachstum beschrieben werden kann. Gib die Gleichung der Wachstumsfunktion an.

A Eine Baugrube ist bereits 100 m³ groß. Ein Bagger vergrößert sie stündlich um 30 m³.

B Auf einem Nährboden ist eine 8 cm² große Fläche mit Pilzen bewachsen. Die von Pilzen bewachsene Fläche verdoppelt sich täglich.

C Beim Anfahren beschleunigt Frau Bauer ihr Motorrad gleichmäßig. Nach einer Sekunde hat sie drei Meter zurückgelegt, nach zwei Sekunden zwölf Meter und nach drei Sekunden 27 Meter.

D Auf der Oberfläche eines 25 000 m² großen Sees sind 200 m² mit Algen bedeckt. Die von Algen bedeckte Fläche wächst täglich um 10 %.

E Für den Stromverbrauch bezahlt Familie Kreß eine Grundgebühr von 40 € jährlich sowie 17 Cent für jede Kilowattstunde Strom.

F Der Bremsweg eines Autos hängt von seiner Geschwindigkeit ab. Auf trockener Fahrbahn beträgt er bei einer Geschwindigkeit von 10 $\frac{km}{h}$ ein Meter, bei 20 $\frac{km}{h}$ vier Meter, bei 30 $\frac{km}{h}$ neun Meter und bei 40 $\frac{km}{h}$ sechzehn Meter.

G Frau Schmidt hat 10 000 € für fünf Jahre fest angelegt. Der Zinssatz beträgt 4,5 % pro Jahr.
Die Zinsen eines Jahres werden im folgenden Jahr zusammen mit dem Guthaben verzinst.

H Eine Metallkugel rollt eine schiefe Ebene hinab. Nach einer Sekunde hat sie eine Strecke von 40 cm zurückgelegt, nach 1 $\frac{1}{2}$ Sekunden eine Strecke von 90 cm und nach zwei Sekunden eine Strecke von 160 cm.

I Die Haare des Menschen bestehen aus verhornten Zellschichten der Haut. Sie sind tief in die Haut eingesenkt. Der unter der Hautoberfläche liegende Teil heißt Haarwurzel.
Die Zellen am unteren Ende der Haarwurzel teilen sich fünfmal so schnell wie gewöhnliche Hautzellen. Daher wächst das menschliche Kopfhaar einen Zentimeter pro Monat.

Für ihr neues Auto hat Frau Brauser 24 000 € bezahlt. Das Auto verliert jährlich 20 % seines Wertes.

1. Welche Größen werden einander zugeordnet?   Zeit (a) → Wert des Autos (€)
2. Handelt es sich um eine Zunahme oder Abnahme?   Der Wert des Autos nimmt ab.
3. Wie nimmt die Größe in gleichen Zeitspannen ab?

Zeit (a)	0	1	2	3	4
Wert des Autos (€)	24 000	19 200	15 360	12 288	9830,40

$\cdot 0{,}8 \quad \cdot 0{,}8 \quad \cdot 0{,}8 \quad \cdot 0{,}8$

Die Größe nimmt um den gleichen Faktor ab.

4. Welches Modell beschreibt den Sachverhalt?   Exponentielles Wachstum
5. Wie lautet die Funktionsgleichung? $f(x) = 24\,000 \cdot 0{,}8^x$
6. Beschreibt die Funktion den Sachverhalt?   ja, denn $f(2) = 15\,360$ und $f(4) = 9830{,}40$

---

2 Entscheide jeweils, mit welchem Modell der dargestellte Sachverhalt beschrieben werden kann. Gib die Funktionsgleichung an.

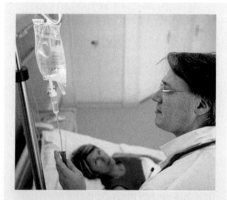

A Ein Patient muss durch Infusion künstlich ernährt werden. Dabei fließen unter anderem pro Minute zwei Milliliter einer sterilen Glucoselösung aus der Infusionsflasche in die Vene des Patienten.
Zu Beginn der Infusion enthält die Infusionsflasche 500 ml Glucoselösung.

B Heißer Kaffee wird in eine Kanne gefüllt.
Beim Einfüllen beträgt seine Temperatur 75 °C, nach einer Stunde sind es noch 60 °C, nach zwei Stunden 48 °C, nach drei Stunden 38,4 °C.

C Im Winter verbraucht Familie Kirchhoff durchschnittlich 16 Liter Heizöl pro Tag. Vor Beginn des Winters ist der Öltank mit 2000 Litern Heizöl gefüllt worden.

D Im Jahr 2016 hatte Rumänien 21 Millionen Einwohner. Die Einwohnerzahl sinkt um 0,5 % pro Jahr.

E Ein Schwimmbecken enthält 750 000 Liter Wasser.
Um es zu reinigen, wird das Wasser abgelassen. Dabei fließen pro Minute 1000 Liter Wasser ab.

F Osmium 191 ist eine radioaktive Substanz.
Zu Beginn der Beobachtung sind 80 mg vorhanden. Täglich zerfallen 4,6 % der vorhandenen Masse.

Lineares, quadratisches und exponentielles Wachstum unterscheiden

3 Bei den dargestellten Sachverhalten ist die Veränderung nicht von der Zeit abhängig. Entscheide dich für das passende Wachstumsmodell und gib die Funktionsgleichung an.

A In Meereshöhe beträgt die mittlere Temperatur auf der Erde 20 °C. Bei einer Zunahme der Höhe von 1000 m nimmt die mittlere Temperatur jeweils um 6,5 °C ab.

B Mithilfe eines Geometrieprogramms hat Aynur ein rechtwinkliges Dreieck mit einem Flächeninhalt von 0,5 cm² gezeichnet. Im Zoommodus verdoppelt, verdreifacht … sie die Seitenlängen des Dreiecks. Dabei vergrößert sich der Flächeninhalt des Dreiecks.

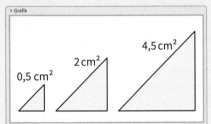

C Unter Wasser nimmt die Lichtintensität ab, je tiefer man taucht. Bei jedem Meter, den man sich von der Wasseroberfläche entfernt, wird sie um 15 % geringer. An der Wasseroberfläche wird eine Lichtintensität von 10 000 Lux gemessen.

D Enes hat mithilfe eines Geometrieprogramms die abgebildete Figur gezeichnet. Sie hat einen Flächeninhalt von 10 cm². Enes verkleinert die Seitenlängen nacheinander auf 90 %, 80 %, 70 % … Dabei verringert sich der Flächeninhalt der Figur.

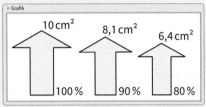

E Verbindet man die Mittelpunkte eines Quadrats, so entsteht ein zweites kleineres Quadrat, verbindet man dessen Seitenmitten, so entsteht ein drittes noch kleineres Quadrat. Wird dieser Vorgang fortgesetzt, ergibt sich eine Folge von Quadraten, deren Flächeninhalt immer kleiner wird. Das Anfangsquadrat hat einen Flächeninhalt von 100 cm².

F Ein Ball wird aus zwei Metern Höhe auf einen ebenen Boden geworfen. Er prallt mehrfach auf und springt wieder hoch. Nach jedem Aufprall erreicht er 80 % der Höhe des vorangegangenen Sprungs.

1 Maria vergleicht lineares, quadratisches und exponentielles Wachstum mithilfe eines Tabellenkalkulationsprogramms.

Dazu berechnet sie Funktionswerte der Funktionen f, g und h für verschiedene Werte von a und k (a > 1, k > 0).

$f(x) = ax + k$
$g(x) = ax^2 + k$
$h(x) = ka^x$

Für jede Funktion stellt sie auch den Graphen dar.

Zunächst hat sie a = 2 und k = 1 gesetzt.

A4	⇕ ⊗ ⊘ ⊙ f_x		
	A	B	C	D
1	a	2	2	2
2	k	1	1	1
3				
4	x	f(x)=ax+k	g(x)=ax^2+k	h(x)=k*a^x
5	0	1	1	1
6	1	3	3	2
7	2	5	9	4
8	3	7	19	8
9	4	9	33	16
10	5	11	51	32
11	6	13	73	64
12	7	15	99	128

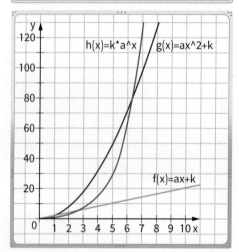

a) Für welche x-Werte ist der y-Wert der quadratischen Funktion größer als der y-Wert der linearen Funktion?
Für welche x-Werte ist der y-Wert der Exponentialfunktion größer als der y-Wert der quadratischen Funktion?
b) Wähle andere Werte für a und k und vergleiche die Funktionswerte der Funktionen f, g und h.

2 a) Vergleiche die Funktionswerte der Funktionen f, g und h.

$f(x) = 2x + 50$
$g(x) = 2x^2 + 5$
$h(x) = 0,5 \cdot 2^x$

A4	⇕ ⊗ ⊘ ⊙ f_x		
	A	B	C	D
1	a	2	2	2
2	k	50	5	0,5
3				
4	x	f(x)=ax+k	g(x)=ax^2+k	h(x)=k*a^x
5	0	50	5	0,5
6	1			

Für welche x-Werte ist der Funktionswert von g größer als der von f?
Für welche x-Werte ist der Funktionswert von h größer als der von g?
b) Vergleiche ebenso die Funktionswerte der Funktionen

$f(x) = 40x + 10$
$g(x) = 4x^2 + 10$
$h(x) = 10 \cdot 2^x$

mithilfe eines Tabellenkalkulationsprogramms.
c) Wähle weitere Funktionen f, g, h, die ein lineares bzw. quadratisches bzw. exponentielles Wachstum beschreiben und vergleiche deren Funktionswerte.

Auf die Dauer übertrifft exponentielles Wachstum quadratisches Wachstum

... und quadratisches Wachstum übertrifft lineares Wachstum.

Die Funktion f beschreibt ein lineares Wachstum, die Funktion g ein quadratisches Wachstum und die Funktion h ein exponentielles Wachstum.

Wenn x groß genug ist gilt:

$f(x) < g(x) < h(x)$

Zu Kapitel 1 bis Kapitel 5 in diesem Buch wird jeweils ein Eingangstest angeboten.
Damit kannst du überprüfen, ob du über die Voraussetzungen verfügst, die du für die erfolgreiche Bearbeitung des jeweiligen Kapitels benötigst.

Die Ergebnisse der Aufgaben findest du auf der Seite 193.
Kommst du mithilfe der Tabelle zur Selbsteinschätzung zu dem Ergebnis, dass dir bestimmte Voraussetzungen fehlen, benutze die angegebenen Hilfen und bearbeite die angegebenen Aufgaben.

1 Potenzen und Potenzfunktionen

1 Berechne.
a) $6 \cdot 6$ b) $9 \cdot 9$ c) $70 \cdot 70$ d) $3 \cdot 3 \cdot 3$
    $7 \cdot 7$ $8 \cdot 8$ $50 \cdot 50$ $5 \cdot 5 \cdot 5$

2 Berechne jeweils das Quadrat der angegebenen Zahl.
a) 12 14 16 -8 13

b) $0{,}8$ $1{,}2$ $0{,}04$

c) $\frac{1}{4}$ $\frac{3}{5}$ $\frac{1}{7}$ $-\frac{4}{9}$

3 Berechne.
a) $(-0{,}14)^2$ b) $(-1{,}4)^2$ c) $(-14)^2$ d) $(-140)^2$

4 Berechne.
a) $\sqrt{64}$ b) $\sqrt{10\,000}$ c) $\sqrt{1{,}44}$ d) $\sqrt[3]{27}$

5 Ordne jeder Funktion den passenden Graphen zu.
f: $y = 0{,}5x + 3$ g: $y = -2x + 6$
h: $y = (x - 4)^2$ k: $y = x^2 + 1$

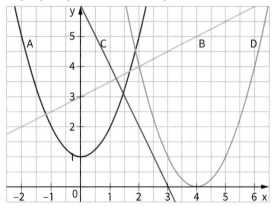

Ich kann	Aufgabe	Hilfen und Aufgaben
Produkte mit gleichen Faktoren und Quadratzahlen berechnen.	1, 2, 3	Seite 162
Quadratwurzeln und Kubikwurzeln berechnen.	4	Seite 162
die Graphen linearer und quadratischer Funktionen ihrer Funktionsgleichung zuordnen.	5	Seite 170, 175

2 Exponentialfunktionen

1 Berechne.

a) 7^2 b) 3^4 c) 10^5 d) 5^{-2}

    4^3 5^4 1^{11} 3^{-3}

    6^3 2^6 5^0 2^{-4}

2 Bestimme den Platzhalter.

a) $\blacksquare^3 = 216$ b) $4^\blacksquare = 64$ c) $2^\blacksquare = 32$

3 Zu Beginn des Jahres verdiente Frau Grau 2750 €. Am 1. März wird ihr Gehalt um 2 % erhöht und am 1. September noch einmal um 2 %. Wie viel Euro beträgt ihr Gehalt am Ende des Jahres?

4 Ein Paar Sportschuhe kostete ursprünglich 120 €. Der Preis wird zunächst um 20 % reduziert und zwei Wochen später noch einmal um 20 %. Berechne den neuen Preis der Schuhe.

5 Ordne jeder Funktion den passenden Graphen zu.

f: $y = x + 3$ g: $y = x^2$ h: $y = x^4$ k: $y = x^{-2}$

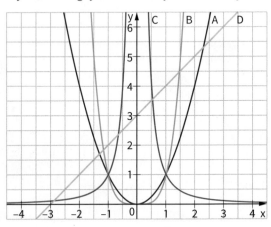

Ich kann	Aufgabe	Hilfen und Aufgaben
Potenzen berechnen.	1, 2	Seite 14, 15
Sachaufgaben zu prozentualen Veränderungen lösen.	3, 4	Seite 167
die Graphen von linearen Funktionen, quadratischen Funktionen und Potenzfunktionen ihrer Funktionsgleichung zuordnen.	5	Seite 23, 24, 170, 174, 175

3 Trigonometrische Berechnungen

1 Ersetze den Platzhalter durch geeignete Streckenlängen.

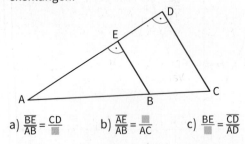

a) $\dfrac{\overline{BE}}{\overline{AB}} = \dfrac{\overline{CD}}{\blacksquare}$ b) $\dfrac{\overline{AE}}{\overline{AB}} = \dfrac{\blacksquare}{\overline{AC}}$ c) $\dfrac{\overline{BE}}{\blacksquare} = \dfrac{\overline{CD}}{\overline{AD}}$

2 Löse die Gleichung.

a) $18 = \dfrac{x}{6}$ b) $1{,}5 = \dfrac{x}{5}$ c) $\dfrac{3}{10} = \dfrac{x}{12}$ d) $\dfrac{x}{16} = \dfrac{3}{5}$

3 Berechne mithilfe des Satzes des Pythagoras die fehlende Seitenlänge in dem Dreieck ABC.

a)

b)

Ich kann	Aufgabe	Hilfen und Aufgaben
für ähnliche Dreiecke Verhältnisgleichungen aufstellen.	1	Seite 177
Gleichungen mit x auf einer Seite lösen.	2	Seite 169
in einem rechtwinkligen Dreieck mithilfe des Satzes des Pythagoras eine fehlende Seitenlänge berechnen.	3	Seite 178

4 Winkelfunktionen

1 Berechne den Sinus des markierten Winkels und bestimme mithilfe des Taschenrechners die zugehörige Winkelgröße.

a)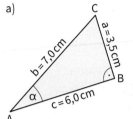

b)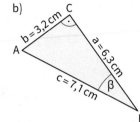

2 Berechne den Umfang des Kreises mit dem Radius r. Runde auf zwei Nachkommastellen.
a) r = 3,0 cm   b) r = 10,0 cm   c) r = 1,0 cm

3 Berechne die Bogenlänge des Kreisausschnitts mit dem Radius r = 10,0 cm und dem Winkel α.
a) $\alpha = 90°$ b) $\alpha = 180°$ c) $\alpha = 120°$

Ich kann	Aufgabe	Hilfen und Aufgaben
den Sinus eines Winkels im rechtwinkligen Dreieck bestimmen.	1	Seite 56
zu einem Sinuswert die zugehörige Winkelgröße bestimmen.	1	Seite 57
zu gegebenem Radius den Umfang eines Kreises berechnen.	2	Seite 180
die Bogenlänge des Kreisausschnitts mit dem Radius r und dem Winkel α berechnen.	3	Seite 180

5 Mit Wahrscheinlichkeiten rechnen

1 Ein Glücksrad ist in sechs gleichgroße Kreisausschnitte eingeteilt, die die Ziffern von 1 bis 6 tragen. Es wird einmal gedreht.
a) Gib die Ergebnismenge S an.
b) Bestimme die Wahrscheinlichkeit für jedes Ergebnis.
c) Gib das Ereignis E als Teilmenge von S an und berechne seine Wahrscheinlichkeit.
E: Der Zeiger zeigt auf eine ungerade Zahl.

2 In einer Urne befinden sich drei blaue, vier rote und zwei gelbe, sonst gleichartige Kugeln. Es wird eine Kugel aus der Urne gezogen.
a) Gib die Ergebnismenge S an.
b) Bestimme die Wahrscheinlichkeit für jedes Ergebnis.
c) Gib das Ereignis E als Teilmenge von S an und berechne seine Wahrscheinlichkeit.
E: Die gezogene Kugel ist nicht rot.

Ich kann	Aufgabe	Hilfen und Aufgaben
die Ergebnismenge eines Zufallsexperiments angeben.	1, 2	Seite 187
bei Laplace-Experimenten die Wahrscheinlichkeit von Ergebnissen und Ereignissen bestimmen.	1	Seite 187
durch Aussagen beschriebene Ereignisse als Teilmenge von S angeben.	1	Seite 187
die Wahrscheinlichkeit von Ergebnissen berechnen.	2	Seite 187
die Wahrscheinlichkeit von Ereignissen berechnen.	2	Seite 187

Brüche und Dezimalzahlen

Bearbeite die Seiten 158 bis 160 ohne Taschenrechner.

Eine **gemischte Zahl** besteht aus einer **natürlichen Zahl** und einem **echten Bruch**.

$$2\frac{4}{9}$$

natürliche Zahl · echter Bruch

gemischte Zahl

1 Schreibe als Bruch.

a) $1\frac{1}{3}$ $3\frac{2}{5}$ $7\frac{4}{5}$ $2\frac{3}{8}$ $12\frac{7}{100}$

b) 3,1   4,61   0,723   6,01   5,043

2 Schreibe als gemischte Zahl.

a) $\frac{5}{3}$ $\frac{11}{4}$ $\frac{17}{9}$ $\frac{23}{5}$ $\frac{71}{9}$

b) 2,9   7,12   79,301   27,05   12,009

$\frac{13}{40} = 13 : 40 = \blacksquare$

13 : 40 = 0,325
130
120
100
80
200
200
0

$\frac{3}{11} = 3 : 11 = \blacksquare$

3 : 11 = 0,2727… = $0,\overline{27}$
30
22
80
30
22
80…

3 Bestimme die Dezimalzahl durch eine Division.

a) $\frac{1}{4}$ $\frac{3}{8}$ $\frac{5}{8}$ $\frac{7}{40}$ $\frac{7}{16}$

b) $\frac{5}{16}$ $\frac{1}{32}$ $\frac{11}{20}$ $\frac{17}{200}$ $\frac{8}{125}$

c) $\frac{15}{20}$ $\frac{33}{50}$ $\frac{7}{16}$ $\frac{1}{125}$ $\frac{77}{160}$

d) $\frac{8}{3}$ $\frac{11}{6}$ $\frac{20}{11}$ $\frac{13}{9}$ $\frac{15}{7}$

4 Vergleiche die Dezimalzahlen. Setze <, > oder = ein.

a) 1,2 ☐ 1,3   b) 3,029 ☐ 3,0209   c) $0,\overline{3}$ ☐ 0,33

1,101 ☐ 1,010   2,010 ☐ 2,0100 $3,\overline{6}$ ☐ 3,67

3,4 ☐ 3,40   9,41 ☐ 9,401 $0,\overline{1}$ ☐ $0,\overline{10}$

2,052 ☐ 2,502   2,040 ☐ 2,0401 $2,\overline{3}$ ☐ $2,\overline{30}$

5 Ordne die Dezimalzahlen der Größe nach. Benutze das Zeichen <.

40,0023;   4,02;   4,01;   4,0011;   4,1023;   4,0012

Vergleichen von Dezimalzahlen

Schreibe die Dezimalzahlen stellenrichtig untereinander und vergleiche die Ziffern, die genau untereinander stehen: 0,62**5**3

0,62**6**

0,6253 < 0,626

6 Runde auf Zehntel.

a) 0,50   0,05   0,045   0,548   0,749

b) 1,61   2,056   1,046   3,55   3,505

c) 21,09   34,99   21,500   25,098   59,0099

d) $1,0\overline{3}$ $4,0\overline{8}$ $0,00\overline{7}$ $5,0\overline{9}$ 1,99

7 Runde auf Hundertstel.

a) 0,514   0,355   0,619   0,555   0,666

b) 2,999   3,009   3,155   7,056   4,449

c) 26,909   6,777   7,115   6,12355   6,0099

d) $0,\overline{7}$ $3,\overline{4}$ $11,\overline{51}$ $0,\overline{5}$ $2,\overline{59}$

8 Runde auf Tausendstel.

a) 0,1234   0,5555   0,4545   0,00055

b) 5,45791   9,90953   33,00033   22,699522

c) $9,\overline{6}$ $0,0\overline{6}$ $6,\overline{6}$ $0,\overline{7}$

Runden von Dezimalzahlen

Beim Runden einer Dezimalzahl auf eine bestimmte Stelle kommt es nur auf die nachfolgende Stelle an.
Steht dort die Ziffer 0, 1, 2, 3, 4, wird **ab**gerundet.
Steht dort die Ziffer 5, 6, 7, 8, 9, wird **auf**gerundet.

Runden auf Zehntel:
0,348 ≈ 0,3   0,954 ≈ 1,0

Runden auf Hundertstel:
0,7239 ≈ 0,72   0,5462 ≈ 0,55

9 Runde auf eine ganze Zahl.

a) 2,3   3,8   5,2   2,5   8,1

b) 12,45   14,65   23,97   99,23   54,99

c) $3,\overline{4}$ $4,\overline{5}$ $59,4\overline{5}$ $99,5\overline{9}$ $6,4\overline{5}$

Brüche und Dezimalzahlen addieren und subtrahieren

1 Bestimme den gemeinsamen Nenner und addiere. Kürze das Ergebnis, wenn möglich.

a) $\frac{8}{9} + \frac{2}{9}$ $\frac{3}{11} + \frac{7}{11}$ $\frac{1}{2} + \frac{1}{5}$

b) $\frac{2}{3} + \frac{3}{4}$ $\frac{3}{8} + \frac{1}{4}$ $\frac{7}{8} + \frac{5}{12}$

c) $\frac{5}{8} + 2\frac{1}{6}$ $3\frac{7}{12} + \frac{2}{3}$ $2\frac{5}{6} + 1\frac{7}{9}$

2 Bestimme den gemeinsamen Nenner und subtrahiere. Kürze das Ergebnis, wenn möglich.

a) $\frac{8}{9} - \frac{2}{9}$ $\frac{7}{11} - \frac{3}{11}$ $\frac{1}{2} - \frac{1}{5}$

b) $\frac{2}{3} - \frac{1}{5}$ $\frac{7}{8} - \frac{5}{16}$ $\frac{7}{9} - \frac{5}{12}$

c) $5\frac{1}{3} - 2\frac{1}{3}$ $7\frac{3}{5} - 4\frac{1}{10}$ $4\frac{1}{4} - 1\frac{2}{3}$

3 Schreibe richtig untereinander und addiere.

a) 8,1 + 9,4 + 7,3   b) 3,34 + 0,231 + 3,04
    2,3 + 0,33 + 1,036   0,002 + 8 + 2,05
    3,009 + 12 + 0,001   2,9909 + 0,3 + 231

4 Schreibe richtig untereinander und subtrahiere.

a) 12,34 – 1,89   b) 6,01 – 4,369   c) 5,0 – 1,99
    27,5 – 0,36   3,003 – 1,9   6,400 – 2
    47,2 – 0,999   5,987 – 3   10,002 – 3,9

5 Berechne. Ordne zunächst nach positiven und negativen Zahlen und fasse dann zusammen.

a) 38,2 – 12,23 + 5,3 – 5
b) 120 – 23 – 0,002 + 45 – 2,91
c) 19,45 – 0,3 + 256 – 33,5 + 24,02
d) 653 – 2,36 – 569 – 2,5 + 8,2 + 6
e) 57,3 + 257,1 – 33 + 15,2 – 27,89
f) 2,3 – 25,4 + 892 – 13,05 + 24

6 Bestimme den Platzhalter.

a)   + 2,3 = 10,3
b)   – 1,7 = 9,23
c) 31,1 –   = 1,94
d) 12,8 –   + 56,2 – 6,3 = 45,2
e) 40,8 – 12,589 +   = 50,17
f) 0,0001 +   – 1 = 0

7 a) Addiere die Differenz aus 34,234 und 17 zur Summe aus 12,3 und 0,235.
b) Subtrahiere die Differenz aus 13,78 und 2,6 von 230,003.
c) Subtrahiere die Summe aus 2,4 und 0,09 von der Differenz aus 20,1 und 4,02.

Addition (Subtraktion) von Brüchen

$$\frac{3}{13} + \frac{7}{13} = \frac{10}{13}$$

$$\frac{3}{8} + \frac{1}{3} = \frac{9}{24} + \frac{8}{24} = \frac{17}{24}$$

$$\frac{7}{13} - \frac{3}{13} = \frac{4}{13}$$

$$\frac{3}{8} - \frac{1}{3} = \frac{9}{24} - \frac{8}{24} = \frac{1}{24}$$

Die Brüche müssen vor dem Addieren (Subtrahieren) so erweitert werden, dass sie den gleichen Nenner haben. Dann werden die Zähler addiert (subtrahiert). Der Nenner ändert sich nicht.

Addition (Subtraktion) von Dezimalzahlen

Beim schriftlichen Addieren (Subtrahieren) gilt:
Komma unter Komma.

56,3 – 12,4 + 8,09 – 0,461 + 5 = ▓

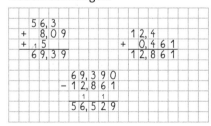

5 6,3 – 1 2,4 + 8,0 9 – 0,4 6 1 + 5	
= 5 6,3 + 8,0 9 + 5	– 1 2,4 – 0,4 6 1
= 6 9,3 9	– 1 2,8 6 1
= 5 6,5 2 9	

56,3 – 12,4 + 8,09 – 0,461 + 5 = 56,592

Nebenrechnungen:

```
    5 6,3              1 2,4
  +   8,0 9          + 0,4 6 1
  + 1 5              1 2,8 6 1
    6 9,3 9

              6 9,3 9 0
            – 1 2,8 6 1
              5 6,5 2 9
```

Summe aus 3,4 und 4,6:
3,4 + 4,6

Differenz aus 8,09 und 3,9:
8,09 – 3,9

Multiplizieren von Brüchen

$$\frac{5}{16} \cdot \frac{4}{25} = \frac{\overset{1}{\cancel{5}} \cdot \overset{1}{\cancel{4}}}{\underset{4}{\cancel{16}} \cdot \underset{5}{\cancel{25}}} = \frac{1}{20}$$

$$\frac{2}{15} \cdot 5 = \frac{2 \cdot \overset{1}{\cancel{5}}}{\underset{3}{\cancel{15}} \cdot 1} = \frac{2}{3}$$

Der Zähler wird mit dem Zähler und der Nenner mit dem Nenner multipliziert.

Dividieren von Brüchen

$$\frac{5}{8} : \frac{7}{16} = \frac{5 \cdot \overset{2}{\cancel{16}}}{\underset{1}{\cancel{8}} \cdot 7} = \frac{10}{7} = 1\frac{3}{7}$$

$$\frac{3}{8} : 5 = \frac{3 \cdot 1}{8 \cdot 5} = \frac{3}{40}$$

Wir dividieren durch einen Bruch, indem wir mit seinem Kehrwert multiplizieren.

Multiplizieren von Dezimalzahlen

Beim Multiplizieren gilt: Das Ergebnis hat so viele Stellen nach dem Komma wie beide Faktoren zusammen.

3 Stellen					2 Stellen	
0,	0	9	7	·	0,	7	4

$$0,097 \cdot 0,74$$

(schriftliche Multiplikation)
```
0,0 9 7 · 0,7 4
        6 7 9
        3 8 8
        1 1
  0,0 7 1 7 8
    5 Stellen
```

Dividieren von Dezimalzahlen

Bei beiden Zahlen wird das Komma um so viele Stellen nach rechts verschoben, dass die zweite Zahl eine ganze Zahl wird.

$$1,918 : 0,14 = \blacksquare$$

```
191,8 : 14 = 13,7
14
 51
 42
  98
  98
   0          1,918 : 0,14 = 13,7
```

Beim Überschreiten des Kommas wird im Ergebnis das Komma gesetzt.

1 Berechne. Kürze vor dem Ausrechnen.

a) $\frac{2}{9} \cdot \frac{1}{4}$ $\frac{10}{9} \cdot \frac{3}{10}$ $\frac{14}{8} \cdot \frac{4}{21}$ $\frac{38}{9} \cdot \frac{18}{19}$

b) $\frac{6}{11} \cdot \frac{11}{20}$ $\frac{22}{13} \cdot \frac{26}{33}$ $\frac{7}{6} \cdot \frac{9}{14}$ $\frac{8}{9} \cdot \frac{15}{12}$

c) $\frac{3}{4} \cdot 12$ $\frac{5}{9} \cdot 6$ $21 \cdot \frac{1}{7}$ $15 \cdot \frac{3}{10}$

2 Berechne. Kürze vor dem Ausrechnen.

a) $\frac{5}{7} : \frac{5}{6}$ $\frac{1}{8} : \frac{5}{12}$ $\frac{7}{11} : \frac{8}{33}$ $\frac{4}{9} : \frac{8}{15}$

b) $\frac{11}{24} : \frac{3}{8}$ $\frac{7}{35} : \frac{10}{21}$ $\frac{33}{28} : \frac{11}{14}$ $\frac{14}{25} : \frac{21}{35}$

c) $\frac{5}{9} : 10$ $\frac{8}{11} : 12$ $36 : \frac{9}{4}$ $24 : \frac{12}{13}$

3 Multipliziere im Kopf.

a) $0,7 \cdot 2$ b) $2,5 \cdot 5$ c) $0,6 \cdot 13$
   $0,3 \cdot 3$ $1,5 \cdot 6$ $0,4 \cdot 12$
   $0,6 \cdot 4$ $4,5 \cdot 3$ $0,35 \cdot 11$

d) $0,6 \cdot 0,8$ e) $0,06 \cdot 0,6$ f) $0,006 \cdot 0,4$
   $0,7 \cdot 0,7$ $0,07 \cdot 0,3$ $0,002 \cdot 0,15$
   $0,5 \cdot 0,6$ $0,13 \cdot 0,2$ $0,013 \cdot 0,5$

4 Multipliziere schriftlich.

a) $5,8 \cdot 7$ b) $4,97 \cdot 7$ c) $4,65 \cdot 13$
   $6,5 \cdot 9$ $3,65 \cdot 8$ $7,38 \cdot 21$
   $7,8 \cdot 9$ $7,06 \cdot 5$ $5,89 \cdot 56$

d) $5,6 \cdot 7,1$ e) $0,86 \cdot 1,4$ f) $0,77 \cdot 7,6$
   $4,8 \cdot 8,1$ $3,72 \cdot 0,4$ $0,47 \cdot 7,95$
   $2,6 \cdot 8,1$ $5,4 \cdot 3,98$ $2,47 \cdot 0,944$

5 Berechne im Kopf.

a) $7,4 : 10$ b) $34,5 : 100$ c) $553,4 : 1\,000$
   $8,67 : 10$ $9,559 : 100$ $96,7 : 1\,000$
   $8,06 \cdot 10$ $5,421 \cdot 100$ $30,4 \cdot 1\,000$
   $8,2 \cdot 10$ $8,045 \cdot 100$ $70,09 \cdot 1\,000$

6 Dividiere.

a) $2,492 : 0,2$ b) $0,75 : 0,25$ c) $3,10572 : 0,04$
   $8,896 : 1,6$ $13,427 : 0,29$ $33,4 : 0,5$
   $0,0098 : 3,2$ $0,02805 : 0,015$ $0,60145 : 0,023$

7 Bestimme den Platzhalter.

a) $6,24 \cdot \square = 5,2$ $1,2 \cdot \square = 8,28$

b) $\square : 0,12 = 1,3$ $\square \cdot 1,7 = 0,612$

Rationale Zahlen

1 Lies die markierten Zahlen ab.

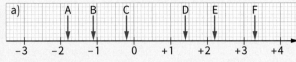

a)

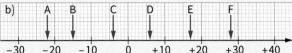

b)

Auf der **Zahlengeraden** lassen sich **ganze** und **rationale Zahlen** darstellen.

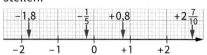

Dabei liegt von zwei rationalen Zahlen die größere rechts und die kleinere links.

$$-1,8 < -\frac{1}{5} \qquad -\frac{1}{5} < +0,8$$

Der **Abstand** einer Zahl **von Null** heißt **Betrag**.

$|-5| = 5$ *Lies: Der Betrag von –5 ist 5.*

2 Trage die Zahlen auf einer Zahlengeraden ein.
a) $+4,5; -3; -2,5; +4; -0,5; -4; -3,5; -5,5$
b) $-14; +5; +12; -7; -10; +4,5; +9,5; -12,5$

3 Kleiner, größer oder gleich ($<, >, =$)?
a) $+6 \quad +4$ b) $+11 \quad -23$ c) $-3,5 \quad -3,6$
   $+7 \quad -4$ $-5 \quad -6$ $-0,8 \quad -0,08$

4 Ordne die Zahlen in einer Ungleichheitskette mithilfe des
<-Zeichens.
a) $-11; +25; 0; -8; +4; +18; -14; +2; -16$

b) $-5,8; 6,9; -6,9; -6,09; 7,1; 7,01; 7,001$

c) $2\frac{2}{3}; -3\frac{1}{5}; 2,5; -3,6; 1\frac{1}{2}; 1,1; 1\frac{1}{4}$

5 Berechne.
a) $(-4) + (-5)$ b) $(-4) + (-3,2)$ c) $-\left(\frac{1}{2}\right) + \left(-\frac{1}{5}\right)$
   $(+7) - (+2)$ $(+3) - (+2,7)$
   $(-6) + (+15)$ $(-6,2) + (+1,5)$ $+\left(\frac{2}{3}\right) - \left(-\frac{5}{6}\right)$
   $(-5) - (-18)$ $(-2,5) - (-12)$

Addition und Subtraktion
Vereinfachte Schreibweise
Sind die Rechen- und Vorzeichen der zweiten Zahl gleich, so schreibe +.
Sind die Rechen- und Vorzeichen der zweiten Zahl verschieden, so schreibe –.

$(-7) - (-12)$ $(-7) + (-12)$
$= -7 + 12$ $= -7 - 12$
$= 5$ $= -19$

$(+7) + (+12)$ $(+7) - (+12)$
$= +7 + 12$ $= +7 - 12$
$= 19$ $= -5$

6 Berechne.
a) $-6 + 4$ b) $-5 + 8,2$ c) $-\frac{2}{5} + 0,5$
   $+7 - 12$ $+13 - 2,7$
   $-6 - 15$ $-6,2 - 1,5$ $\frac{7}{20} - 2,3$
   $+5 + 18$ $+2,5 + 12$

7 Berechne.
a) $(-6) \cdot (+4)$ b) $-5 \cdot (+8,2)$ c) $\frac{1}{2} \cdot \left(-\frac{2}{3}\right)$
   $(+60) : (-12)$ $+13,5 : (-2,7)$
   $(-6) \cdot (-15)$ $-6 \cdot (-1,5)$ $-\frac{1}{4} : \left(-\frac{1}{3}\right)$
   $(+54) : (+18)$ $+25 : (+12,5)$

d) $(-60) : (+4)$ e) $-24,6 : (+8,2)$ f) $-\frac{1}{5} : (-0,2)$
   $(+6) \cdot (-12)$ $+3 \cdot (-2,7)$
   $(-45) : (-15)$ $-6 : (-1,2)$ $1,2 \cdot \left(-\frac{2}{5}\right)$
   $(+5) \cdot (+18)$ $+2,5 \cdot (+12)$

Multiplikation (Division) zweier rationaler Zahlen mit gleichem Vorzeichen:
Multipliziere (Dividiere) die Beträge und setze das Vorzeichen +.

$(+3) \cdot (+1,5) = +4,5$
$(-3) \cdot (-1,5) = +4,5$

$(+3) : (+1,5) = +2$
$(-3) : (-1,5) = +2$

Multiplikation (Division) zweier rationaler Zahlen mit verschiedenen Vorzeichen:
Multipliziere (Dividiere) die Beträge und setze das Vorzeichen –.

$(-3,2) \cdot (+2) = -6,4$
$(+3,2) \cdot (-2) = -6,4$

$(-3,2) : (+2) = -6,4$
$(+3,2) : (-2) = -6,4$

8 Berechne. Beachte die Regel „Punkt– vor Strichrechnung".
a) $8 + (-5) \cdot 4$ b) $6,2 + (-5,8) : 2$ c) $6,7 - 5,2 : (-2) - 1$

Quadrieren

Wird eine Zahl mit sich selbst multipliziert, erhält man das Quadrat der Zahl. Die Rechenoperation heißt **Quadrieren**.

$14 \cdot 14 = 14^2 = 196$

$\frac{3}{4} \cdot \frac{3}{4} = \left(\frac{3}{4}\right)^2 = \frac{9}{16}$

$(-5) \cdot (-5) = (-5)^2 = 25$

Die Quadrate einer Zahl sind immer größer oder gleich Null. Die Quadrate der natürlichen Zahlen heißen **Quadratzahlen**.

Quadratwurzeln und Kubikwurzeln

$\sqrt{a}$ ist die nichtnegative Zahl b, die beim Quadrieren a ergibt.

$\sqrt{36} = 6$, denn $6^2 = 36$

$\sqrt{0} = 0$, denn $0^2 = 0$

Die Zahl b heißt **Quadratwurzel** aus a. Die Zahl a heißt Radikand.
Aus negativen Zahlen kann man keine Wurzeln ziehen.

$\sqrt[3]{a}$ ist die nichtnegative Zahl b, die als dritte Potenz a ergibt.

$\sqrt[3]{64} = 4$, denn $4^3 = 64$

$\sqrt[3]{512} = 8$, denn $8^3 = 512$

Irrationale Zahlen

Die meisten Quadratwurzeln und dritten Wurzeln sind Zahlen, die nicht als endliche oder periodische Dezimalzahlen geschrieben werden können. Solche Zahlen heißen **irrationale Zahlen**.

$\sqrt{2} = 1{,}414213562\ldots$

$\sqrt[3]{7} = 1{,}912931183\ldots$

Die rationalen und die irrationalen Zahlen bilden zusammen die **reellen Zahlen**.

1 Berechne jeweils das Quadrat der angegebenen Zahl.
a) 7   5   9   11   13   15   16
b) -3 -4 -6 -10 -12
c) 0,6   0,05   0,8   1,1   0,13
d) $\frac{1}{2}$ $\frac{1}{3}$ $\frac{2}{3}$ $\frac{3}{4}$ $-\frac{3}{5}$ $\frac{4}{7}$ $-\frac{5}{8}$
e) 100   1 000   200   2 000

2 Berechne.
a) $(-0,12)^2$ $(-1,2)^2$ $(-12)^2$ $(-120)^2$
b) $0,08^2$ $0,8^2$ 8^2 800^2 $0,008^2$ 80^2

3 Welche Quadratwurzeln sind rationale Zahlen, welche sind irrationale Zahlen?
$\sqrt{100}$ $\sqrt{10}$ $\sqrt{121}$ $\sqrt{1}$ $\sqrt{81}$ $\sqrt{222}$ $\sqrt{\frac{9}{16}}$ $\sqrt{0}$

4 Berechne jeweils die Quadratwurzel.
a) $\sqrt{169}$ $\sqrt{144}$ $\sqrt{36}$ $\sqrt{324}$ $\sqrt{196}$
b) $\sqrt{4\,900}$ $\sqrt{8\,100}$ $\sqrt{1\,960\,000}$ $\sqrt{62\,500}$
c) $\sqrt{\frac{49}{81}}$ $\sqrt{\frac{16}{121}}$ $\sqrt{\frac{25}{144}}$ $\sqrt{\frac{169}{225}}$ $\sqrt{\frac{289}{400}}$ $\sqrt{\frac{36}{361}}$

5 Gib zwei aufeinanderfolgende natürliche Zahlen an, zwischen denen die Wurzel liegt.
a) $\sqrt{50}$ b) $\sqrt{120}$ c) $\sqrt{90}$ d) $\sqrt{500}$ e) $\sqrt{170}$

6 Berechne.
a) $\sqrt{36} + \sqrt{81}$ b) $\sqrt{196} - \sqrt{144}$ c) $\sqrt{100} - \sqrt{225}$
d) $\sqrt{1,69} - \sqrt{0,49}$ e) $\sqrt{1} - \sqrt{0,04}$ f) $\sqrt{0,25} + \sqrt{0,0049}$

7 Bestimme x. Es gibt zwei Lösungen.
a) $x^2 = 289$ b) $x^2 = 0,64$ c) $x^2 = 0,0144$

8 Welche reellen Zahlen werden jeweils dargestellt?

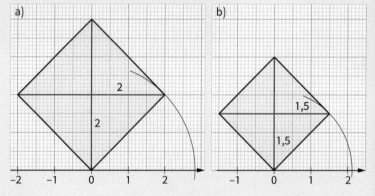

9 Welche Kubikwurzeln sind rationale Zahlen, welche sind irrationale Zahlen?
$\sqrt[3]{64}$ $\sqrt[3]{32}$ $\sqrt[3]{1\,000}$ $\sqrt[3]{8}$ $\sqrt[3]{343}$ $\sqrt[3]{0,001}$ $\sqrt[3]{0,0001}$

Größen

1 Gib in der Einheit an, die in Klammern steht.

a) 3 kg (g)
33 g (mg)
1 t (kg)

b) 6 g (mg)
5 t (kg)
63 kg (g)

c) 5000 g (kg)
83 000 mg (g)
37 000 kg (t)

d) 2,7 kg (g)
3,6 t (kg)
13,2 g (mg)

e) 3,85 t (kg)
4,00 g (mg)
4,45 kg (g)

f) 0,423 kg (g)
0,7465 t (kg)
0,3034 t (kg)

g) 4 245 g (kg)
7 632 kg (t)
8 310 g (kg)

h) 155 g (kg)
100 kg (t)
140 mg (g)

i) 56 kg (t)
87 g (kg)
3 g (kg)

2 Wandle zuerst in die gleiche Einheit um und berechne dann.

a) 12 kg + 870 g + 540 g
450 g + 17 g + 6 kg
4 t + 350 kg + 870 kg

b) 33 kg − 24 g
7 t − 58 kg
1 t − 5 kg

3 Gib in der Einheit an, die in Klammern steht.

a) 67 cm (mm)
2,35 m (cm)
1,30 m (cm)
53 cm (m)

b) 51 dm (cm)
330 mm (cm)
48 mm (cm)
5,34 m (dm)

c) 4 m (cm)
3,4 km (m)
50 m (km)
3,4 cm (mm)

4 Wandle in die kleinere Einheit um und berechne.

a) 3 m + 45 cm
4,9 cm + 2 mm
3,6 m + 8 cm

b) 12 km + 256 m + 2,1 km
4,72 m + 9 cm + 1 m
7,89 km + 63 m + 0,6 km

5 Wandle in die Einheit um, die in Klammern steht.

a) 32 dm^2 (cm^2)
3 ha (a)
3 km^2 (ha)

b) 6 cm^2 (mm^2)
3,82 m^2 (dm^2)
5,67 m^2 (cm^2)

c) 6,5 a (m^2)
3,9 ha (a)
5,6 ha (m^2)

6 Wandle in die nächst größere Einheit um.

a) 2 000 cm^2
2438 mm^2
6,85 dm^2

b) 2 467 dm^2
75,9 a
356,89 ha

c) 3,8 ha
8,5 mm^2
91,8 cm^2

7 Gib in der Einheit an, die in Klammern steht.

a) 4 dm^3 (cm^3)
12 cm^3 (mm^3)
2,7 m^3 (cm^3)

b) 7 cm^3 (mm^3)
6,8 m^3 (dm^3)
53 m^3 (dm^3)

c) 100 dm^3 (m^3)
3 000 cm^3 (dm^3)
80 mm^3 (cm^3)

d) 3,1 cm^3 (mm^3)
1,04 km^3 (m^3)
7,013 m^3 (dm^3)

e) 3,02 dm^3 (m^3)
1,2 dm^3 (mm^3)
7,0031 m^3 (dm^3)

f) 0,03 m^3 (dm^3)
0,01 m^3 (cm^3)
0,053 m^3 (cm^3)

g) 3 l (ml)
1,3 l (ml)
0,4 l (ml)

h) 250 cl (l)
500 ml (l)
80 cl (l)

i) 3 dm^3 (l)
350 ml (dm^3)
340 cm^3 (l)

Masseeinheiten

1 t	= 1 000 kg	1 kg = 0,001 t
1 kg	= 1 000 g	1 g = 0,001 kg
1 g	= 1 000 mg	1 mg = 0,001 g

Im Alltag ist der Begriff „Gewicht" an Stelle von Masse gebräuchlich.

5 kg + 560 g + 480 mg
= 5000 g + 560 g + 0,48 g
= 5560,48 g

7,2 t + 360 kg + 4 t
= 7,2 t + 0,36 t + 4 t
= 11,56 t

Längeneinheiten

1 km	= 1 000 m	1 m = 0,001 km
1 m	= 10 dm	1 dm = 0,1 m
1 dm	= 10 cm	1 cm = 0,1 dm
1 cm	= 10 mm	1 mm = 0,1 cm

3,86 km + 34 m
= 3 860 m + 34 m
= 3 894 m

8 km + 1 450 m + 125 dm
= 8 km + 1,450 km + 0,0125 km
= 9,4625 km

Flächeneinheiten

1 km^2 = 100 ha	1 ha	= 0,01 km^2
1 ha = 100 a	1 a	= 0,01 ha
1 a = 100 m^2	1 m^2	= 0,01 a
1 m^2 = 100 dm^2	1 dm^2	= 0,01 m^2
1 dm^2= 100 cm^2	1 cm^2	= 0,01 dm^2
1 cm^2 = 100 mm^2	1 mm^2	= 0,01 cm^2

Hektar (ha), Ar (a)

Raumeinheiten (Volumeneinheiten)

1 m^3 = 1 000 dm^3	1 dm^3 = 0,001 m^3
1 dm^3= 1 000 cm^3	1 cm^3 = 0,001 dm^3
1 cm^3 = 1 000 mm^3	1 mm^3= 0,001 cm^3

1 l = 1000 ml	1 l = 1 dm^3
1 l = 100 cl	1 ml = 1 cm^3
100 l = 1 hl	

Direkt proportionale Zuordnungen

12 Hefte kosten 10,20 €.

Anzahl ⟶ Preis

Anzahl	Preis (€)
12	10,20
24	20,40
36	30,60

Anzahl	Preis (€)
12	10,20
6	5,10
4	3,40

doppelte Anzahl ➙ **doppelter** Preis
dreifache Anzahl ➙ **dreifacher** Preis

Hälfte d. Anzahl ➙ **Hälfte** d. Preises
Drittel d. Anzahl ➙ **Drittel** d. Preises

Diese Zuordnung ist direkt **proportional**.

Dreisatz

12 Hefte kosten 10,20 €.
Wie viel kosten 7 Hefte?

Anzahl	Preis (€)
12	10,20
1	0,85
7	5,95

12 Hefte kosten 10,20 €.
1 Heft kostet 10,20 € : 12 = 0,85 €.
7 Hefte kosten 0,85 € · 7 = 5,95 €.

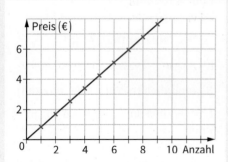

Bei einer direkt proportionalen Zuordnung liegen die Punkte im Koordinatensystem auf einer Geraden durch den Ursprung.

1 Die folgenden Zuordnungen sind direkt proportional. Berechne die fehlenden Werte.

a)
kg	€
4	33,28
2	
8	

b)
kg	€
3	4,68
6	
9	

c)
l	km
2	25
4	
6	
1	

d)
l	km
8	168
4	
2	
1	

e)
kg	€
2,5	3,25
1	
3,5	
7,6	

f)
l	km
46,8	1076,4
1	
12,8	
33,7	

2 Fünf Kilogramm Kartoffeln kosten 7,00 €. Wie teuer sind 7,5 Kilogramm?

3 Ein Maurer braucht 40 Ziegelsteine, um eine Mauer mit einem Flächeninhalt von 2,5 m² zu errichten. Wie viele Ziegelsteine braucht er für eine Mauer von 7 m²?

4 Eine Klasse von 28 Schülern zahlt im Zoo 91 € Eintritt. Was kostet der Zoobesuch, wenn zwei Schüler weniger mitkommen?

5 Ein Landschaftsgärtner braucht drei Arbeitstage von jeweils acht Stunden, um einen Weg von 12 m Länge anzulegen. Wie lange braucht er für einen Weg von 15 m Länge? Gib die Zeit in Tagen und Stunden an.

6 Ein Flugzeug braucht für eine Strecke von 2700 km 2 Stunden und 30 Minuten. Wie lange braucht es für 3600 km, wenn es mit der gleichen Durchschnittsgeschwindigkeit weiter fliegt?

7 Frau Müller erhält für eine Woche (35 Stunden) Arbeit einen Lohn von 402,50 €. Sie bekommt eine Lohnerhöhung von 40 Cent pro Stunde. Wie viel Euro verdient sie jetzt in der Woche?

8 Herr Petersdorf braucht für die 450 km lange Strecke von Halle zum Fähranleger Dagebüll 4 Stunden und 10 Minuten. Mit welcher Durchschnittsgeschwindigkeit ist er gefahren?

9 Ben möchte im Urlaub in der Schweiz Euro in Franken einwechseln. Seine Mutter erhielt für 400 Euro den Betrag von 420 Franken.
a) Wie viel Franken bekommt er für einen Euro?
b) Wie viel Franken bekommt er für 70 Euro?
c) Wie viel Euro bekommt man für einen Franken?

Indirekt proportionale Zuordnungen

1 Die folgenden Zuordnungen sind indirekt proportional. Berechne die fehlenden Werte.

a)
Anzahl	Tage
3	60
6	
12	
15	

b)
Anzahl	Tage
18	90
6	
9	
2	

c)
Anzahl	Tage
16	15
8	
2	
1	

d)
cm	cm
12	18,2
24	
60	
1	

e)
cm	cm
33,6	18
1	
60	

f)
cm	cm
126,4	30
1	
80,0	

2 Eine Busfahrt zur Eisbahn kostet 2,40 € pro Schüler, wenn 58 Schüler mitfahren. Wie teuer ist die Fahrt für jeden, wenn nur 48 Schüler mitfahren und der Busunternehmer den gleichen Gesamtpreis verlangt?

3 Bei einer Durchschnittsgeschwindigkeit von 100 $\frac{km}{h}$ braucht ein Auto 50 Minuten von Potsdam bis Wittenberg. Wie lange braucht es für die gleiche Strecke bei einer Durchschnittsgeschwindigkeit von 80 $\frac{km}{h}$?

4 Ein Tischler zersägt eine Leiste in fünf gleiche Teile von je 28 cm Länge. Wie lang wird jedes Teil, wenn er die Leiste in sieben gleich lange Abschnitte zersägt?

5 Wenn eine 60-W-Glühlampe 100 Stunden lang leuchtet, betragen die Kosten für elektrische Energie 1,20 €. Wie lange kann eine 12-W-Sparlampe für den gleichen Betrag leuchten?

6 Martin rechnet: Wenn mein Urlaub durchschnittlich 35 € pro Tag kostet, komme ich mit meinem Geld acht Tage aus. Wie lange kann Martin Urlaub machen, wenn er täglich nur 28 € ausgibt?

7 Zu einem Rechteck von 40 cm Länge und 80 cm Breite sollen flächengleiche Rechtecke bestimmt werden.
Lege eine Tabelle an. Trage die Zahlenpaare als Punkte in ein Koordinatensystem ein und zeichne durch die eingezeichneten Punkte eine Kurve.
x-Achse: 1 cm ≙ 20 cm; y-Achse: 1 cm ≙ 50 cm

Eine Leiste lässt sich in sechs jeweils 0,48 m lange Stücke zersägen.

Anzahl ⟶ Länge pro Stück

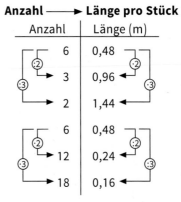

Anzahl	Länge (m)
6	0,48
3	0,96
2	1,44
6	0,48
12	0,24
18	0,16

Hälfte d. Anzahl ⟶ **doppelte** Länge
Drittel d. Anzahl ⟶ **dreifache** Länge

doppelte Anzahl ⟶ **Hälfte** d. Länge
dreifache Anzahl ⟶ **Drittel** d. Länge

Diese Zuordnung ist **indirekt proportional**.

Eine Leiste lässt sich in sechs jeweils 0,48 m lange Stücke zersägen. Wie lang ist jedes Stück bei vier gleich langen Stücken?

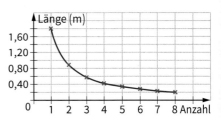

Anzahl	Länge (m)
6	0,48
1	2,88
4	0,72

Bei sechs Stücken hat jedes eine Länge von 0,48 m.
Die ganze Leiste hat eine Länge von 6 · 0,48 m = 2,88 m.
Bei vier Stücken hat jedes eine Länge von 2,88 m : 4 = 0,72 m.

Graph einer indirekt proportionalen Zuordnung

Prozentrechnung

In der Prozentrechnung werden folgende Begriffe verwendet:
Grundwert (G): das Ganze
Prozentwert (W): der Anteil vom Ganzen
Prozentsatz (p %): der Anteil in %
Der Grundwert entspricht immer 100 %.

Prozentwert gesucht

45 % von 320 kg = ▒ kg $\frac{W}{G} = \frac{p}{100}$

%	Masse (kg)
100	320
1	3,20
45	144

:100 ·45   :100 ·45

$W = \frac{G \cdot p}{100}$

$W = \frac{320 \text{ kg} \cdot 45}{100}$

$W = 144 \text{ kg}$

Der Prozentwert beträgt 144 kg.

Grundwert gesucht

40 % ≙ 84 €   100 % ≙ ▒ €

%	Betrag (€)
40	84
1	2,10
100	210

:40 ·100   :40 ·100

$G = \frac{W \cdot 100}{p}$

$G = \frac{84 \text{ € } \cdot 100}{40}$

$G = 210 \text{ €}$

Der Grundwert beträgt 210 €.

Prozentsatz gesucht

13,50 m sind ▒ von 25 m

Strecke (m)	%
25	100
1	4
13,50	54

:25 ·13,5   :25 ·13,5

$p = \frac{W \cdot 100}{G}$

$p = \frac{13,5 \cdot 100}{25}$

$p\% = 54 \%$

Der Prozentsatz beträgt 54 %.

Ein Tausendstel einer Gesamtgröße wird **Promille** genannt.

$\frac{1}{1000} = 1 \text{ ‰}$

$0,001 = 1 \text{ ‰}$

1 Grundwert, Prozentwert, Prozentsatz: Was ist gegeben? Was ist gesucht?
a) 25 % der 32 Schüler einer Klasse haben die Grippe.
b) Im Fußballstadion sind nur 64 % der Plätze belegt. Insgesamt sind 8000 Zuschauer gekommen.
c) 72 von 90 Lehrern kommen mit dem Auto zur Schule.

2 Berechne jeweils den Prozentwert.
a) 20 % von 120 kg   b) 1 % von 80 kg   c) 0,2 % von 300 kg
   15 % von 30 €   60 % von 2,50 €   2,5 % von 250 kg

3 Berechne jeweils den Grundwert.
a) 20 % sind 25 kg   b) 4 % sind 5 kg   c) 0,2 % sind 1 kg
   25 % sind 40 €   5 % sind 2,50 €   2,5 % sind 5 €

4 Berechne jeweils den Prozentsatz.
a) 9 kg von 15 kg   b) 3,5 kg von 5 kg   c) 12,5 kg von 200 kg
   32 kg von 40 kg   8,5 € von 25 €   49,20 € von 400 €

5 Frau Kappel verkauft ihr fünf Jahre altes Auto für 11 136 €. Das sind 60 % des ursprünglichen Kaufpreises.
Wie teuer war der Neuwagen? Wie viel Euro beträgt der Wertverlust?

6 Herr Schewe zahlte bisher 520 € Miete. Die Miete wird um 3,5 % erhöht. Berechne die Mietsteigerung.

7 Von den insgesamt 960 Schülerinnen und Schülern einer Schule sind 528 Mädchen. Berechne den Prozentsatz.

8 Melissa hat eine Taschengelderhöhung von 10 % erhalten. Sie bekommt jetzt 4 € mehr.

9 Celina erhält pro Woche 10 € Taschengeld. Ihre Mutter erhöht das Taschengeld um 20 %.

10 Familie Hiltergerke schließt eine Hausratversicherung über 80 000 € ab. Die jährliche Prämie, die an die Versicherung abzuführen ist, beträgt 0,16 % der Versicherungssumme. Wie viel Euro Prämie sind zu zahlen?

11 Für ihre Gebäudeversicherung über 250 000 € zahlt Frau Lasrich jährlich 500 € Prämie. Wie viel Prozent der Versicherungssumme sind das?

12 Berechne:
a) 5 ‰ von 30 l   b) 0,5 ‰ von 400 kg
   0,8 ‰ von 8 l   6,3 ‰ von 1 500 kg
   9 ‰ von 120 l   4,8 ‰ von 2 t

Prozentuale Veränderungen

1 Berechne die fehlenden Werte.

	alter Preis	Erhöhung in %	Erhöhung in €	neuer Preis
a)	120,00 €	8 %	▨	▨
b)	20,00 €	▨	1,00 €	▨
c)	▨	15 %	▨	356,50 €
d)	0,80 €	▨	▨	1,04 €
e)	▨	▨	112,50 €	562,50 €

2 Im Schlussverkauf wurden alle Preise um 30 % gesenkt.
a) Wie viel Euro bezahlt man jetzt für ein Paar Schuhe, das vorher 79,90 € gekostet hat?
b) Frau Braun zahlt im Schlussverkauf für ein Paar Schuhe 62,30 €. Was haben die Schuhe vorher gekostet?

3 An vielen Tankstellen sinkt der Benzinpreis im Laufe des Tages. Abends betrug der Preis 1,19 € pro Liter. Morgens war das Benzin 15 % teurer.

4 Eine Hose kostet ohne 19 % Mehrwertsteuer 75 €.
a) Mit welchem Preis muss die Hose im Geschäft ausgezeichnet werden?
b) Ein Jackett kostet in einer Boutique 150 €. Wie hoch ist die Mehrwertsteuer?

5 Der Wertverlust für ein Auto beträgt durchschnittlich 20 % pro Jahr.
a) Herr Fischer kauft einen Jahreswagen für 14 000 €. Wie hoch war der Neupreis?
b) Frau Becker zahlt für ein zwei Jahre altes Auto 11 904 €. Berechne den Neupreis.

6 Berechne die fehlenden Werte.

	Preis ohne MwSt.	MwSt. (19 %)	Preis mit MwSt.
a)	220,00 €	▨	▨
b)	▨	▨	1059,10 €
c)	▨	43,70 €	▨

7 Ein Paar Schuhe kostet ohne Mehrwertsteuer (19 %) 100 €. Berechne den Verkaufspreis mit Mehrwertsteuer.

8 Auf einer Rechnung für ein Gerät ist die Mehrwertsteuer mit 142,50 € ausgewiesen. Wie hoch ist der Rechnungsbetrag ohne Mehrwertsteuer?

9 Ein Händler erzielt einen Umsatz von 14 280 € einschließlich Mehrwertsteuer. Wie viel Euro Mehrwertsteuer muss er an das Finanzamt abführen?

Herr Dickmann ist in einem Jahr 5 % leichter geworden. Sein altes Gewicht betrug 86 kg. Wie schwer ist er jetzt?

altes Gewicht ≙ 100 %
Abnahme ≙ 5 %
neues Gewicht ≙ 95 %

$$100\,\% \longrightarrow 86 \text{ kg}$$
$$1\,\% \longrightarrow \frac{86 \text{ kg}}{100}$$
$$95\,\% \longrightarrow \frac{86 \text{ kg} \cdot 95}{100}$$
$$95\,\% \longrightarrow 81,7 \text{ kg}$$

Er wiegt jetzt 81,7 kg.

Frau Kiel erhält eine Lohnerhöhung von 2 %. Jetzt verdient sie 3 927 € im Monat. Wie viel verdiente sie vor der Erhöhung?

Erhöhung ≙ 2 %
Verdienst vorher ≙ 100 %
Verdienst nachher ≙ 102 %

$$102\,\% \longrightarrow 3927 \text{ €}$$
$$1\,\% \longrightarrow \frac{3927 \text{ €}}{102}$$
$$100\,\% \longrightarrow \frac{3927 \text{ €} \cdot 100}{102}$$
$$100\,\% \longrightarrow 3\,850 \text{ €}$$

Sie hat vorher 3 850 € verdient.

Eine Lampe kostet im Geschäft 83,30 €. Berechne die Mehrwertsteuer (19 %).

$$119\,\% \longrightarrow 83,30 \text{ €}$$
$$1\,\% \longrightarrow \frac{83,30 \text{ €}}{119}$$
$$19\,\% \longrightarrow \frac{83,30 \text{ €} \cdot 19}{119}$$
$$19\,\% \longrightarrow 13,30 \text{ €}$$

Die Mehrwertsteuer beträgt 13,30 €.

Zinsrechnung

Zinsen gesucht

$K = 500 €$, $p\% = 4\%$, $Z = $ ▨

$100\% \longrightarrow 500 €$

$1\% \longrightarrow \dfrac{500\,€}{100}$ $\qquad Z = \dfrac{K \cdot p}{100}$

$4\% \longrightarrow \dfrac{500\,€ \cdot 4}{100}$ $\qquad Z = \dfrac{500\,€ \cdot 4}{100}$

$4\% \longrightarrow 20\,€$ $\qquad Z = 20\,€$

Die Zinsen betragen 20 €.

Zinssatz gesucht

$K = 4000 €$, $Z = 140 €$, $p\% = $ ▨

$4000\,€ \longrightarrow 100\%$

$1\,€ \longrightarrow \dfrac{100}{4000}\%$ $\qquad p\% = \dfrac{Z \cdot 100}{K}\%$

$140\,€ \longrightarrow \dfrac{140\,€ \cdot 100}{4000\,€}\%$ $\quad p\% = \dfrac{140\,€ \cdot 100}{4000\,€}\%$

$140\,€ \longrightarrow 3,5\%$ $\qquad p\% = 3,5\%$

Der Zinssatz beträgt 3,5 %.

Kapital gesucht

$Z = 450 €$, $p\% = 3\%$, $K = $ ▨

$3\% \longrightarrow 450\,€$

$1\% \longrightarrow \dfrac{450}{3}\,€$ $\qquad K = \dfrac{Z \cdot 100}{p}$

$100\% \longrightarrow \dfrac{450\,€ \cdot 100}{3}$ $\quad K = \dfrac{450\,€ \cdot 100}{3}$

$100\% \longrightarrow 15\,000\,€$ $\qquad K = 15\,000\,€$

Das Kapital beträgt 15 000 €.

Tageszinsen

$K = 1500 €$, $p\% = 12\%$, $n = 25$, $Z = $ ▨

Zinsen für n Tage:

$Z = \dfrac{K \cdot p}{100} \cdot \dfrac{n}{360}$ $\qquad$ n gibt hier die Anzahl der Zinstage an.

$Z = \dfrac{1500\,€ \cdot 12}{100} \cdot \dfrac{25}{360}$ $\qquad$ Ein Jahr hat 360 Zinstage.

$Z = 12,50\,€$

Die Zinsen für 25 Tage betragen 12,50 €.

Zinseszinsen

Gegeben: $K = 5000 €$, $p\% = 2\%$

Zinsfaktor: $1 + \dfrac{2}{100} = \dfrac{102}{100} = 1,02$

$K_1 = 5000 \cdot 1,02 = 5100$

$K_2 = 5000 \cdot 1,02 \cdot 1,02 = 5202$

$K_3 = 5000 \cdot 1,02 \cdot 1,02 \cdot 1,02 = 5306,04$

---

1 Berechne die Zinsen für ein Jahr. Runde auf zwei Stellen nach dem Komma.
a) 400 € (450 €, 1 100 €) zu 0,5 %
b) 720 € (86,50 €, 390 €) zu 1,5 %
c) 1 240 € (2 365 €, 745 €) zu 2,25 %
d) 268 € (346,20 €, 894,10 €) zu 1,2 %

2 Berechne den Zinssatz.

	a)	b)	c)	d)	e)
Kapital (€)	1 200	245	1 680	740	1 580
Zinsen (€)	18	4,90	87,36	37	97,96

	f)	g)	h)	i)	k)
Kapital (€)	280	650	2 170	2350	458
Zinsen (€)	1,4	11,70	19,53	12,69	2,29

3 Berechne das Kapital.
a) 145 € (28 €, 7,56 €) Zinsen bei 1 %
b) 75 € (43,50 €, 7,74 €) Zinsen bei 0,5 %
c) 9,80 € (16,10 €, 7 €) Zinsen bei 1,1 %
d) 25,56 € (565,65 €) Zinsen bei 1,5 %

4 Frau Siebert überzieht 50 Tage ihr Konto um 7 200 €. Wie viel Euro Zinsen muss sie bei einem Zinssatz von 13,5 % dafür bezahlen?

5 Herr Fischer hat eine Hypothek von 90 000 € zu einem Zinssatz von 4,2 %. Wie viel Euro Zinsen muss er in einem Monat (30 Tage) bezahlen?

6 Maren leiht sich von ihrer Schwester 50 €. Sie sagt: „Ich zahle dir auch pro Tag einen Cent Zinsen." Berechne den Zinssatz.

7 Herr und Frau Brinkmann möchten ein Haus bauen. Die Zinsbelastung soll pro Jahr nicht über 8000 € liegen. Wie hoch darf das Darlehen bei einem Zinssatz von 3,25 % höchstens sein? Runde auf Euro.

8 5 000 € werden ein Jahr lang verzinst. Dann wird der Zinssatz um 0,5 % gesenkt. Im zweiten Jahr erhält Herr Gevelhoff 55 €.
a) Wie hoch war der ursprüngliche Zinssatz?
b) Wie viel Euro Zinsen hat Herr Gevelhoff im ersten Jahr bekommen?

9 Herr Hermann legt 12 000 € für 5 Jahre zu einem Festzins von 1,5 % an. Berechne sein Kapital am Ende der Laufzeit inklusive Zinseszinsen.

Terme und Gleichungen

1 Vereinfache die Terme.

a) $2x - 12 + 7x + 1$
 $4x + 7 + 3x$
 $43 + 3x - 13 + x$
 $x + 21 + 5x - 17$

b) $7x + 4 - 2x + 1$
 $x + 9 - 5x + 71$
 $16x - 12 + 4x - 2$
 $7x - 7 - 11 + x$

2 Multipliziere aus und fasse zusammen, wenn möglich.

a) $6(x - y + z)$
 $5(n - 11 + p)$
 $-2(x + y + 7)$

b) $4(3x + 2y - z)$
 $-7(2r - 3p + q)$
 $(4y - z + 5) \cdot 6$

c) $(2a + 3)(3a - 6)$
 $(3c - 4d)(5c + 2d)$
 $(7q + 11)(5 - 9q)$

3 Wende die binomischen Formeln an.

a) $(a + d)^2$
 $(n + p)^2$
 $(q - z)^2$
 $(x - v)^2$

b) $(c - d)(c + d)$
 $(u + w)(u - w)$
 $(2x - y)(2x + y)$
 $(v - 7w)(v + 7w)$

c) $(n + 4m)^2$
 $(3x + y)^2$
 $(4a - b)^2$
 $(a - 7b)^2$

4 Bestimme jeweils die Lösung der Gleichung.

a) $x - 4 = 23$
 $x - 11 = 1$
 $34 = x - 2$

b) $x + 3 = 15$
 $x + 7 = 45$
 $13 = x - 18$

c) $3x = 2x + 8$
 $x = 5x - 11$
 $8x = 9x + 9$

d) $\frac{1}{3}x = 9$

 $-\frac{1}{4}x = -5$

 $3 = \frac{1}{5}x$

e) $4x - 9 = 39 - 8x$
 $8x - 10 = 20 - 7x$
 $7x - 15 = 65 - 3x$

f) $5 - 4x = 27 - 6x$
 $60 - 9x = 72 - 15x$
 $10x + 17 = 14x + 29$

g) $6(x + 3) = 4x - 20$
 $8(2x + 3) = 9x - 4$
 $6x - 12 = 7(3x + 9)$
 $-7x - 27 = -5(3x - 1)$

h) $10(x - 3) = 6(x + 7)$
 $2(x - 7) = 3(x - 5)$
 $-6(x + 6) = 3(x - 3)$
 $-2(3x - 6) = -14(x - 2)$

5 Eine Seite eines Rechtecks ist um 13 cm kürzer als die andere. Der Umfang beträgt 154 cm. Bestimme die Länge der beiden Seiten mithilfe einer Gleichung.

6 Wenn man die Seite eines Quadrats um einen Zentimeter verlängert, vergrößert sich der Flächeninhalt um 25 cm². Berechne die Länge der Quadratseite.

7 Bei der Wahl des Klassensprechers werden 28 gültige Stimmen abgegeben. Anton erhält drei Stimmen mehr als Max, Lukas erhält zwei Stimmen weniger als Max. Wie viele Stimmen erhält jeder? Wer wird Klassensprecher?

8 Das Sechsfache einer Zahl vermindert um 8 ist gleich dem Fünffachen der Zahl vermehrt um 5.

Gleichartige Summanden (Terme) kannst du zusammenfassen.

$7x - 3y + 5x - y + 7 - x$
$= 7x + 5x - x - 3y - y + 7$
$= 11x - 4y + 7$

Einen Term kannst du mit einer **Summe multiplizieren,** indem du **jeden Summanden mit dem Term** multiplizierst.
$3 \cdot (x + 4) = 3 \cdot x + 3 \cdot 4 = 3x + 12$
$\mathbf{a \cdot (b + c) = ab + ac}$

Eine Summe wird mit **einer Summe multipliziert,** indem **jeder Summand der ersten Summe** mit **jedem Summanden der zweiten Summe** multipliziert wird.
$(x + 3)(y - 4) = xy - 4x + 3y - 12$
$\mathbf{(a + b)(c - d) = ac - ad + bc - bd}$

Binomische Formeln
1. $\mathbf{(a + b)^2 = a^2 + 2ab + b^2}$
2. $\mathbf{(a - b)^2 = a^2 - 2ab + b^2}$
3. $\mathbf{(a + b)(a - b) = a^2 - b^2}$

Die Lösung einer Gleichung ändert sich nicht, wenn du auf beiden Seiten dieselbe Zahl (denselben Term) addierst oder auf beiden Seiten dieselbe Zahl (denselben Term) subtrahierst.

$$5x + 15 = 4x + 7 \quad | -4x$$
$$x + 15 = 7 \quad | -15$$
$$x = -8$$

Die Lösung einer Gleichung ändert sich nicht, wenn du beide Seiten mit derselben Zahl (ungleich Null) multiplizierst oder beide Seiten durch dieselbe Zahl (ungleich Null) dividierst.

Gleichungen mit Klammern
$$4(x - 2) + 2x = 22$$
$$4x - 8 + 2x = 22$$
$$6x - 8 = 22 \quad | +8$$
$$6x = 30 \quad | :6$$
$$x = 5$$

Probe: $4(\mathbf{5} - 2) + 2 \cdot \mathbf{5} = 22$
$22 = 22$

Lineare Funktionen

Funktionen mit der **Funktionsgleichung y = mx** sind besondere lineare Funktionen. Die **Funktionsgraphen** sind **Geraden** durch den **Ursprung**. **m** gibt die **Steigung** der Geraden an.

Funktionsgleichung: y = 2x

Steigung: m = 2

x	−2	−1	0	1	2
y	−4	−2	0	2	4

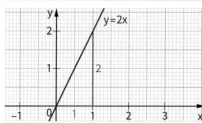

Funktionen mit der **Funktionsgleichung y = mx + n** heißen **lineare Funktionen**. Ihre **Funktionsgraphen** sind **Geraden**. **m** gibt die **Steigung** der Geraden und **n** den **y-Achsenabschnitt** an.

Funktionsgleichung: y = −0,75x + 1,5

Steigung: m = −0,75

y-Achsenabschnitt: n = 1,5

x	−2	−1	0	1	2
y	3	2,25	1,5	0,75	0

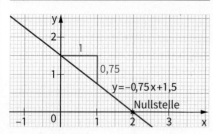

Ein Punkt P liegt auf der Geraden einer Funktion f, wenn seine Koordinaten die Funktionsgleichung erfüllen.

$f(x) = 2x − 7$ $P(3|−1)$

$f(3) = 2 \cdot 3 − 7 = −1$
$\quad\quad −1 = −1$ wahr

1 Die Funktion f hat die Funktionsgleichung $y = 1,5x$ $(y = 2x − 1)$. Lege eine Wertetabelle an. Zeichne den Graphen der Funktion.

2 Berechne die Funktionswerte.

a) $f(x) = 2x + 4$; $\quad\quad$ $f(4), f(−3), f(0,5), f(−4,5)$
b) $g(x) = −x + 2$; $\quad\quad$ $g(5), g(−3), g(1,5), g(−4)$
c) $f(x) = −0,5x − 2$; $\quad\quad$ $f(2), f(−2), f(0), f(−4)$

3 Zeichne die Funktionsgraphen mithilfe von Steigungsdreiecken in ein Koordinatensystem (Einheit 1 cm).

a) $f(x) = 2,5x$ $\quad\quad$ b) $f(x) = x$ $\quad\quad$ c) $f(x) = 0,6x$
$\quad g(x) = −3x$ $\quad\quad\quad$ $g(x) = −4x$ $\quad\quad\quad$ $g(x) = −1,5x$

4 Lies aus dem Koordinatensystem jeweils die Steigung m der Geraden ab. Gib die Funktionsgleichung an.

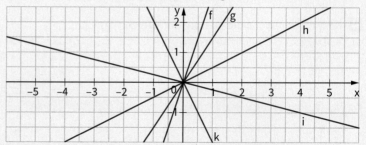

5 Zeichne die Funktionsgraphen mithilfe von Steigungsdreiecken und y-Achsenabschnitt in ein Koordinatensystem (Einheit 1 cm).

a) $f(x) = 2x − 3$ $\quad\quad$ b) $f(x) = 2,5x − 2$ $\quad\quad$ c) $f(x) = 0,2x + 4$
$\quad g(x) = 3x + 1,5$ $\quad\quad\quad$ $g(x) = −x + 3$ $\quad\quad\quad$ $g(x) = −0,4x − 4$

6 Lies aus dem Koordinatensystem jeweils den y-Achsenabschnitt n und die Steigung m der Geraden ab. Gib die Funktionsgleichung an.

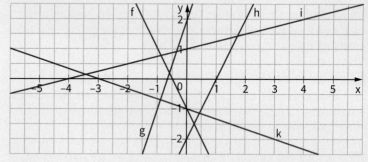

7 Überprüfe durch eine Rechnung, ob der Punkt auf dem Funktionsgraphen von f liegt.

a) $f(x) = 3x − 4$; $P(2|2)$ $\quad$ b) $f(x) = −0,5x − 2$; $(P(−2,5|−0,5)$

Grafische Lösung linearer Gleichungssysteme

1 Gib jeweils die Gleichung der abgebildeten Geraden an. Zeige durch Einsetzen, dass die Koordinaten des Schnittpunktes S eine Lösung beider Gleichungen sind.

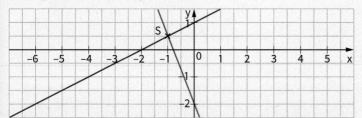

2 Bestimme grafisch die Lösungsmenge des Gleichungssystems.
Mache die Probe, indem du die Koordinaten des Schnittpunktes in beide Gleichungen einsetzt.

a) $y = x - 2$
$y = -x + 10$

b) $y = x - 1$
$y = -2x + 11$

c) $y = 2x - 2$
$y = 0,25x + 5$

3 Bestimme grafisch die Lösung des Gleichungssystems. Forme dazu beide Gleichungen zunächst in ihre Normalform um.
Mache die Probe, indem du die Koordinaten des Schnittpunktes in beide Ausgangsgleichungen einsetzt.

a) $4x + 4y = 8$
$2y + 6x = -4$

b) $3x + 3y = 21$
$4x - 2y = 10$

c) $2x + 2y = -4$
$3x - 6y = -24$

d) $6 - 2y = 2x$
$4y - 2x = -18$

e) $8y - 4x = -6$
$6y - 6x = 0$

f) $-4y - 2x = 2$
$2y + 2x = 4$

4 Forme die Gleichungen des linearen Gleichungssystems in ihre Normalform um.
Entscheide anhand der Geradengleichung, ob es keine Lösung oder unendlich viele Lösungen gibt.

a) $3y + 1,5x = 6$
$-6 - 4y = 2x$

b) $3x - 2y = -4$
$6y - 9x = -3$

c) $10x - 4y = 6$
$2y - 5x = -3$

5 Forme beide Gleichungen des linearen Gleichungssystems in ihre Normalformen um.
Entscheide anhand der Geradengleichungen, wie viele Lösungen das Gleichungssystem hat. Gibt es eine Lösung, so bestimme diese grafisch.

a) $3y - 9x = -15$
$2y + 2x = 14$

b) $0,5y + x = -2$
$3y - 15 = 3x$

c) $3y - 1,5x = 12$
$8y + 4x = 16$

d) $6y - 9x = 18$
$3y - 2 = 3x$

e) $2y + 5 = 3x$
$4,5x - 3y = 7,5$

f) $2,5y - x = 2,5$
$1,5y + 4,5 = 3x$

g) $8y + 8 = 8x$
$12 - 12y = 36x$

h) $1,5y + 0,5x = 3$
$x + 3y = 9$

i) $6y - 2x = 12$
$4y + 8 = 12x$

k) $3,5y - x = 14$
$14y + 4x = 18$

l) $2x - 6y = 24$
$-3y - 3x = -6$

m) $x + 1,5y = 3$
$9 - 4,5y = 3x$

Grafische Lösung linearer Gleichungssysteme
Zwei lineare Gleichungen mit zwei Variablen bilden ein lineares Gleichungssystem.

I $y = 1,25x - 2$ II $y = -0,5x + 1,5$

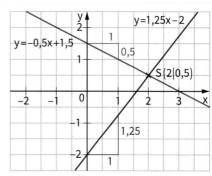

Schnittpunkt: S(**2** | **0,5**)
Einsetzen der Schnittpunktkoordinaten:

I **0,5** $= 1,25 \cdot$ **2** $- 2$ w
II **0,5** $= -0,5 \cdot$ **2** $+ 1,5$ w

Lösungsmenge: L $= \{(2 | 0,5)\}$

Lösungsmengen

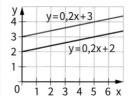

Keine Lösung
L $= \{\}$

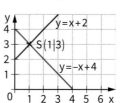

Eine Lösung
L $= \{(1 | 3)\}$

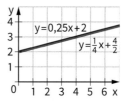

Unendlich viele Lösungen
Die Koordinaten jedes Punktes der Geraden sind eine Lösung.

Gleichsetzungsverfahren

I $4x + 2y = 14$

II $6x - 2y = -3$

1. Umformen in die Normalform

I $4x + 2y = 14$ $\qquad |-4x \quad |:2$

$\qquad y = -2x + 7$

II $6x - 3y = -3$ $\qquad |-6x \quad |:(-3)$

$\qquad y = 2x + 1$

2. Rechte Seite der Normalform gleichsetzen und nach x auflösen

$-2x + 7 = 2x + 1$ $\qquad |-2x \quad |-7$

$\qquad -4x = -6$ $\qquad |:(-4)$

$\qquad x = 1,5$

3. x-Wert in eine der beiden Normalformen einsetzen und y bestimmen

$y = 2x + 1$

$y = 2 \cdot 1,5 + 1$

$y = 4$

4. Lösungsmenge notieren

$L = \{(1,5 \,|\, 4)\}$

Einsetzungsverfahren

I $5y + 2x = 28$

II $\quad 2y = 6x$

1. Gleichung II nach y auflösen

$2y = 6x$ $\qquad |:2$

$y = 3x$

2. Term 3x anstelle von y in Gleichung I einsetzen und nach x auflösen

$5y + 2x = 68$

$5 \cdot 3x + 2x = 68$

$17x = 68$ $\qquad |:17$

$x = 4$

3. x-Wert 4 in Gleichung II einsetzen und y bestimmen.

$2y = 6x$

$2y = 6 \cdot 4$ $\qquad |:2$

$y = 12$

4. Lösungsmenge notieren

$L = \{(4 \,|\, 12)\}$

1 Bestimme rechnerisch die Lösung des Gleichungssystems. Mache die Probe, indem du die Lösung in die beiden Ausgangsgleichungen einsetzt.

a) $4y - 16x = 8$
$\quad 4y + 100 = 40x$

b) $12x + 6y = 12$
$\quad 8x - 2y = -94$

c) $18y = -54x$
$\quad 14x = 2y - 106$

2 Löse nach einem Vielfachen von y auf und wende das Gleichsetzungsverfahren an.

a) $6y - 10x = 22$
$\quad 6y + 2 = 22x$

b) $2y + 4,5x = 4,5$
$\quad -11x - 6y = -26$

c) $10y + 14x = 130$
$\quad 10x - 6y = 244$

3 Bestimme die Lösungsmenge, indem du beide Gleichungen nach x auflöst und dann gleichsetzt.

a) $x + 2y = 16$
$\quad 6x + 120 = 6y$

b) $6x + 6y = -12$
$\quad 3,5y + 42 = -x$

c) $2x + 4y = -98$
$\quad 12y = 12x - 96$

d) $6x - 18y = -66$
$\quad -x + 5y = 24$

e) $4x - 2y = 8$
$\quad -2x + 6y = 28$

f) $3x - 4,5y = 10,5$
$\quad 4y - 4x = 20$

4 Bestimme mithilfe des Einsetzungsverfahrens die Lösungsmenge des Gleichungssystems.

a) $4y + 6x = 84$
$\quad y = 9x$

b) $10y - 18x = 48$
$\quad 2y = 6x$

c) $8x - 4y = 10$
$\quad y - 3x = 0$

d) $10x - 12y = 100$
$\quad 2y - 5x = 0$

e) $6y = -24$
$\quad 20x + 14y = -72$

f) $15y = 72 + 27x$
$\quad 3y = 9x$

5 Bestimme die Lösung mithilfe des Einsetzungsverfahrens. Löse dazu nach y auf.
Beachte, dass der Term, den du für y einsetzt, in Klammern stehen muss.

a) $22x - 6y = 12$
$\quad y - 3x = 2$

b) $4y - 8x = 24$
$\quad 34x - 10y = -18$

c) $6y + 6x = 48$
$\quad 14x + 16y = 10$

d) $2y + 8x = 2$
$\quad 6y - 12x = 78$

e) $9,5x - 1,5y = 31$
$\quad y + 3x = -2$

f) $14x - 4y = 2$
$\quad 6y + 18x = 36$

6 Löse die Klammern auf und fasse gleichartige Terme zusammen.
Bestimme dann die Lösungsmenge mithilfe eines geeigneten Lösungsverfahrens.

a) $6(x + 12) - 10(y - 2) = 284 - 20y$
$\quad 30 - 4(x + 2y) = 10 - 2(9x + 7y)$

b) $4x - (3y - 25) - y = 5x + 10$
$\quad 7(x + y) - 36 = 4y - (x - 26)$

c) $3(x + 4) - 22 = 2(y - 1)$
$\quad -3(y + 2) - 43 = -5(x + 7)$

d) $7x - (9y - 12) + (3x + 4) = 3y - (5x - 4)$
$\quad 4y + (5x + 7) - (3y + 6) = 9 + (6x - y)$

Rechnerische Lösung von Gleichungssystemen

7 Bestimme die Lösung des Gleichungssystems mithilfe des Additionsverfahrens.

a) $3x - 2y = 11$
$8x + 4y = 48$

b) $7x + 3y = 37$
$4x - 9y = -11$

c) $5x + 6y = 2$
$11x - 9y = 71$

d) $6x + 5y = 49$
$7x + 4y = 48$

e) $3x + 2y = 4$
$5x + 3y = 7$

f) $3x + 5y = 9$
$7x + 3y = -5$

8 Bestimme die Lösung des Gleichungssystems mithilfe des Additionsverfahrens.
Forme die Gleichungen zunächst so um, dass bei der anschließenden Addition x herausfällt.

a) $x + 7y = 95$
$2x - 3y = -14$

b) $12x + 11y = 4$
$8x - 13y = -160$

c) $-15x + 8y = -139$
$10x - 7y = 81$

d) $14x - 13y = -283$
$7x + 12y = 62$

e) $22x + 15y = 501$
$11x - 23y = 37$

f) $19x + 17y = 438$
$-38x + 11y = -66$

9 Bestimme die Lösung des Gleichungssystems. Wähle dazu ein geeignetes rechnerisches Verfahren.

a) $y = -0,5x$
$y = -2x + 24$

b) $y = 4x$
$13x - 3y = 15$

c) $7x - 6y = 23$
$26 + 2y = 4x$

d) $3y + 9x = 59,4$
$11x - 8y = 30,6$

e) $y = 3,5x + 20$
$y = 2x + 14,6$

f) $4x - 10y = 35,2$
$x = -3y$

10 Bestimme die Lösung des Zahlenrätsels.
a) Die Summe zweier Zahlen beträgt 31. Das Doppelte der ersten Zahl und das Dreifache der zweiten Zahl ergeben zusammen 87.
b) Das Doppelte einer Zahl ist um 15 größer als das Dreifache einer zweiten Zahl. Die Summe beider Zahlen ist um 3 kleiner als das Vierfache der zweiten Zahl.

11 Der Umfang eines Rechtecks beträgt 84 cm. Die Länge einer Seite ist um 6 cm größer als die Länge der anderen Seite. Berechne die Seitenlängen.

12 Ein Draht von 240 cm Länge soll zu einem Rechteck gebogen werden, bei dem die größere Rechteckseite dreimal so lang ist wie die kleinere. Berechne die Länge der Rechteckseiten.

13 In der Cafeteria bezahlt Arne für drei belegte Brötchen und ein Mineralwasser zusammen 3,00 €. Nuran werden für zwei belegte Brötchen und zwei Flaschen Mineralwasser 2,80 € berechnet.
Bestimme jeweils den Preis für ein belegtes Brötchen und eine Flasche Mineralwasser.

Additionsverfahren

I $\quad 5x + 3y = 21$
II $\quad 6x + 2y = 22$

1. Gleichungen so umformen, dass bei Addition y herausfällt

I $\quad 5x + 3y = 21 \qquad | \cdot 2$
II $\quad 6x + 2y = 22 \qquad | \cdot (-3)$

I $\quad 10x + 6y = 42$
II $\quad -18x - 6y = -66$

2. Beide Gleichungen addieren und anschließend nach x auflösen

I $\quad 10x + 6y = 42$
II $\quad \underline{-18x - 6y = -66}$
III $\qquad -8x = -24 \qquad | : (-8)$
III $\qquad x = 3$

3. x-Wert einsetzen und y bestimmen in I:

$5x + 3y = 21$
$5 \cdot 3 + 3y = 21 \qquad | - 15$
$3y = 6 \qquad | : 3$
$y = 2$

4. Lösungsmenge notieren
$L = \{(3 \mid 2)\}$

Sachaufgaben

Janina bezahlt für drei Müsliriegel und zwei Flaschen Orangensaft 1,90 €, Mirko für vier Müsliriegel und eine Flasche Orangensaft 1,70 €.
Preis für einen Müsliriegel (€): x
Preis für eine Flasche Saft (€): y

I $\quad 3x + 2y = 1,90$
II $\quad 4x + y = 1,70 \qquad | \cdot (-2)$

I $\quad 3x + 2y = 1,90$
II $\quad \underline{-8x - 2y = -3,40}$
III $\quad -5x = -1,50 \qquad | : (-5)$
$\qquad x = 0,30$

in II: $\quad 4x + y = 1,70$
$\qquad 1,20 + y = 1,70 \qquad | - 1,20$
$\qquad y = 0,50$

Ein Müsliriegel kostet 0,30 €, eine Flasche Orangensaft 0,50 €.

Der Graph der quadratischen Funktion f mit der Funktionsgleichung $y = x^2$ heißt Normalparabel.

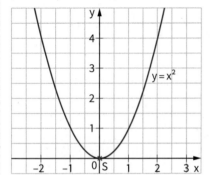

Definitionsbereich: $D = \mathbb{R}$
Wertebereich: $W = \mathbb{R}+$

Die Normalparabel ist symmetrisch zur y-Achse.

Im Scheitelpunkt $S(0|0)$ der Normalparabel nimmt die Funktion f ihren kleinsten Funktionswert an.

Die Normalparabel ist nach oben geöffnet.

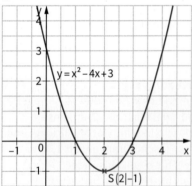

Der Graph einer quadratischen Funktion mit der Funktionsgleichung $y = x^2 + px + q$ ist eine verschobene Normalparabel.
Scheitelpunkt: $S(-\frac{p}{2}|-\frac{p^2}{4}+q)$

Die Funktionsgleichung einer quadratischen Funktion kann auch in der Scheitelpunktform angegeben werden.
Funktionsgleichung: $y = x^2 - 4x + 3$
Scheitelpunkt: $S(2|-1)$
Scheitelpunktform: $y = (x-2)^2 - 1$

1 Bestimme den Scheitelpunkt und zeichne den Graphen.
a) $y = x^2 - 1$ b) $y = x^2 + 2$ c) $y = (x+1)^2 - 3$
d) $y = (x-2)^2 - 2$ e) $y = (x-3)^2 + 2$ f) $y = (x+2,5)^2$

2 Gegeben ist der Scheitelpunkt einer verschobenen Normalparabel.
a) Gib die zugehörige Funktionsgleichung in der Scheitelpunktform an.
(1) $S(8|5)$ (2) $S(-8|5)$ (3) $S(-8|-5)$ (4) $S(8|-5)$
b) Forme die Gleichung in die Normalform um.

3 Bestimme den Scheitelpunkt und zeichne die Graphen.
a) $y = x^2 - 4x + 7$ b) $y = x^2 + 8x + 15$
c) $y = x^2 + 2x + 1$ d) $y = x^2 - 3x + \frac{1}{4}$

4 Bestimme zunächst den Scheitelpunkt und gib die zugehörige Funktionsgleichung in der Form $y = x^2 + px + q$ an.

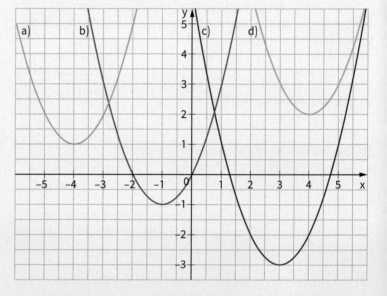

5 Eine Normalparabel wird wie angegeben verschoben. Gib zunächst die zugehörige Funktionsgleichung in der Scheitelpunktform an. Forme dann in die Normalform um.
a) 10 Einheiten nach oben
b) 5 Einheiten nach rechts
c) 6 Einheiten nach unten
d) 7 Einheiten nach links
e) 2 Einheiten nach rechts und 3 Einheiten nach unten
f) 6 Einheiten nach links und 2 Einheiten nach oben
g) 5 Einheiten nach unten und 1 Einheit nach rechts
h) 4 Einheiten nach oben und 3 Einheiten nach links

6 Bestimme den Scheitelpunkt der quadratischen Funktion.
a) $y = x^2 - 2x - 3$ b) $y = x^2 - 18x + 88$
c) $y = x^2 + 6x + 13$ d) $y = x^2 - 3x + 3$

Quadratische Funktionen

7 Überprüfe, ob die Punkte P und Q auf dem Graphen von f liegen.

a) $f(x) = x^2 - 13$ $P(2|-9)$, $Q(-2|-9)$
b) $f(x) = x^2 + 3,25$ $P(-1|2,25)$, $Q(-2|7,25)$
c) $f(x) = (x - 7)^2 - 24$ $P(7|-24)$, $Q(7|0)$
d) $f(x) = (x + 6,4)^2 - 7,8$ $P(3,6|92,8)$, $Q(-2,4|8,2)$
e) $f(x) = x^2 - 8x + 11$ $P(-5|51)$, $Q(5|-4)$
f) $f(x) = x^2 - 12x - 28$ $P(1,5|-4,75)$, $Q(-2,5|8,25)$

8 Ermittle, wenn vorhanden, die Nullstellen der quadratischen Funktion.

a) $y = x^2 - 4x$ b) $y = x^2 + 3$ c) $y = x^2 - 9$
d) $y = (x + 2)^2 + 1,5$ e) $y = (x - 4)^2 - 9$ f) $y = (x + 5)^2 - 4$

9 Zeichne den Graphen der Funktion.

a) $y = -x^2$ b) $y = 1,5x^2$ c) $y = 0,6x^2$

10 Ordne jeder Parabel die zugehörige Funktionsgleichung zu.

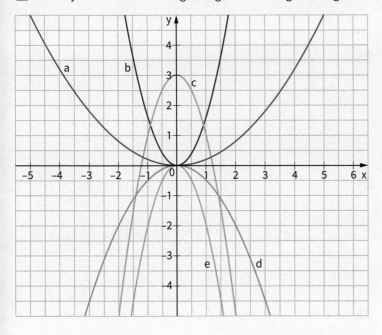

Funktionsgleichung	Parabel
$y = -2x^2$	
$y = -0,5x^2$	
$y = 1,6x^2$	
$y = -2x^2 + 3$	
$y = 0,2x^2$	

11 Beschreibe anhand der Funktionsgleichung die Eigenschaften der zugehörigen Parabel.

a) $y = 4,2x^2$ b) $y = -0,4x^2$ c) $y = -5x^2$

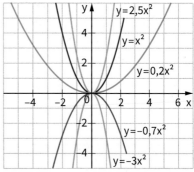

Der Graph einer quadratischen Funktion mit der Funktionsgleichung $y = ax^2$ ist eine Parabel. Der Koeffizient a ist ein Platzhalter für reelle Zahlen. a bestimmt die Öffnung und die Steigung der Parabel.

a > 0: nach oben geöffnete Parabel
    0 < a < 1: gestaucht
         a > 1: gestreckt

a < 0: nach unten geöffnete Parabel
    -1 < a < 0: gestaucht
         a < -1: gestreckt

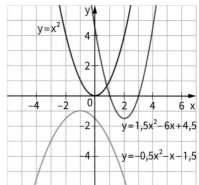

Der Graph einer quadratischen Funktion mit der Funktionsgleichung $y = ax^2 + bx + c$ ist eine Parabel.

Die Variablen a, b, c heißen Koeffizienten, sie sind Platzhalter für reelle Zahlen.
Der Koeffizient a bestimmt die Öffnung und die Steigung der Parabel. Der Koeffizient c bestimmt den Schnittpunkt $P(0|c)$ mit der y-Achse. Eine quadratische Funktion hat entweder keine, eine oder zwei Nullstellen.

Quadratische Gleichungen

Die Lösungen quadratischer Gleichungen sind die Nullstellen der zugehörigen quadratischen Funktionen.

$x^2 + 4x + 3 = 0$

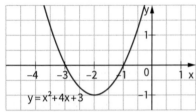

Nullstellen: $x_1 = -3$; $x_2 = -1$

$L = \{-1; -3\}$

$x^2 - 6x + 9 = 0$

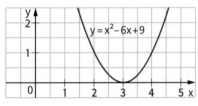

Nullstellen: $x_1 = 3$ $L = \{3\}$

$x^2 + 4x + 5 = 0$

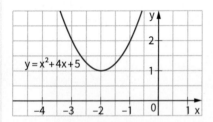

keine Nullstellen $L = \{\ \}$

Die Lösungen der quadratischen Gleichung in der Normalform
$x^2 + px + q = 0$ lassen sich mithilfe der Lösungsformel bestimmen:

$$x_{1,2} = -\frac{p}{2} \pm \sqrt{\left(\frac{p}{2}\right)^2 - q}$$

Die Anzahl der Lösungen hängt vom Wert der Diskriminante $\left(\frac{p}{2}\right)^2 - q$ ab.

Zwei Lösungen: $\left(\frac{p}{2}\right)^2 - q > 0$

Eine Lösung: $\left(\frac{p}{2}\right)^2 - q = 0$

Keine Lösung: $\left(\frac{p}{2}\right)^2 - q < 0$

1 Bestimme jeweils die Lösungsmenge.
a) $x^2 - 49 = 0$
   $x^2 - 121 = 0$
   $x^2 - 2{,}56 = 0$
   $x^2 - 3{,}24 = 0$
b) $4x^2 - 484 = 0$
   $3x^2 - 108 = 0$
   $0{,}5x^2 - 32 = 0$
   $0{,}2x^2 - 9{,}8 = 0$

2 Löse jeweils die quadratische Gleichung.
a) $x^2 - 18x = 0$
   $x^2 + 34x = 0$
   $x^2 + 1{,}7x = 0$
   $x^2 - \frac{3}{4}x = 0$
b) $1{,}5x^2 = 10{,}5x$
   $-2{,}4x^2 = 7{,}2x$
   $-4{,}9x^2 = -24{,}5x$
   $\frac{3}{4}x^2 = -\frac{2}{5}x$

3 Bestimme jeweils die Lösungsmenge.
a) $x^2 - 6x + 2 = 0$
   $x^2 + 16x + 63 = 0$
   $x^2 - 10x + 25 = 0$
   $x^2 + 8x + 7 = 0$
b) $x^2 - x - 2{,}75 = 0$
   $x^2 + 0{,}5x + \frac{15}{16} = 0$
   $x^2 - 1{,}2x + 0{,}36 = 0$
   $x^2 + 0{,}4x - 1{,}4 = 0$

4 Überprüfe jeweils, wie viele Lösungen die quadratische Gleichung hat.
a) $x^2 - 5x + 12 = 0$
   $x^2 - 5x - 12 = 0$
   $x^2 + 5x - 12 = 0$
   $x^2 + 5x + 12 = 0$
b) $x^2 - 8x + 16 = 0$
   $x^2 - 8x - 16 = 0$
   $x^2 + 8x + 16 = 0$
   $x^2 + 8x - 16 = 0$

5 Forme jede Gleichung zunächst in die Normalform
$x^2 + px + q = 0$ um. Bestimme anschließend die Lösungsmenge.
a) $2x^2 - 16x - 40 = 0$
   $6x^2 - 30x - 36 = 0$
   $3x^2 + 60x - 132 = 0$
   $0{,}5x^2 + 10x - 22 = 0$
b) $x^2 + 9x + 22 = 8$
   $x^2 - 5x - 20 = -24$
   $x^2 - 4x + 17 = 14$
   $x^2 + 3x + 2 = 12$

6 Gib eine zur Lösungsmenge gehörende quadratische Gleichung an.
a) $L = \{-4; 5\}$
b) $L = \{3; 7\}$
c) $L = \{5; -3\}$
d) $L = \{-8\}$
e) $L = \{0{,}5\}$
f) $L = \{0\}$

7 Löse die Zahlenrätsel mithilfe einer quadratischen Gleichung.
a) Die Summe aus dem Quadrat einer Zahl und dem Fünffachen der Zahl ergibt 84.
b) Das Produkt aus einer Zahl und ihrem Nachfolger ergibt 132.
c) Das Quadrat einer Zahl ist so groß wie das Dreifache der Zahl vermehrt um 54.

Ähnlichkeit

1 Das Mercedes 220 S Cabriolet aus dem Jahr 1958 hat eine Länge von 4750 mm. Bestimme die Länge des Modells im Maßstab 1 : 18.

2 Die Figur B ist durch eine maßstäbliche Abbildung aus der Figur A hervorgegangen. Bestimme den Maßstab.

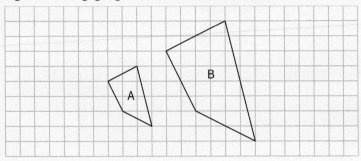

3 Zeichne das Dreieck ABC mit A(−5,5 | 3,5), B(−1,5 | −3,5) und C(0,5 | 0,5) sowie das Dreieck PQR mit P(1,5 | −1,5), Q(3 | −4,5) und R(3,5 | −0,5) in ein Koordinatensystem (Einheit 1 cm). Stelle fest, ob die Dreiecke zueinander ähnlich sind. Begründe.

4 Berechne die Länge der Strecke $\overline{ZB'}$ und die Länge der Strecke $\overline{A'B'}$.

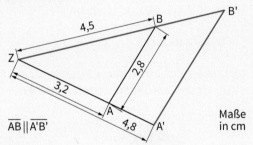

$\overline{AB} \parallel \overline{A'B'}$

Maße in cm

5 Bestimme die Entfernung zwischen den Geländepunkten A und B.

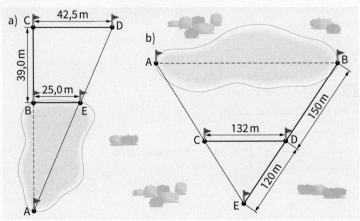

Maßstab

Der Maßstab gibt das Verhältnis einander entsprechender Streckenlängen im Bild und im Original an.

Verkleinerung
Maßstab 1 : 100
1 cm im Bild entspricht 100 cm im Original.

Vergrößerung
Maßstab 100 : 1
100 cm im Bild entsprechen 1 cm im Original.

Figuren, die durch maßstäbliches Vergrößern oder Verkleinern entstanden sind, heißen **ähnlich.**
In zueinander ähnlichen Figuren sind entsprechende Winkel gleich groß.
Die Verhältnisse entsprechender Seitenlängen in der Original- und in der Bildfigur sind gleich.

Zentrische Streckung – Streckenlängen berechnen

$\overline{A'B'}$ ist durch eine zentrische Streckung aus $\overline{AB}$ hervorgegangen.

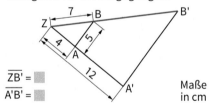

$\overline{ZB'} = $ ▨
$\overline{A'B'} = $ ▨

Maße in cm

1. Streckungsfaktor k
   $$k = \frac{\overline{ZA'}}{\overline{ZA}} = \frac{12}{4} = 3$$
   Der Streckungsfaktor beträgt 3.

2. Länge der Strecke $\overline{ZB'}$
   $\overline{ZB'} = k \cdot \overline{ZB} = 3 \cdot 7 = 21$

3. Länge der Strecke $\overline{A'B'}$
   $\overline{A'B'} = k \cdot \overline{AB} = 3 \cdot 5 = 15$

Mithilfe der **Strahlensätze** lassen sich die fehlenden Seitenlängen auch berechnen.

1. Strahlensatz: $\frac{\overline{ZB'}}{\overline{ZB}} = \frac{\overline{ZA'}}{\overline{ZA}}$

2. Strahlensatz: $\frac{\overline{A'B'}}{\overline{AB}} = \frac{\overline{ZA'}}{\overline{ZA}}$

In einem rechtwinkligen Dreieck heißen die Schenkel des rechten Winkels **Katheten.** Die dritte Seite heißt **Hypotenuse;** sie liegt dem rechten Winkel gegenüber.

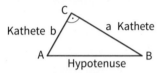

Satz des Pythagoras

In jedem rechtwinkligen Dreieck haben die beiden Kathetenquadrate zusammen den gleichen Flächeninhalt wie das Hypotenusenquadrat.

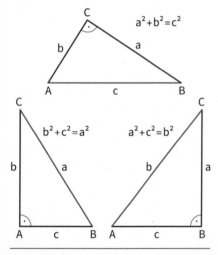

$a^2+b^2=c^2$

$b^2+c^2=a^2$

$a^2+c^2=b^2$

Gegeben: a = 3,6 m, b = 4,8 m, γ = 90°
Gesucht: c (Hypotenuse)
$c^2 = a^2 + b^2$
$c = \sqrt{a^2 + b^2}$
$c = \sqrt{3,6^2 + 4,8^2}$ m
$c = 6$ m
Die Hypotenuse ist 6 m lang.

Gegeben: b = 12 cm, c = 4 cm, β = 90°
Gesucht: a (Kathete)
b = 12 cm; c = 4 cm; β = 90°
$b^2 = a^2 + c^2 \qquad | -c^2$
$b^2 - c^2 = a^2$
$a = \sqrt{b^2 - c^2}$
$a = \sqrt{12^2 - 4^2}$ cm
$a \approx 11,3$ cm
Die Kathete a ist ungefähr 11,3 cm lang.

1 Berechne die fehlende Seitenlänge in einem rechtwinkligen Dreieck ABC. Überlege zunächst, welche Seite des Dreiecks die Hypotenuse ist.
a) a = 12 cm; b = 16 cm; γ = 90°
b) a = 40 m; c = 96 m; β = 90°
c) b = 3,5 dm; c = 8,4 dm; α = 90°
d) a = 153 m; b = 72 m; α = 90°
e) a = 16,8 cm; c = 18,2 cm; γ = 90°
f) b = 10,4 m; c = 9,6 m; β = 90°
g) b = 7,0 m; c = 16,8 m; α = 90°
h) b = 25,5 m; a = 22,5 m; β = 90°

2 Berechne die fehlenden Größen in einem gleichschenkligen Dreieck ABC (a = b).
a) c = 12 cm; h_c = 14 cm
b) a = 29,6 m; c = 49,2 m

3 Berechne Umfang und Flächeninhalt des gleichschenkligen Trapezes ABCD.

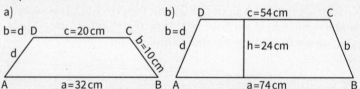

a)
b=d D   c=20 cm   C
d
A   a=32 cm   B
b=10 cm

b)
D   c=54 cm   C
b=d
d   h=24 cm   b
A   a=74 cm   B

4 Berechne die fehlenden Größen (a, h, A) in einem gleichseitigen Dreieck ABC.
a) a = 32 cm
b) h = 8 m
c) A = 72 cm²

5 Die Fläche eines Satteldaches soll neu eingedeckt werden. Für wie viel Quadratmeter Dachfläche müssen Dachpfannen bestellt werden?

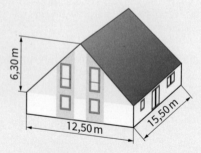

6,30 m
12,50 m
15,50 m

6 Berechne die fehlenden Größen (a, b, c, e, f) des Quaders.

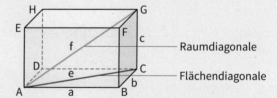

Raumdiagonale
Flächendiagonale

a) a = 5 cm; b = 7 cm; c = 8 cm
b) b = 4 m; c = 5 m; e = 8 m

Ebene Figuren

1 Berechne die fehlenden Werte des Rechtecks.

	a)	b)	c)	d)
a	7 cm	3,40 m	15 cm	8 cm
b	7 cm	1,85 m	▨	▨
u	▨	▨	▨	50 cm
A	▨	▨	315 cm²	▨

2 Berechne den Umfang eines Quadrats, das einen Flächeninhalt von 156,25 m² hat.

3 Berechne den Umfang und Flächeninhalt der Figur, entnimm die Längen der Zeichnung.

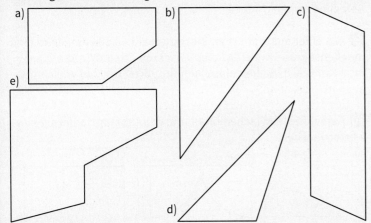

4 Ein 50 m langes und 20 m breites Grundstück wird durch einen Weg in zwei Hälften geteilt. Berechne den Flächeninhalt der Rasenfläche.

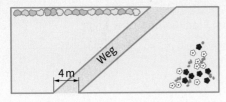

5 Berechne den Flächeninhalt der Figur. Benutze gegebenenfalls den Satz des Pythagoras.

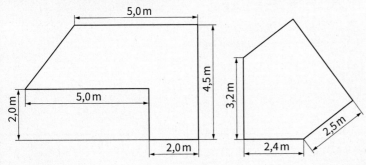

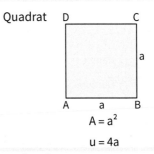

Quadrat

$$A = a^2$$
$$u = 4a$$

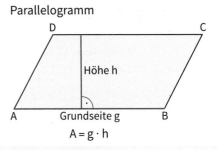

Rechteck

$$A = a \cdot b$$
$$u = 2a + 2b$$

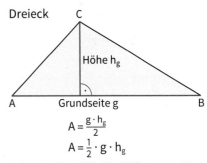

Parallelogramm

$$A = g \cdot h$$

Dreieck

$$A = \frac{g \cdot h_g}{2}$$
$$A = \frac{1}{2} \cdot g \cdot h_g$$

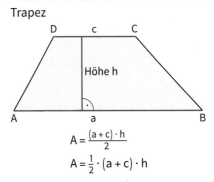

Trapez

$$A = \frac{(a + c) \cdot h}{2}$$
$$A = \frac{1}{2} \cdot (a + c) \cdot h$$

Ebene Figuren

Kreis

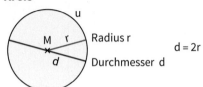

Radius r
Durchmesser d

$d = 2r$

Umfang: $u = \pi \cdot d$
$u = 2 \cdot \pi \cdot r$

Flächeninhalt: $A = \pi \cdot r^2$
$A = \pi \cdot \left(\dfrac{d}{2}\right)^2$

Gegeben: $A = 480 \text{ cm}^2$
Gesucht: r

$A = \pi \cdot r^2 \quad | : \pi$

$\dfrac{A}{\pi} = r^2$

$r = \sqrt{\dfrac{A}{\pi}}$

$r = \sqrt{\dfrac{480}{\pi}} \text{ cm}$

$r \approx 12,4 \text{ cm}$

Der Radius beträgt ungefähr 12,4 cm.

Kreisring

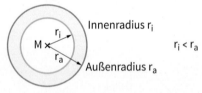

Innenradius r_i

$r_i < r_a$

Außenradius r_a

Flächeninhalt: $A = \pi \cdot r_a{}^2 - \pi \cdot r_i{}^2$
$A = \pi \cdot (r_a{}^2 - r_i{}^2)$

Kreisausschnitt und Kreisbogen

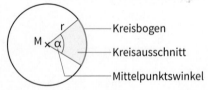

Kreisbogen
Kreisausschnitt
Mittelpunktswinkel

Flächeninhalt eines Kreisausschnitts:
$A_s = \dfrac{\pi \cdot r^2}{360°} \cdot \alpha$

Länge eines Kreisbogens:
$b = \dfrac{\pi \cdot r}{180°} \cdot \alpha$

6 Berechne die fehlenden Größen (r, d, u, A) eines Kreises. Runde sinnvoll.
a) r = 12,4 cm   b) d = 6,82 m   c) u = 53,2 cm   d) A = 164 m²

7 a) Die Räder eines Fahrrades haben jeweils einen Außendurchmesser von 650 mm. Bestimme die Länge der Strecke (in km), die das Fahrrad bei 10 000 Umdrehungen eines Rades zurücklegt.
b) Laura legt während einer Fahrradtour eine Strecke von 24 km zurück.
Wie viele Umdrehungen macht dabei jedes Rad (Außendurchmesser eines Rades: 716 mm)?

8 Der Flächeninhalt eines Kreises beträgt 128 cm². Berechne seinen Umfang.

9 Aus einer quadratischen Blechplatte (a = 1 600 mm) wird eine möglichst große Kreisfläche herausgeschnitten. Wie viel Quadratmeter Blech bleiben als Verschnitt übrig? Gib den Verschnitt auch in Prozent an.

10 Berechne den Flächeninhalt und den Umfang der farbig markierten Flächen.

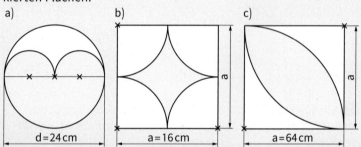

a) d = 24 cm
b) a = 16 cm
c) a = 64 cm

11 Berechne den Flächeninhalt der Figur.

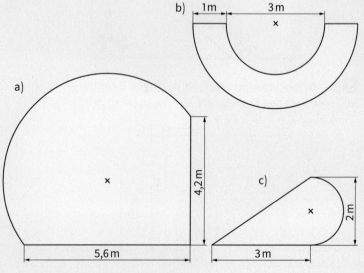

b) 1 m   3 m

a) 4,2 m   5,6 m

c) 2 m   3 m

Prismen

1 Berechne das Volumen und den Oberflächeninhalt eines Würfels mit der Kantenlänge 8 cm (10,3 m)

2 Berechne das Volumen und den Oberflächeninhalt des Körpers.

a)

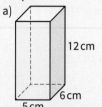

12 cm
6 cm
5 cm

b)

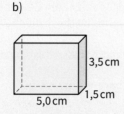

3,5 cm
5,0 cm
1,5 cm

3 Ein Holzwürfel (Dichte $\rho = 0,7 \frac{g}{cm^3}$) hat eine Kantenlänge von 12 cm. Berechne die Masse des Würfels. Multipliziere dazu das Volumen mit der Dichte.

4 Moritz möchte das Kantenmodell eines Quaders aus Draht bauen. Wie viel Zentimeter Draht braucht er mindestens, wenn das Quadermodell 16 cm lang, 7 cm breit und 9 cm hoch sein soll?

5 Bestimme das Volumen und den Oberflächeninhalt des Prismas.

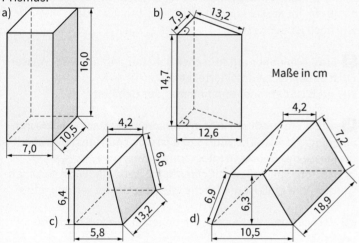

a)
16,0
10,5
7,0

b)
7,9
13,2
14,7
12,6

Maße in cm

c)
4,2
6,6
6,4
5,8
13,2

d)
4,2
7,2
6,9
6,3
18,9
10,5

6 Ein 8 m langes und 3 m breites Flachdach einer Garage soll eine 5 cm hohe Kiesschicht erhalten. Berechne die Masse dieser Schicht (Dichte $\varrho = 1,9 \frac{g}{cm^3}$).

7 Ein Aluminiumquader (Dichte $\varrho = 2,7 \frac{g}{cm^3}$) hat die Kantenlängen a = 6 cm, b = 8 cm und c = 24 cm. Berechne die Masse des Quaders.

8 Paul möchte das Kantenmodell eines Quaders aus Draht löten. Der Quader soll 8,5 cm lang, 6 cm breit und 3,5 cm hoch werden. Wie viel Zentimeter Draht braucht er mindestens für sein Modell?

Würfel

a

$V = a \cdot a \cdot a = a^3$ $A_0 = 6a^2$

Quader

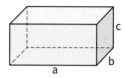

c
a
b

$V = a \cdot b \cdot c$
$A_0 = 2 \cdot a \cdot b + 2 \cdot b \cdot c + 2 \cdot a \cdot c$

Prisma

Höhe h_k
A_G
A_G

Inhalt der Grundfläche

Volumen: $V = A_G \cdot h_k$

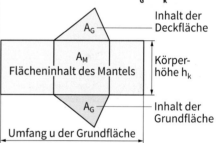

A_G — Inhalt der Deckfläche
A_M — Flächeninhalt des Mantels
Körperhöhe h_k
A_G — Inhalt der Grundfläche
Umfang u der Grundfläche

Flächeninhalt des Mantels:
$$A_M = u \cdot h_k$$

Oberflächeninhalt des Prismas:
$$A_0 = 2 \cdot A_G + A_M$$

Dichte

Jeder Stoff hat eine bestimmte Dichte.

$$\text{Dichte} = \frac{\text{Masse}}{\text{Volumen}}$$

Dichte von Aluminium: $\rho = 2,7 \frac{g}{cm^3}$

1 cm³ Al hat eine Masse von 2,7 g.
1 dm³ Al hat eine Masse von 2,7 kg.
1 m³ Al hat eine Masse von 2,7 t.

Zylinder

Volumen

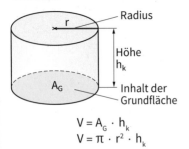

Radius r

Höhe h_k

A_G

Inhalt der Grundfläche

$$V = A_G \cdot h_k$$
$$V = \pi \cdot r^2 \cdot h_k$$

Gegeben: $V = 1\,131$ cm³; $h_k = 10$ cm
Gesucht: r

$$V = \pi \cdot r^2 \cdot h_k \quad |:(\pi \cdot h_k)$$

$$\frac{V}{\pi \cdot h_k} = r^2$$

$$r = \sqrt{\frac{V}{\pi \cdot h_k}}$$

$$r = \sqrt{\frac{1\,131}{\pi \cdot 10}} \text{ cm}$$

$$r \approx 6,0 \text{ cm}$$

Der Radius beträgt ungefähr 6 cm.

Mantel-und Oberflächeninhalt

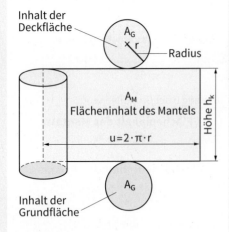

Inhalt der Deckfläche

A_G
$\times r$
Radius

A_M
Flächeninhalt des Mantels

Höhe h_k

$u = 2 \cdot \pi \cdot r$

A_G

Inhalt der Grundfläche

Flächeninhalt des Mantels:
$$A_M = u \cdot h_k$$
$$A_M = 2 \cdot \pi \cdot r \cdot h_k$$

Oberflächeninhalt:
$$A_O = 2 \cdot A_G + A_M$$
$$A_O = 2 \cdot \pi \cdot r^2 + 2 \cdot \pi \cdot r \cdot h_k$$
$$A_O = 2 \cdot \pi \cdot r \cdot (r + h_k)$$

1 Berechne das Volumen und den Oberflächeninhalt eines Zylinders.
a) $r = 4,5$ cm; $h_k = 14,8$ cm   b) $r = 1,75$ cm; $h_k = 5,60$ m

2 Eine zylinderförmige Plakatsäule hat einen Durchmesser von 1,40 m. Die Höhe der zum Bekleben vorgesehenen Fläche beträgt 3,20 m. Wie groß ist diese Fläche?

3 Berechne die Masse des abgebildeten Körpers.

Kupfer
$\rho = 8,9 \frac{g}{cm^3}$

Aluminium
$\rho = 2,7 \frac{g}{cm^3}$

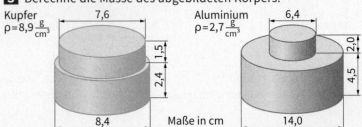

Maße in cm

4 a) Ein neuer zylinderförmiger Gasbehälter soll ein Fassungsvermögen von 10 857,60 m³ erhalten. An seinem zukünftigen Standort steht eine 452,40 m² große Grundfläche zur Verfügung. Berechne Radius und Höhe des Behälters.
b) Der Umfang eines zylinderförmigen Braukessels beträgt 92,68 cm. Im Kessel können 30 l Bier gebraut werden. Wie hoch ist der Kessel?

5 Ein 3,5 m hoher zylindrischer Behälter enthält 27 m³ Wasser. Er ist dabei nur zu drei Viertel gefüllt. Wie groß ist der Innendurchmesser des Behälters?

6 a) Ein Stahlrohr mit einem Außendurchmesser von 400 mm und einer Wandstärke von 10 mm ist 8 000 mm lang. Berechne die Masse des Rohres in Kilogramm (Stahl: $\rho = 7,85 \frac{g}{cm^3}$).
b) Das Rohr soll außen mit einer Kunststoffumhüllung versehen werden. Wie groß ist die Fläche, die beschichtet werden muss?

7 Wie viel Liter Wasser passen ungefähr in das Schwimmbecken?

Pyramide

1 Ein pyramidenförmiges Turmdach soll neu eingedeckt werden. Es hat als Grundfläche ein Quadrat mit der Seitenlänge 5 m. Die Seitenhöhe einer dreieckigen Dachfläche beträgt 5,30 m. Für einen Quadratmeter werden 16 Ziegel benötigt. Wie viele Ziegel müssen für die gesamte Dachfläche eingekauft werden?

2 Berechne die fehlenden Größen einer quadratischen Pyramide.

	a)	b)	c)	d)
Grundkante a	5,6 cm	2,6 dm	▨	2,4 m
Körperhöhe h_k	6,3 cm	4,1 dm	4,4 cm	▨
Seitenhöhe h_s	6,9 cm	4,3 dm	4,7 cm	3,7 m
Oberflächeninhalt	▨	▨	▨	▨
Volumen	▨	▨	16,0 cm³	6,72 m³

3

Berechne den Oberflächeninhalt einer rechteckigen Pyramide. Bestimme mithilfe des Satzes von Pythagoras zunächst die Größe der Seitenhöhe h_a bzw. h_b.
a) a = 26 dm; b = 92 dm; h_k = 110 dm
b) a = 17,4 m; b = 10,6 m; h_k = 7,5 m

4 Die große Glaspyramide am Louvre in Paris hat eine Höhe von ungefähr 22 m und eine Seitenlänge von 35 m. Wie viel Quadratmeter Glas wurden für die äußere Hülle verbaut? Mache eine Überschlagsrechnung.

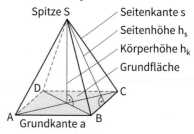

Pyramide

Spitze S — Seitenkante s
Seitenhöhe h_s
Körperhöhe h_k
Grundfläche

Grundkante a

Volumen der Pyramide:
$$V = \frac{1}{3} \cdot A_G \cdot h_k$$

Oberflächeninhalt der Pyramide:
$$A_O = A_G + A_M$$

Quadratische Pyramide
Gegeben: V = 960 cm³; h_k = 20 cm
Gesucht: a

$$V = \frac{1}{3} \cdot A_G \cdot h_k$$
$$V = \frac{1}{3} \cdot a^2 \cdot h_k \quad | \cdot 3 | : h_k$$
$$a^2 = \frac{3 \cdot V}{h_k}$$
$$a = \sqrt{\frac{3 \cdot V}{h_k}}$$
$$a = \sqrt{\frac{3 \cdot 960}{20}} \text{ cm}$$
$$a = 12 \text{ cm}$$

Die Länge der Grundkante a beträgt 12 cm.

Berechnung der Seitenhöhe h_a

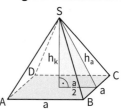

Gegeben: a = 10 m, h_k = 6 m

$$h_a^2 = h_k^2 + \left(\frac{a}{2}\right)^2$$
$$h_a^2 = 6^2 + 5^2$$
$$h_a = \sqrt{6^2 + 5^2} \text{ m}$$
$$h_a \approx 7,81 \text{ m}$$

Die Länge der Seitenhöhe beträgt ungefähr 7,81 m.

Kegel und Kugel

Kegel

Spitze S — Mantellinie s
Körperhöhe h_k
Grundfläche
Radius r

M
Mittelpunkt

Volumen:
$$V = \frac{1}{3} \cdot A_G \cdot h_k = \frac{1}{3} \cdot \pi \cdot r^2 \cdot h_k$$

Flächeninhalt des Mantels:
$$A_M = \pi \cdot r \cdot s$$

Oberflächeninhalt des Kegels:
$$A_O = A_G + A_M$$
$$A_O = \pi \cdot r^2 + \pi \cdot r \cdot s$$

Kugel

Kugelradius r

M
Mittelpunkt

Volumen:
$$V = \frac{4}{3} \cdot \pi \cdot r^3$$

Oberflächeninhalt:
$$A_O = 4 \cdot \pi \cdot r^2$$

Gegeben: $V = 2\,000\ cm^3$
Gesucht: r

$$V = \frac{4}{3} \cdot \pi \cdot r^3 \qquad | : \frac{4}{3}$$

$$\frac{3 \cdot V}{4} = \pi \cdot r^3 \qquad | : \pi$$

$$r = \sqrt[3]{\frac{3 \cdot V}{4 \cdot \pi}}$$

$$r = \sqrt[3]{\frac{3 \cdot 2\,000}{4 \cdot \pi}}\ cm$$

$$r \approx 7{,}8\ cm$$

Der Radius beträgt ungefähr 7,8 cm.

1 Berechne das Volumen und den Oberflächeninhalt des Kegels.

a)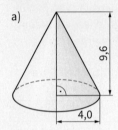

9,6

4,0   Maße in m

b)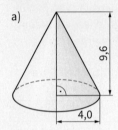

26,1

18,9

2 Ein Kegel ist 1,5 m hoch. Sein Umfang beträgt 3,14 m. Berechne das Volumen des Kegels.

3 Berechne die Masse des abgebildeten Werkstücks.

a) Blei
$\rho = 11{,}3\ \frac{g}{cm^3}$

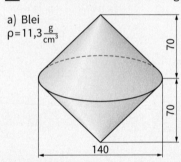

70

70

140

b) Zink
$\rho = 7{,}1\ \frac{g}{cm^3}$

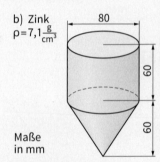

80

60

60

Maße in mm

4 Berechne Volumen und Oberflächeninhalt der Kugel.
a) d = 3 m   b) d = 1,5 cm

5 a) Eine Kugel hat einen Radius von 5 cm. Berechne ihr Volumen und ihren Oberflächeninhalt.
b) Berechne das Volumen einer Kugel mit dem Oberflächeninhalt $4\ m^2$.

6 Eine Bleikugel mit einem Durchmesser von 20 cm wird eingeschmolzen. Wie viele kleine Kugeln mit einem Durchmesser von 2 cm lassen sich aus der Schmelzmasse herstellen?

7 Wie verändert sich das Volumen einer Kugel, wenn ihr Durchmesser sich verdoppelt (verdreifacht)?

8 Schätze das Volumen des Fesselballons.

Beschreibende Statistik

1 In der Schule wurde eine Umfrage zum Thema „Freizeitgestaltung" gemacht. Dabei wurden Schülerinnen und Schüler zunächst nach ihrem Lebensalter gefragt.

Urliste (Lebensalter der befragten Mädchen und Jungen)
12 13 14 13 12 15 16 11 13 12 14 11 15 14 14 15 13
12 15 16 14 15 15 14 14 15 16 14 13 13 13 15 15 16
15 14 13 14 14 15 14 15 16 13 13 14 14 13 16 12

a) Lege zunächst eine Strichliste, dann eine Häufigkeitstabelle an. Berechne auch die relativen Häufigkeiten als Dezimalbruch (in Prozent).
b) Stelle die absoluten Häufigkeiten in einem Säulendiagramm dar.

2 In der Häufigkeitstabelle sind die Antworten auf die Frage „Welche Sportart betreibst du in deiner Freizeit am liebsten?" zusammengefasst.

Sportart	absolute Häufigkeit
Fußball	18
andere Mannschaftsballspiele	13
Schwimmen	12
Turnen, Tanzen, Gymnastik	17
Leichtathletik	9
Tennis	6

a) Berechne die relativen Häufigkeiten.
b) Stelle das Ergebnis der Umfrage in einem Streifendiagramm (Gesamtlänge 15 cm) grafisch dar.
c) Stelle das Ergebnis in einem Kreisdiagramm (Radius 5 cm) grafisch dar.

3 50 Schülerinnen und Schüler wurden gefragt, welche Art von Spielen (Genres) sie auf dem Computer spielen. Es waren Mehrfachnennungen möglich.
Das Ergebnis der Befragung wird in einem Säulendiagramm dargestellt.

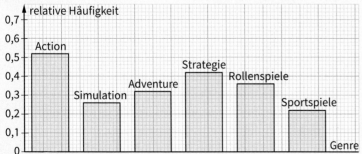

Berechne die zugehörigen absoluten Häufigkeiten und stelle sie in einer Tabelle dar.

Bei **statistischen Untersuchungen** werden **Daten** durch Befragung, Beobachtung oder Experiment gesammelt. Die in einer **Urliste** gesammelten Daten können mithilfe einer **Strichliste** geordnet und dann in einer **Häufigkeitstabelle** dargestellt werden.

Häufigkeitstabelle

Lebensalter (Jahre)	absolute Häufigk.	relative Häufigkeit Dez.zahl	relative Häufigkeit Prozent
15	8	0,32	32 %
16	14	0,56	56 %
17	2	0,08	8 %
18	1	0,04	4 %
Summe	25	1,00	100 %

Die **relative Häufigkeit** jedes Ergebnisses gibt den **Anteil** der Versuche mit diesem Ergebnis an.

$$\text{rel. Häufigkeit} = \frac{\text{absolute Häufigkeit}}{\text{Anzahl der Daten}}$$

Die in einer Häufigkeitstabelle aufbereiteten Daten können in verschiedenen Diagrammformen grafisch dargestellt werden.

Säulendiagramm

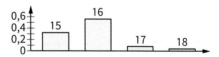

Streifendiagramm

Kreisdiagramm

Beschreibende Statistik

Mittelwerte

Handelt es sich bei den Daten um Zahlen, kannst du das **arithmetische Mittel** $\bar{x}$ berechnen.

$$\bar{x} = \frac{\text{Summe aller Daten}}{\text{Anzahl der Daten}}$$

$$\bar{x} = \frac{8 \cdot 15 + 12 \cdot 16 + 2 \cdot 17 + 18}{25} = 15{,}84$$

Das Durchschnittsalter beträgt 15,84 Jahre.

Insbesondere bei statistischen Untersuchungen mit stark abweichenden Werten (Ausreißern) ist es sinnvoll, als Mittelwert den **Median** $\tilde{x}$ zu wählen.
Bei einer ungeraden Anzahl von Daten ist der Median der mittlere Wert in der geordneten Urliste, bei einer geraden Anzahl von Daten liegt er zwischen den beiden mittleren Werten.

geordnete Urliste:

15, 15, 15, 15, 15, 15, 15, 15, 16, 16, 16, 16, 16, 16, 16, 16, 16, 16, 16, 16, 16, 17, 17, 18

Median: $\tilde{x} = 16$

Streumaße

Die **Spannweite** gibt die Differenz zwischen dem größten und dem kleinsten Stichprobenwert an.

Spannweite: $18 - 15 = 3$

Die **mittlere lineare Abweichung** $\bar{s}$ ist das arithmetische Mittel der Abweichungen von $\bar{x}$.

$$\bar{s} = \frac{\text{Summe der Abweichungen von } \bar{x}}{\text{Anzahl der Daten}}$$

$$\bar{x} = 15{,}84$$

$$\bar{s} = \frac{8 \cdot 0{,}84 + 14 \cdot 0{,}16 + 2 \cdot 1{,}16 + 2{,}16}{25}$$

$$\bar{s} = 0{,}5376$$

4 Anton hat an elf Tagen die Zeitdauer aufgeschrieben, die er für seine Hausaufgaben benötigt hat.

Dauer der Hausaufgaben (min)

37 42 45 39 33 78 51 47 48 50 42

a) Berechne das arithmetische Mittel $\bar{x}$. Runde auf eine Nachkommastelle.
b) Berechne den Median $\tilde{x}$.
c) Welcher Mittelwert kennzeichnet die Dauer der Hausaufgaben besser?

5 Eine Befragung von Schülerinnen und Schülern nach der Länge ihres Schulwegs führte zu den in der Urliste abgebildeten Ergebnissen.

Schulweglänge (km)

3 11 6 7 7 5 4 13 9 23 1 6 11 5

a) Berechne das arithmetische Mittel $\bar{x}$. Runde sinnvoll.
b) Berechne den Median $\tilde{x}$.
c) Welcher Mittelwert kennzeichnet die Schulweglänge besser?

6 Vergleiche die von Anna und Mia beim Weitsprung erzielten Ergebnisse. Berechne dazu jeweils die Spannweite, das arithmetische Mittel $\bar{x}$ und die mittlere lineare Abweichung $\bar{s}$. Was stellst du fest?

Helen (Sprungweite in m)

3,65 3,87 3,65 3,77 3,85 3,70 3,73

Nina (Sprungweite in m)

3,56 3,89 4,01 3,54 3,77 3,69 3,75 3,51

7 Schülerinnen und Schüler im 10. Jahrgang wurden nach der Höhe ihres monatlichen Taschengeldes befragt.

Monatliches Taschengeld (€)

25 32 40 36 40 25 32 32 48 36 40 50 80 32 40 36 44 25 32 40 32 25 36 50 32 25

a) Bestimme das arithmetische Mittel $\bar{x}$, den Median $\tilde{x}$ und die mittlere lineare Abweichung $\bar{s}$.
b) Vergleiche die Mittelwerte miteinander.

Wahrscheinlichkeitsrechnung

1 Welche Ergebnisse sind bei folgenden Zufallsexperimenten möglich?
a) Eine Münze wird einmal geworfen.
b) Ein Würfel wird einmal geworfen.
c) Aus einer Urne mit schwarzen und weißen Kugeln wird eine Kugel gezogen.
d) Ein Glücksrad mit blauen und roten Feldern wird gedreht.
e) Aus einem Kartenspiel mit 32 Karten wird eine Karte gezogen.

2 Aus der abgebildeten Urne soll eine Kugel gezogen werden.

a) Bestimme die Ergebnismenge S.
b) Wie groß ist die Wahrscheinlichkeit für das angegebene Ereignis?
E_1: Es wird eine blaue Kugel gezogen.
E_2: Es wird eine rote Kugel gezogen.
E_3: Es wird eine weiße Kugel gezogen.

3 Das abgebildete Glücksrad wird einmal gedreht:

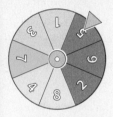

a) Gib die Ergebnismenge S an.
b) Gib das Ereignis E als Teilmenge von S an und berechne seine Wahrscheinlichkeit.
E_1: Der Zeiger zeigt auf ein rotes Feld.
E_2: Die angezeigte Zahl ist ungerade.
E_3: Die angezeigte Zahl ist kleiner als 4.

4 In einer Urne befinden sich 10 gleichartige Kugeln, die die Zahlen von 1 bis 10 tragen. Gib das folgende Ereignis als Teilmenge der Ergebnismenge S an und berechne seine Wahrscheinlichkeit.
E_1: Die Zahl ist kleiner als 6.
E_2: Die Zahl ist gerade.
E_3: Die Zahl ist größer als 4.
E_4: Die Zahl ist durch 3 teilbar.
E_5: Die Zahl ist kleiner als 12.
E_6: Die Zahl ist durch 11 teilbar.
E_7: Die Zahl ist größer als 1 und kleiner als 7.
E_8: Die Zahl ist eine Primzahl.
E_9: Die Zahl ist nicht durch 4 teilbar.

Versuche, bei denen sich die **Ergebnisse** nicht sicher vorhersagen lassen, sondern zufällig zustande kommen, heißen **Zufallsexperimente.**

Zufallsexperiment:
Ziehen einer Kugel aus der Urne

Die Menge aller möglichen Ergebnisse wird **Ergebnismenge S** genannt.

Mögliche Ergebnisse: 1,2,3,4
$$S = \{1,2,3,4\}$$

Bei einem Zufallsexperiment wird die erwartete relative Häufigkeit eines Ergebnisses die **Wahrscheinlichkeit** des Ergebnisses genannt.

Anteil der Kugeln, die die Ziffer 1 tragen:

$$\frac{4}{10} = 0{,}4 = 40\,\%$$

Die **Wahrscheinlichkeit** für das Ziehen einer 1: $P(1) = 0{,}4 = 40\,\%$.

Ein **Ereignis** ist eine Teilmenge der Ergebnismenge S.

E: Die gezogene Zahl ist ungerade.
$$E = \{1, 3\}$$
$$\begin{aligned} P(E) &= P(1) + P(3) \\ &= 0{,}4 + 0{,}2 \\ &= 0{,}6 = 60\,\% \end{aligned}$$
Die Wahrscheinlichkeit für das Ziehen einer ungeraden Zahl:
$$P(E) = 0{,}6 = 60\,\%.$$

Sind bei einem Zufallsexperiment alle Ergebnisse gleichwahrscheinlich, so beträgt die Wahrscheinlichkeit für jedes Ereignis E:

$$P(E) = \frac{\text{Anzahl der günstigen Ergebnisse}}{\text{Anzahl aller Ergebnisse}}$$

Ich-du-wir-Aufgaben

Ich: Höre dir die Aufgabenstellung genau an, lies die Aufgabenstellung sorgfältig durch. Überlege, in welchen Schritten du die Aufgabe lösen kannst.

Du: Rede mit deinem Partner über die Aufgabe. Stelle ihm deinen Lösungsweg vor.

Wir: Informiere deine Klasse in einem kurzen Vortrag über die Aufgabe und deinen Lösungsweg. Aus allen Beiträgen wird dann ein gemeinsames Ergebnis erarbeitet.

Strukturierte Partnerarbeit

1. Jeder liest zunächst die Aufgabenstellung für sich durch und beachtet dabei die vorgegebenen Arbeitsschritte, Hinweise und Hilfen.

2. Jeder entwickelt einen eigenen Lösungsansatz.

3. Vergleicht eure Lösungsansätze und erarbeitet eine gemeinsame Lösung.

4. Bereitet eine Präsentation eures Ergebnisses vor (Folie, Lernplakat, Vortrag mit Stichwortzettel, …)

Gruppenarbeit

Regeln für die Gruppenarbeit

1. Der Arbeitsplatz wird eingerichtet. Alle Arbeitsmaterialien werden zurechtgelegt.

2. Die Gruppenarbeit beginnt mit einer gemeinsamen Besprechung der Aufgabenstellung.

3. Der Arbeitsablauf wird organisiert. Dabei werden alle an der Arbeit beteiligt.

4. Alle Gruppenmitglieder notieren die wichtigsten Ergebnisse.

5. Der Vortrag der Ergebnisse wird gemeinsam vorbereitet. Alle sind für die Qualität der Arbeit verantwortlich.

Lernplakat erstellen

Mögliche Arbeitsschritte

- Überlegt, was auf dem Plakat dargestellt werden soll.

- Erstellt in Partnerarbeit jeweils einen Entwurf auf einem DIN-A4-Blatt.

- Diskutiert die verschiedenen Entwürfe in der Gruppe.

- Verteilt Arbeitsaufträge an die einzelnen Gruppenmitglieder. Jeder Schüler ist für eine Teilaufgabe verantwortlich: Texte, Bilder, Grafiken …

Hinweise für die Erstellung eines Plakates

1. Unterteile das Thema in verschiedene Teilgebiete.

2. Wähle eine klare Überschrift und gliedere das Plakat übersichtlich.

3. Triff eine Auswahl, damit das Plakat nicht überladen wirkt.

4. Die Schriftgröße muss groß genug sein, um das Plakat auch aus größerem Abstand lesen zu können.

5. Bei einer Schriftfarbe sollte man rot, gelb und orange nur sparsam verwenden.

Vortrag halten

1. Beginne nicht sofort, sondern warte ab, bis Ruhe herrscht.

2. Versuche frei zu sprechen und schaue das Publikum an. Benutze einen Stichwortzettel als Merkhilfe.

3. Stelle wichtige Informationen besonders heraus. Benutze dazu Tafel, Folien, Plakate oder einen PC.

4. Warte am Ende, ob es noch Fragen oder Anmerkungen gibt.

Regeln für das Publikum

1. Wenn jemand seine Ergebnisse vorträgt, hört das Publikum aufmerksam zu.

2. Jeder überlegt während der Präsentation:
   - Was kann ich bei dieser Präsentation lernen?
   - Welche Fragen habe ich noch?
   - Was hat mir gut gefallen, was könnte noch verbessert werden?

Mindmap erstellen

Das Wort Mindmap bedeutet wörtlich übersetzt „Gedankenkarte" oder „Gedächtnisplan".
Eine Mindmap hilft dir, deine Ideen zu sammeln und zu ordnen. In der Mathematik unterstützt sie dich beim Lösen umfangreicher Probleme.

1. Nimm ein DIN-A4-Blatt ohne Linien im Querformat.

2. Schreibe das Thema in die Mitte des Blattes und kreise es ein.

3. Suche Schlüsselwörter zu deinem Thema und schreibe jedes Schlüsselwort auf eine Linie, die vom Zentrum nach außen läuft (Hauptäste).

4. Jeder Ast kann sich in mehrere kleinere Äste verzweigen. Auf jedem Ast soll nur ein Begriff stehen.

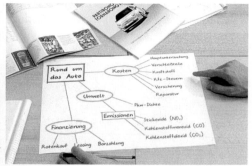

Lernen an Stationen

1. An jeder Station findest du unterschiedliche Aufgaben.

2. Die Reihenfolge der Stationen legst du in Absprache mit deinen Mitschülerinnen und Mitschülern selbst fest.

3. Es gibt Stationen, die unbedingt notwendig sind, und Stationen, die frei wählbar sind.

4. An jeder Station gibt es Aufgaben, die bearbeitet werden müssen, und zusätzliche Aufgaben.

5. Bearbeitet die Aufgaben an den einzelnen Stationen in Partner- oder Gruppenarbeit.

6. Kontrolliere deine Lösungen anhand eines Lösungsblatts. Notiere, welche Stationen du bearbeitet hast.

Diese Fragen können dir beim Lösen von Sachproblemen helfen:

Was ist gesucht? Was weiß ich über das Gesuchte?

Was kann ich aus dem Gegebenen schließen?

Welche Werkzeuge kann ich einsetzen?

Habe ich ein ähnliches Problem schon einmal gelöst? Gibt es Gemeinsamkeiten oder Unterschiede?

Was ist gegeben, was weiß ich über das Gegebene?

Welche Fragen kann ich stellen, um weitere Informationen zu erhalten?

Lässt sich das „Problem" in Teilbereiche aufteilen?

Gibt es geeignete Vergleiche, um zu einem guten Schätzergebnis zu kommen? Kann ich dazu Messungen vornehmen?

Lässt sich das Problem durch systematisches Probieren lösen?

Eine Aufgabe – drei Lösungswege

Aufgabe: Kim liest ein Buch, das so spannend ist, dass sie jeden Tag vier Seiten mehr liest als am Vortag. Sie braucht 7 Tage für das Buch, das 196 Seiten hat. Wie viele Seiten hat sie an den einzelnen Tagen gelesen?

1. Lösungsweg
Du kannst die Lösung durch systematisches Probieren finden. Dabei kannst du auch ein Werkzeug (Taschenrechner oder Tabellenkalkulation) einsetzen.

- Schätze eine Seitenzahl für den 1. Tag und berechne die Folgetage.
- Verändere die Seitenzahl für den ersten Tag, bis du zur Lösung kommst.

	A	B	C	D	E
1	Tag				
2	1	13	14	15	16
3	2	17	18	19	20
4	3	21	22	23	24
5	4	25	26	27	28
6	5	29	30	31	32
7	6	33	34	35	36
8	7	37	38	39	40
9	Summe Seiten	175	182	189	196

2. Lösungsweg
Du kannst die Lösung mithilfe einer Gleichung finden.

- Bezeichne die Seitenzahl des 1. Tages mit x.
- Stelle eine Gleichung auf und löse sie.

$$x + x + 4 + x + 8 + x + 12 + x + 16 + x + 20 + x + 24 = 196$$
$$7x + 84 = 196$$
$$7x = 112$$
$$x = 16$$

Am 1. Tag hat Kim 16 Seiten gelesen. Daraus ergibt sich die Lösung:

	1. Tg.	2. Tg.	3. Tg.	4. Tg.	5. Tg.	6. Tg.	7. Tg.
Seiten	16	20	24	28	32	36	40

3. Lösungsweg
Du kannst die Lösung durch geschicktes Schlussfolgern finden.

- Das Buch hat 196 Seiten und Kim liest 7 Tage, also im Durchschnitt 28 Seiten pro Tag.
- Sie muss also am 4. Tag (mittlerer Tag) 28 Seiten gelesen haben.
- Daraus ergibt sich die Lösung:

	1. Tg.	2. Tg.	3. Tg.	4. Tg.	5. Tg.	6. Tg.	7. Tg.
Seiten	16	20	24	28	32	36	40

Rückwärtsarbeiten

Ein Mann kehrt vom Äpfelpflücken in die Stadt zurück. Dabei muss er 5 Tore passieren, an denen jeweils ein Wächter steht. An jeden Wächter muss er die Hälfte seiner Äpfel und einen weiteren Apfel abgeben. Nachdem er das letzte Tor passiert hat, hat er nur noch einen Apfel übrig. Wie viele Äpfel hat er gepflückt?

Lösung:

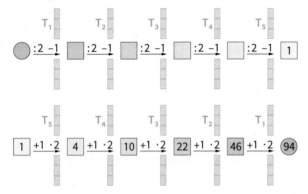

Der Mann hat 94 Äpfel gepflückt.

Systematisches Probieren

Ein Goldschmied hat verschiedene Schmuckstücke eingeschmolzen. Aus der eingeschmolzenen Masse mit dem Volumen von 36 cm³ soll ein Quader hergestellt werden. Welche ganzzahligen Maße könnte der Quader haben?

Lösung:

$V_{Quader} = a \cdot b \cdot c$

a	b	c	v		a	b	c	v	
1	1	36	36	x	2	2	9	36	x
1	2	18	36	x	2	3	6	36	x
1	3	12	36	x	2	6	3	36	
1	4	9	36	x	2	9	2	36	
1	6	6	36	x	…	…	…	…	
1	9	4	36		3	1	12	36	
1	12	3	36		3	2	6	36	
…	…	…	…		3	3	4	36	x
2	1	18	36		3	4	3	36	
					…	…	…	…	
					4	3	3	36	
					6	1	6	36	
					…	…	…	…	

Es gibt acht Möglichkeiten.

Zurückführen auf Bekanntes

Berechne das Volumen der Verpackung.

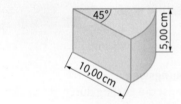

Lösung: Zylinder

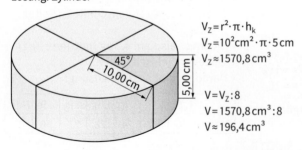

$V_Z = r^2 \cdot \pi \cdot h_k$
$V_Z = 10^2 \text{cm}^2 \cdot \pi \cdot 5 \text{cm}$
$V_Z \approx 1570{,}8 \text{cm}^3$

$V = V_Z : 8$
$V = 1570{,}8 \text{cm}^3 : 8$
$V \approx 196{,}4 \text{cm}^3$

Das Volumen der Verpackung beträgt ungefähr 196 cm³

Schätzen und Überschlagen

Bestimme den Umfang des Baumes.

Wahrscheinlich fassen sich 5 Personen an. Die Spannweite der Arme beträgt bei einer großen Person 1,70 m, bei einer kleinen Person 1,50 m. Der Baum hat also einen Umfang von ungefähr 8 m.

Lösungen zu den Eingangstests

Potenzen und Potenzfunktionen Seite 155

1 a) 36 49   b) 81 64   c) 4900 2500   d) 27 125

2 a) 144   196   256   64   169

b) 0,64   1,44   0,0016

c) $\frac{1}{16}$ $\frac{9}{25}$ $\frac{1}{49}$ $\frac{16}{81}$

3 a) 0,0196   b) 1,96   c) 196   d) 19 600

4 a) 8   b) 100   c) 1,2   d) 3

5 f B   g C   h D   k A

Exponentialfunktionen Seite 156

1 a) 49 64 216   b) 81 625 64

c) 100 000 1 1   d) $\frac{1}{25}$ $\frac{1}{27}$ $\frac{1}{16}$

2 a) 6   b) 3   c) 5

3 2861,10 €

4 76,80 €

5 f D   g A   h B   k C

Trigonometrische Berechnungen Seite 156

1 a) $\frac{\overline{BE}}{\overline{AB}} = \frac{\overline{CD}}{\overline{AC}}$ b) $\frac{\overline{AE}}{\overline{AB}} = \frac{\overline{AD}}{\overline{AC}}$ c) $\frac{\overline{BE}}{\overline{AE}} = \frac{\overline{CD}}{\overline{AD}}$

2 a) x = 108   b) x = 7,5   c) x = 3,6   d) x = 9,6

3 a) a = 13 cm   b) c = 9,6 cm

Winkelfunktionen Seite 157

1 sin α = 0,5; α = 30°   sin β ≈ 0,4507; β ≈ 26,8°

2 a) u ≈ 18,85 cm   b) u ≈ 62,83 cm   c) u ≈ 6,28 cm

3 a) b ≈ 15,71 cm   b) b ≈ 31,42 cm   c) b ≈ 10,47 cm

Mit Wahrscheinlichkeiten rechnen Seite 157

1 a) S = {1, 2, 3, 4, 5, 6}   b) $p = \frac{1}{6}$
c) E = {1, 3, 5}; P(E) = 0,5

2 a) S = {b, r, g}   b) $P(b) = \frac{3}{9} = \frac{1}{3}$; $P(r) = \frac{4}{9}$; $P(g) = \frac{2}{9}$

c) E = {b, g}; $P(E) = \frac{3}{9} + \frac{2}{9} = \frac{5}{9}$

Lösungen zu den Ausgangstests

zu Seite 32

1 a) a^4b^5 b) u^2v^7

2 a) 32 81   b) 1024 64   c) 216 1   d) $\frac{1}{256}$ $\frac{1}{125}$

    e) $\frac{1}{1\,000\,000}$ $\frac{1}{256}$ f) 0,0016 0,0000001

3 a) a^9 b^7 b) u^{11} v^6 c) a^6 z^{20}
    d) x^4 y^3 e) a^3 b^4 f) $(rs)^5$ $(uv)^7$

4 a) a^{-3} x^{-6} b) z^{-9} b^{-1} c) 7^{-2} 2^{-3}

5 a) $\frac{1}{25}$ $\frac{1}{121}$ b) $\frac{1}{64}$ $\frac{1}{32}$ c) $\frac{1}{512}$ $\frac{1}{81}$

6 a) $4 \cdot 10^4$ b) $4{,}607 \cdot 10^3$
    c) $8 \cdot 10^{-3}$ d) $5{,}7 \cdot 10^{-4}$

7 a) 780 000   b) 0,0014   c) 9 038 000

8 a) 10^6 b) 10^{-1} c) 10^{-7}

9 a) ① f ② h ③ g   b) ① f ② h ③ g

zu Seite 33

1 a) p^{20} q^{11} b) r^{12} s^{13} c) t^{15} w^8
    d) a^4 b^7 e) x^2 y^9 f) u^3 v^4

2 a) $x^3y^3z^3$ $r^8s^8t^8$ b) $64p^3$ $32q^5$ c) a^{15} b^{14}

    d) $\frac{x^7}{y^7}$ $\frac{z^4}{16}$ e) $\frac{a^7 \cdot b^7}{c^7}$ $\frac{27v^3}{w^3}$ f) $\frac{a^8}{b^6}$ $\frac{p^{15}}{q^9}$

3 a) x^{-10} y^{-7} z^3 b) u^{-13} v^{-4} w^{19} c) a^{24} b^{-45} c^{-21}

4 a) 10^7 b) 10^2 c) 10^{-8}

5 a) $\sqrt{121} = 11$ $\sqrt{225} = 15$ $\sqrt[3]{216} = 6$
    b) $\sqrt[3]{64} = 4$ $\sqrt[4]{256} = 4$ $\sqrt[4]{625} = 5$
    c) $\sqrt[5]{32} = 2$ $\sqrt[5]{243} = 3$ $\sqrt[6]{64} = 2$

6 ① g   ② k   ③ f   ④ h

7 a) f, h, k, m   b) g, l   c) g, l   d) f, g, h
    e) g   f) l

zu Seite 52

1 f ④   g ③   h ①   k ②

2 f: Graph steigt, P(0|4)   g: Graph fällt, P(0|3)
    h: Graph fällt, P(0|2)   k: Graph steigt, P$(0|\frac{1}{5})$

3 a) P liegt auf dem Graphen, Q liegt nicht auf dem Graphen

    b) P liegt nicht auf dem Graphen, Q liegt auf dem Graphen

4 19,20 m nach 5 Wochen; 38,40 m nach 6 Wochen; 76,80 m nach 7 Wochen

5 a) $f(x) = 90 \cdot 0{,}6^x$
    b) Temperatur nach 1 Stunde: 54°; nach 2 Stunden 32,4°; nach 3 Stunden 19,4°

6 7866,53 €

7 a) $f(x) = 20 \cdot 0{,}95^x$ b) 18,05 mg 15,48 mg 19,49 mg
    c) 13,5 h

zu Seite 53

1 f   Der Graph schneidet die y-Achse bei P(0|1).
      Der Graph steigt.
      Der Graph steigt unbegrenzt, wenn die x-Werte immer größer werden.
      Der Graph nähert sich der x-Achse, wenn die x-Werte immer kleiner werden.

   g   Der Graph schneidet die y-Achse bei P(0|1,5).
      Der Graph steigt.
      Der Graph steigt unbegrenzt, wenn die x-Werte immer größer werden.
      Der Graph nähert sich der x-Achse, wenn die x-Werte immer kleiner werden.

   h   Der Graph von f schneidet die y-Achse bei P(0|3).
      Der Graph fällt.
      Der Graph nähert sich der x-Achse, wenn die x-Werte immer größer werden.
      Der Graph steigt unbegrenzt, wenn die x-Werte immer kleiner werden.

Lösungen zu den Ausgangstests

k Der Graph von f schneidet die y-Achse bei P (0 | – 2).
Der Graph fällt.
Der Graph fällt unbegrenzt, wenn die x-Werte immer
größer werden.
Der Graph nähert sich der x-Achse, wenn die x-Werte
immer kleiner werden.

2 a) A (3 | 15,625) B (– 2 | 0,16) b) A (– 2 | 0,05) B (5 | 6,4)

3 $f(x) = 0,1 \cdot 0,5^x$

4 a) $f(x) = 5000 \cdot 0,9^x$ b) 2952,45 Lux

5 a) $f(x) = 60 \cdot 1,014488^x$ b) 92 123 142 337
c) nach 112 Minuten

6 a) 2,5 %
b) 25 000 €

7 a) $f(x) = 20 \cdot 0,98282^x$
b) 33,64 mg 23,78 mg 7,07 mg

8 a) $f(x) = 55 \cdot 1,03^x$
b) 64,34 Mio. 78,28 Mio. 95,24 Mio. c) im Jahr 2032

zu Seite 78

1 a) b ≈ 6,1 cm b) c ≈ 33,85 m c) b ≈ 4,45 m
d) b ≈ 16,2 cm e) c ≈ 13,5 cm

2 a) b ≈ 80,1 cm; c ≈ 96,6 cm; β = 56°
b) a ≈ 14,5 cm; c ≈ 6,8 cm; β = 62°
c) a ≈ 2,35 m; c ≈ 2,29 m; γ = 77,7°
d) b = 48,1 cm; α ≈ 18,9°; γ ≈ 71,1°

3 a) Höhe: ≈ 8,25 m b) Abstand: ≈ 2,06 m

4 l ≈ 24 m; h ≈ 10 m; A = 360 m²

5 h ≈ 51,88 m (50,38 m + 1,50 m)

zu Seite 79

1 a) c = 63,6 cm; α ≈ 31,9°; β ≈ 58,1°
b) a ≈ 11,27 m; b ≈ 13,48 m; γ = 33,3°

2 A ≈ 268,4 cm² (c ≈ 24,4 cm)

3 A ≈ 370 cm²

4 A ≈ 4,36 m²; u ≈ 9,10 m

5 a) V ≈ 1564,08 m³ (h_k ≈ 13,71 m);
O ≈ 954,23 m² (h_s ≈16,54 m)
b) V ≈ 128,62 m³ (r ≈ 4,25 m); O ≈ 163,83 m² (s ≈ 8,02 m)

6 a) a ≈ 84,4 cm; α ≈ 114,3°; β ≈ 27,7°
b) b ≈ 54,4 cm; α ≈ 28,1°; γ ≈ 35,4°

7 u ≈ 13,26 m² (b ≈ 2,43 m)

8 Die Entfernung beträgt rund 363 m.

zu Seite 100

1 a) 131° b) 161° c) 94 °

2 a) 52,4° und 127,6° b) 21,7° und 158,3°
c) 87,3° und 92,7°

3 a) 234° b) 188° c) 248°

4 a) 232° und 308° b) 205° und 335° c) 260° und 280°

5 a) 58° b) 20° c) 64°

6 a) 38°, 142°, 398°, 502° b) – 25°, 205°, 335°, – 155°
c) – 0,6°, – 179,4°, 180,6°, 359,4°

7 a)

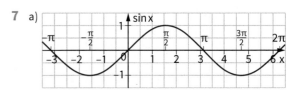

b) Periode: 2π, $x = \frac{3}{4}\pi, \frac{1}{4}\pi, 2\frac{3}{4}\pi, 2\frac{1}{4}\pi, 4\frac{3}{4}\pi, -1\frac{1}{4}\pi,$
$-1\frac{3}{4}\pi, -3\frac{1}{4}\pi, -3\frac{3}{4}\pi$

c) $-\pi, 0, \pi, 2\pi$

d) Maximum: $\frac{1}{2}\pi$, $2\frac{1}{2}\pi$ Minimum: $1\frac{1}{2}\pi$, $-\frac{1}{2}\pi$

e) steigt: zwischen $-\frac{1}{2}\pi$ und $\frac{1}{2}\pi$ und zwischen $1\frac{1}{2}\pi$
und $2\frac{1}{2}\pi$
fällt: zwischen $\frac{1}{2}\pi$ und $1\frac{1}{2}\pi$ und zwischen $-1\frac{1}{2}\pi$ und
$-\frac{1}{2}\pi$

Lösungen zu den Ausgangstests

8

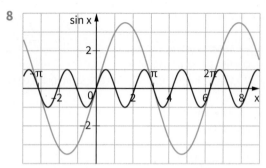

a) Periode: 2π b) Periode: $\frac{2}{3}\pi$
   Maximum: 3,5   Maximum: 1
   Minimum: $-3,5$ Minimum: -1

9 a) 40°, 320°, 400°, $-40°$ b) 130°, 230°, 490°, $-130°$
   c) 180°, $-180°$, 540°, $-540°$

zu Seite 101

1 f: Periode $\frac{2}{3}\pi$, Wertemenge $[-1; 1]$
   g: Periode 2π, Wertemenge $[-1,5; 1,5]$

2

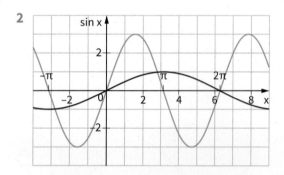

3 f: Amplitude 2,5 ; Maximum: 2,5 ; Minimum: $-2,5$,
   Periode: 2π : $f(x) = 2,5 \cdot \sin x$
   g: Amplitude 1 ; Maximum: 1 ; Minimum: -1,
   Periode: $0,5\pi$: $f(x) = \sin 4x$

4

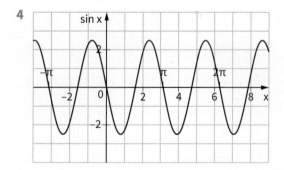

5

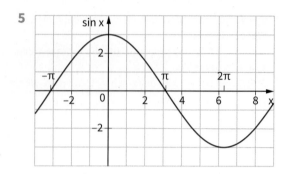

6 a) Amplitude: 2,5 cm; Schwingungsdauer: 2 s
   b) Amplitude: 2 cm; Schwingungsdauer: 4 s

zu Seite 126

1 a)

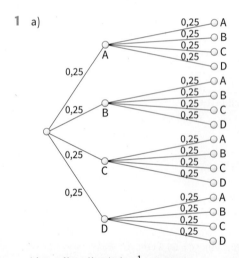

b) $E_1 = \{(A, B)\}$, $P(E_1) = \frac{1}{16} = 0,0625$

$E_2 = \{(A, D), (B, D), (C, D), (D, D)\}$, $P(E_2) = \frac{1}{4}$

$E_3 = \{(B, B), (B, C), (B, D), (C, B), (C, C), (C, D), (D, B),$
$(D, C), (D, D)\}$
$P(E_3) = \frac{9}{16}$

2 a)

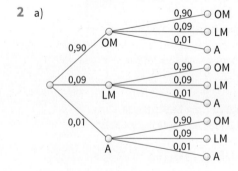

b) $E_1 = \{(OM, A), (A, OM)\}$
  $P(E_1) = 0,018$

  $E_2 = \{(OM, OM), (OM, LM), (LM, OM), (LM, LM)\}$
  $P(E_2) = 0,9801$

3 a)

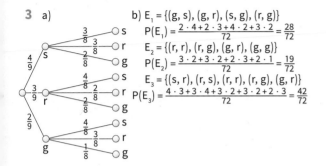

b) $E_1 = \{(g, s), (g, r), (s, g), (r, g)\}$
  $P(E_1) = \dfrac{2 \cdot 4 + 2 \cdot 3 + 4 \cdot 2 + 3 \cdot 2}{72} = \dfrac{28}{72}$
  $E_2 = \{(r, r), (r, g), (g, r), (g, g)\}$
  $P(E_2) = \dfrac{3 \cdot 2 + 3 \cdot 2 + 2 \cdot 3 + 2 \cdot 1}{72} = \dfrac{19}{72}$
  $E_3 = \{(s, r), (r, s), (r, r), (r, g), (g, r)\}$
  $P(E_3) = \dfrac{4 \cdot 3 + 3 \cdot 4 + 3 \cdot 2 + 3 \cdot 2 + 2 \cdot 3}{72} = \dfrac{42}{72}$

4

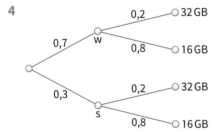

$P(w, 36\,GB) = 0,14$
$P(s, 16\,GB) = 0,56$
$P(s, 36\,GB) = 0,06$
$P(s, 16\,GB) = 0,24$

5 a)

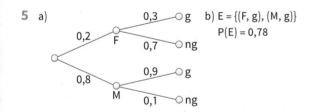

b) $E = \{(F, g), (M, g)\}$
  $P(E) = 0,78$

zu Seite 127

1 a) Aus einer Urne mit acht gleichartigen Kugeln, von
  denen drei die Ziffer 1, eine die Ziffer 2 und vier die
  Ziffer 3 tragen, wird dreimal mit Zurücklegen gezogen.

  c) $E = \{(1, 1, 2), (1, 2, 1, (1, 2, 2), (1, 2, 3), (1, 3, 2), (2, 1, 1),$
  $(2, 1, 2), (2, 1, 3), (2, 2, 1), (2, 2, 2), (2, 2, 3), (2, 3, 1),$
  $(2, 3, 2), (2, 3, 3), (3, 1, 2), (3, 2, 1), (3, 2, 2), (3, 2, 3),$
  $(3, 3, 2)\}$
  $P(E) = \dfrac{169}{512}$

b)

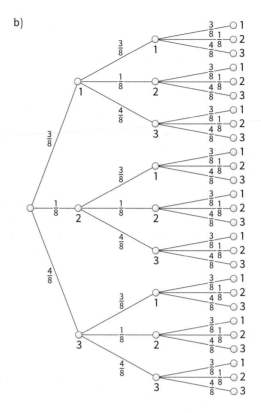

2 a)

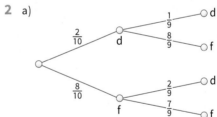

b) $E = \{(d, f), (f, d), (f, f)\}$
  $P(E) = \dfrac{2 \cdot 8 + 8 \cdot 2 + 8 \cdot 7}{90} = \dfrac{88}{90}$

3 a) Anzahl der Möglichkeiten: $26^5 \cdot 10^3 = 11\,881\,376\,000$
  b) Wahrscheinlichkeit: $\dfrac{1}{11\,881\,376\,000}$

4 a) Anzahl der möglichen Ergebnisse: $30^5 = 24\,300\,000$,
  Wahrscheinlichkeit: $\dfrac{1}{24\,300\,000}$
  b) Anzahl der möglichen Ergebnisse:
  $30 \cdot 29 \cdot 28 \cdot 27 \cdot 26 = 17\,100\,720$
  Wahrscheinlichkeit: $\dfrac{1}{17\,100\,720}$

5 a) Zu erwartender Gewinn (Spieler) pro Los:
  $0,01 \cdot 9,50 + 0,02 \cdot 4,50 + 0,03 \cdot 1,50 + 0,04 \cdot 0,50 - 0,9 \cdot 0,5 = -0,20$
  $200 \cdot (-0,20) = -40$
  b) Zu erwartender Gewinn (Veranstalter) pro Los: 0,20 €
  Bei einem Verdienst von 0,70 € pro Los muss das
  Los 1,00 € kosten.

Formeln und Gesetze

Prozentrechnung

$$\frac{W}{G} = \frac{p}{100}$$

Berechnen des Prozentsatzes $\quad p\,\% = \frac{W \cdot 100}{G}\,\%$

Berechnen des Prozentwertes $\quad W = \frac{G \cdot p}{100}$

Berechnen des Grundwertes $\quad G = \frac{W \cdot 100}{p}$

Zinsrechnung

Berechnen des Zinssatzes $\quad p\,\% = \frac{Z \cdot 100}{K}\,\%$

Berechnen der Jahreszinsen $\quad Z = \frac{K \cdot p}{100}$

Berechnen des Kapitals $\quad K = \frac{Z \cdot 100}{p}$

Berechnen der Tageszinsen $\quad Z = \frac{K \cdot p}{100} \cdot \frac{n}{360}$

Rationale Zahlen

Kommutativgesetz $\qquad a + b = b + a \qquad\qquad a \cdot b = b \cdot a$

Assoziativgesetz $\qquad a + (b + c) = (a + b) + c \qquad a \cdot (b \cdot c) = (a \cdot b) \cdot c$

Distributivgesetz $\qquad a \cdot (b + c) = a \cdot b + a \cdot c \qquad a \cdot (b - c) = a \cdot b - a \cdot c$

Beschreibende Statistik

relative Häufigkeit $= \dfrac{\text{absolute Häufigkeit}}{\text{Anzahl der Daten}}$

arithmetisches Mittel $\bar{x} = \dfrac{\text{Summe aller Daten}}{\text{Anzahl der Daten}}$

mittlere lineare Abweichung $\bar{s} = \dfrac{\text{Summe der Abweichung von } \bar{x}}{\text{Anzahl der Daten}}$

Maximum: größter Wert der geordneten Urliste

Minimum: kleinster Wert der geordneten Urliste

Spannweite: Differenz zwischen dem größten und kleinsten Wert der geordneten Urliste

Geometrie

Satz des Pythagoras

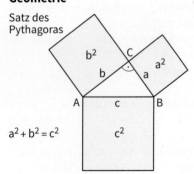

$a^2 + b^2 = c^2$

Höhensatz

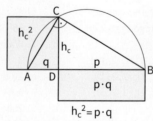

$h_c^2 = p \cdot q$

Kathetensatz

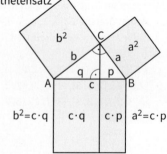

$b^2 = c \cdot q \qquad a^2 = c \cdot p$

Formeln und Gesetze

Rechteck

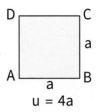

Umfang:　　　　$u = 2a + 2b$
　　　　　　　　$u = 2(a + b)$

Flächeninhalt:　$A = a \cdot b$

Quadrat

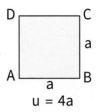

$u = 4a$

$A = a^2$

Parallelogramm

$A = g \cdot h$

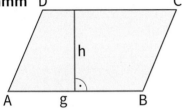

Dreieck

$A = \dfrac{g \cdot h_g}{2}$

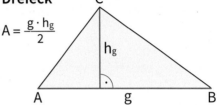

Trapez

$A = \dfrac{(a + c) \cdot h}{2}$

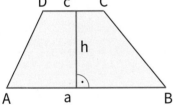

Drachen

$A = \dfrac{e \cdot f}{2}$

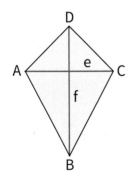

Raute

$A = \dfrac{e \cdot f}{2}$

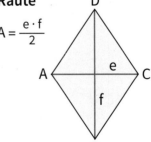

Kreis

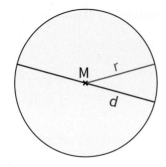
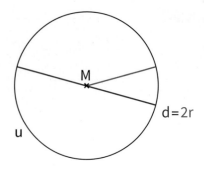

Flächeninhalt: $A = \pi \cdot r^2$

$A = \pi \cdot \left(\frac{d}{2}\right)^2$

Umfang: $u = \pi \cdot d$

$u = 2 \cdot \pi \cdot r$

Quader

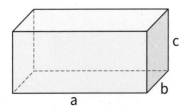

Oberflächeninhalt: $A_O = 2ab + 2bc + 2ac$

$A_O = 2\,(ab + bc + ac)$

Volumen: $V = a \cdot b \cdot c$

Würfel

$A_O = 6 \cdot a \cdot a$

$A_O = 6\,a^2$

$V = a \cdot a \cdot a$

$V = a^3$

Prismen

$V = A_G \cdot h_k$

$A_M = u \cdot h_k$

$A_O = 2 \cdot A_G + A_M$

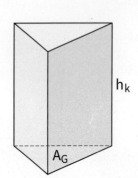
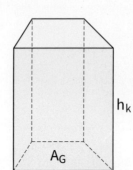
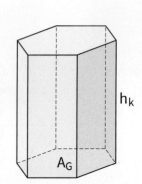

Formeln und Gesetze

Zylinder

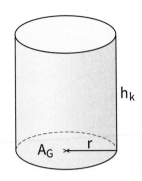

Oberflächeninhalt: $A_O = 2 \cdot A_G + A_M$

$A_O = 2 \cdot \pi \cdot r^2 + 2 \cdot \pi \cdot r \cdot h_k$

$A_O = 2 \cdot \pi \cdot r \cdot (r + h_k)$

Volumen: $V = A_G \cdot h_k$

$V = \pi \cdot r^2 \cdot h_k$

Pyramide

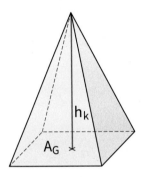

Oberflächeninhalt: $A_O = A_G + A_M$

Volumen: $V = \frac{1}{3} \cdot A_G \cdot h_k$

Kegel

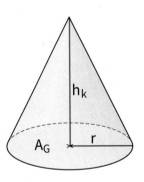

Mantelfläche: $A_M = \pi \cdot r \cdot s$

Oberflächeninhalt: $A_O = A_G + A_M$

$A_O = \pi \cdot r^2 + \pi \cdot r \cdot s$

$A_O = \pi \cdot r \cdot (r + s)$

Volumen: $V = \frac{1}{3} \cdot A_G \cdot h_k$

$V = \frac{1}{3} \cdot \pi \cdot r^2 \cdot h_k$

Kugel

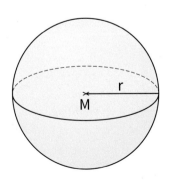

Oberflächeninhalt: $A_O = 4 \cdot \pi \cdot r^2$

Volumen: $V = \frac{4}{3} \cdot \pi \cdot r^3$

Trigonometrie

Sinus eines Winkels $= \dfrac{\text{Gegenkathete}}{\text{Hypotenuse}}$

Kosinus eines Winkels $= \dfrac{\text{Ankathete}}{\text{Hypotenuse}}$

Tangens eines Winkels $= \dfrac{\text{Gegenkathete}}{\text{Ankathete}}$

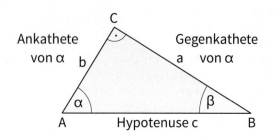

Kosinussatz

In jedem Dreieck gilt für zwei Seitenlängen und die Größe des eingeschlossenen Winkels der Kosinussatz.

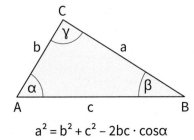
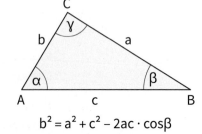
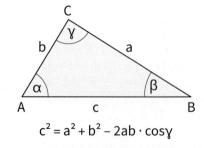

$$a^2 = b^2 + c^2 - 2bc \cdot \cos\alpha \qquad b^2 = a^2 + c^2 - 2ac \cdot \cos\beta \qquad c^2 = a^2 + b^2 - 2ab \cdot \cos\gamma$$

Sinussatz

In jedem Dreieck ist das Längenverhältnis zweier Dreieckseiten gleich dem Verhältnis der Sinuswerte der diesen Seiten gegenüberliegenden Winkel.

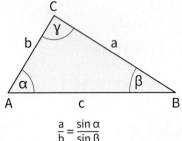
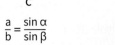
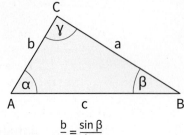
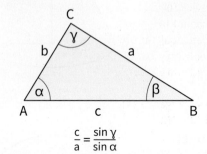

$$\dfrac{a}{b} = \dfrac{\sin\alpha}{\sin\beta} \qquad\qquad \dfrac{b}{c} = \dfrac{\sin\beta}{\sin\gamma} \qquad\qquad \dfrac{c}{a} = \dfrac{\sin\gamma}{\sin\alpha}$$

Register

Bildquellennachweis

|action press, Hamburg: Stefan Gregorowius 121. |action press - die bildstelle, Hamburg: BE&W AGENCJA 112. |akg-images GmbH, Berlin: 8, 141. |alamy images, Abingdon/Oxfordshire: Panther Media GmbH 120. |Astrofoto, Sörth: 9; Detlev van Ravenswaay 11; NASA 10, 17. |Bridgeman Images, Berlin: 80. |Caro Fotoagentur, Berlin: Seeberg 55, 55. |CASIO Europe GmbH, Norderstedt: 27. |Claßen, Bernhard, Barnstedt: 115. |Colourbox.com, Odense: Suphatthra China 17. |direktfoto Ute Voigt, Gießen: 140. |dreamstime.com, Brentwood: Mtoome 130; Vladikpod 8. |Druwe & Polastri, Cremlingen/Weddel: 6, 11, 30, 54, 56, 66, 66, 69, 74, 75, 98, 99, 102, 118, 119, 119, 122, 122, 134, 155, 188, 188, 188, 188, 188, 189, 189, 189, 190, 190, 190, 191. |F1online digitale Bildagentur GmbH, Frankfurt/M.: BSIP 152; Novastock 11. |Fabian, Michael, Hannover: 143. |fotolia.com, New York: Africa Studio 42; ebenart 54; janvier 120; karnizz Titel; Klaus Eppele 113; Konstantin Kulikov 152; Lucky Dragon 146; Marcito 5, 145; Peter Hermes Furian 16; sablin 125; Sandra Kemppainen 75; soupstock 4, 35; Thomas Amler 151; Visions-AD 16. |Hessen-Luftbild/Axel Häsler, Langenselbold: 136. |images.de digital photo GmbH, Berlin: Alain Ernoult 183. |Imago, Berlin: Becker&Bredel 40. |Interfoto, München: Geraldo 115; imagebroker 5, 151; Reinhard Dirscherl 153; TV-yesterday 5. |iStockphoto.com, Calgary: 139; abadonian 114; AlexRaths 41; antpkr 128; Cameris 142; cati laporte 148; Curt Pickens 182; DanielPrudek 43; Dennis van de Water 29; drasa 143; gilaxia 103; halbergman 102; hsvrs 119; ilbusca 8; jarun011 41; KIVILCIM PINAR 34; Mark Kostich 143; milindri 103; mycola 148; Onfokus 129; puhhha 129; spanteldotru 12; spawns 143; YinYang 48. |JOKER: Fotojournalismus, Bonn: 116. |KAGE Mikrofotografie GbR, Lauterstein: 29. |Keystone Pressedienst, Hamburg: Jochen Zick 125; Volkmar Schulz 81. |mauritius images GmbH, Mittenwald: André Pöhlmann 122; imagebroker/dbn 184; Peter Widmann 130; Phototake 12; Science Photo Library 82. |OKAPIA KG - Michael Grzimek & Co., Frankfurt/M.: Rolf Schulten/imageBROKER 129. |PantherMedia GmbH (panthermedia.net), München: payphoto 142. |Picture-Alliance GmbH, Frankfurt/M.: dpa 116, 117, 147; dpa Themendienst 144, 144; dpa-Zentralbild 81; dpa/dpaweb 118; Photoshot 51; Sueddeutsche Zeitung Photo 146; Westend61 151; ZUMAPRESS.com 147. |plainpicture, Hamburg: Pictorium 151. |Presse und Bilderdienst Thomas Wieck, Völklingen: 116. |Schmidt, Prof. Günter, Stromberg: 54. |Science Photo Library, München: Andrew Syred/SPL 12; SPL 12. |Shutterstock.com, New York: Cheryl Ann Quigley 121; Kateryna Kon 149; Mitch Gunn 131; Nickolay Vinokurov 137; Ovu0ng 76. |stock.adobe.com, Dublin: Kateryna_Kon 46. |StockFood GmbH, München: 139. |Tegen, Hans, Hambühren: 5, 82, 83. |Wefringhaus, Klaus, Braunschweig: Titel. |Westend 61 GmbH, München: Liane Riss 4, 81. |wikimedia. commons: 80. |Wiley-VCH Verlag GmbH & Co KGaA, Weinheim: Davide Bonifazi, Hannes Spillmann, Andreas Kiebele, Michael de Wild, Paul Seiler, Fuyong Cheng, Hans-Joachim Güntherodt, Thomas Jung, François Diederich: Supramolecular Patterned Surfaces Driven by Cooperative Assembly of C60 and Porphyrins on Metal Substrates. Angewandte Chemie. 2004. Volume 116. Pages 4863 – 4867. Copyright Wiley-VCH Verlag GmbH & Co. KGaA. Reproduced with permission. 13. |Wilke, Wilhelm, Stadthagen: 77.
Alle Illustrationen: Matthias Berghahn, Bielefeld
Technische Zeichnungen: Technische Grafik Westermann (Hannelore Wohlt), Braunschweig